Beto Hoisel

ANAIS DE UM SIMPÓSIO IMAGINÁRIO

ENTRETENIMENTO PARA CIENTISTAS

Palas Athena

e-mail do autor: whoisel@magiclink.com.br

Coordenação editorial: Emilio Moufarrige
Assessoria gráfica: Takeshi Assaoka
Projeto gráfico: Maria do Carmo de Oliveira
Revisão de provas: Rosana Citino
Editoração eletrônica, composição e impressão:
Gráfica Palas Athena

Catalogação na fonte do Departamento Nacional do Livro

S612

Anais de um simpósio imaginário : entretenimento para cientistas / Beto Hoisel. - São Paulo : Palas Athena, 1998.

ISBN 85-7242-022-3

CDD-501

Índices para catálogo sistemático:

1. Ciência - Filosofia. II. Hoisel, Beto.

EDITORA PALAS ATHENA
Rua Serra de Paracaina, 240 - CEP 01522-020 - São Paulo - SP
Fone: (011) 279.6288 - fax: (011) 277.8137
Internet: http://www.palasathena.org

1998

O autor dedica este livro a Alguém,
cuja participação essencial em todas as fases
da sua elaboração tornou possível concebê-lo,
escrevê-lo e publicá-lo.

Mas os possíveis erros, falhas e impertinências
não devem ser atribuídos a Alguém,
senão ao próprio autor.

Índice

...: on the island of Breasil the wildth of me perished
and I took my plowshure sadly, feeling pity for me sored: ...
(James Joyce, *Finnegans Wake,* p. 549)

comunicação 1

Os números imaginários e os procedimentos anteriores à Criação

Sunyl Mahavajra
Universidade de Nova Délhi, Índia

Antes da origem

Ao longo da história da matemática, muitos têm sido os tipos de números criados – ou descobertos – além dos chamados números naturais. Números negativos, fracionários, vetoriais, imaginários, transcendentes e outros têm surgido como resultado de operações específicas e incorporados ao acervo dos recursos disponíveis para realizar todo tipo de cálculo. Embora para os matemáticos "números sejam apenas números", observa-se que cada um desses tipos ajusta-se melhor à descrição de um determinado segmento do ser. Os números imaginários descrevem melhor a face subjetiva, psíquica ou "não real" da totalidade cósmica. Aplicando-se o recurso da potenciação às diversas unidades – real positiva, real negativa, imaginária positiva e imaginária negativa – pode-se observar, no mundo abstrato dos símbolos matemáticos, a gênese de todos os conceitos elementares indispensáveis ao processo da Criação, sem os quais o Uno, transcendental e indiferenciado na sua plenitude suprema, nada poderia ter criado. Aqui se evidencia que o processo da cosmogênese teve seu início no reino abstrato das entidades, símbolos e operações matemáticas.

Mas o enigma é:
o que aconteceu antes do começo do tempo?

David Bohm

O Atman, olhando em torno,
não viu mais do que a Si Mesmo.
Primeiramente ele disse:
'Eu Sou'... e teve medo.

Brhadaranyaka Upanixade 1.4 1-2

Antes de mais nada, quero agradecer à comissão organizadora deste Primeiro Simpósio para a Integração da Consciência de Gaia a lembrança do meu nome e da minha modesta contribuição ao conhecimento, que resultaram no honroso convite para apresentar uma comunicação neste fórum, onde a inteligência de todos os continentes encontra-se tão brilhantemente representada. Estou certo de que estamos participando de um evento de grande significação para todo o mundo, e de que os frutos deste Simpósio em muito transcenderão o simples somatório de suas contribuições individuais, em conseqüência do poderoso efeito sinérgico que já podemos perceber no ar, antes mesmo que tomemos conhecimento do que aqui será apresentado pelos conferencistas.

Ao dar início à minha exposição, desejo pedir aos senhores componentes da mesa, ao público do auditório e a todos que me ouvem e vêem pela televisão, um pouco de paciência com as minhas colocações preliminares, que seguramente vão conter algumas informações já conhecidas, mas que considerei importante explicitar, tendo em vista a clareza do que pretendo colocar em seguida.

Como é do conhecimento dos presentes, através dos programas e súmulas distribuídos antecipadamente, o teor da minha comunicação é de natureza matemática, e visa a resgatar a significação dos números imaginários para a condição de legítimos representantes da vertente subjetiva do Ser, examinando, em seguida, algo do que eles podem elucidar sobre os eventos anteriores à cosmogênese. A vertente imaginária, no meu entender e no de muitos estudiosos da atualidade, é a face da totalidade rejeitada por grande parte dos cientistas do século 20 em seu posicionamento acadêmico, que ordinariamente só estudam o lado que se supõe objetivo do Universo.

Trata-se de uma atitude filosófica decididamente ocidental, fundamentada em pressupostos metafísicos inadequados, que resiste ainda em vastas áreas da comunidade acadêmica internacional, como um sistema cristalizado de pensamento herdado dos séculos que assistiram ao nascimento do pensar científico. É uma *Weltanschauung** que se apoia nas contribuições de Galileu, Francis Bacon, Laplace e outros gigantes da história da ciência que beberam nas mesmas fontes que irrigaram o Iluminismo, dispensando Deus como hipótese para justificar os fenômenos e abrindo o caminho para se negar o mundo interior de cada um de nós, o transcendente, o mitológico e o espiritual. Este posicionamento culminou com a negação da própria consciência e das vivências subjetivas, o que chegou a exigir de seus defensores rebuscados malabarismos lógicos para se justificarem, quase sempre tangenciando o sofisma. Não pretendo investigar a dicotomia que se estabeleceu em muitas dessas mentes privilegiadas e pioneiras, a quem tanto devemos, uma vez que Descartes, Newton, Kepler e muitos outros foram indivíduos profundamente religiosos, que freqüentavam suas igrejas e consultavam as escrituras, nos seus momentos de necessidade espiritual.

Estamos falando, evidentemente, sobre o paradigma vigente em vastos segmentos da comunidade acadêmica e que ameaça adentrar o novo século, apesar de duramente atingido pela crescente deserção de alguns dos seus mais destacados defensores, acuados pelos paradoxos da física atual e pela insistência de sofisticadas experiências de laboratório em mostrar uma realidade objetiva, inextricavelmente vinculada à participação subjetiva do operador. Mas não me estenderei sobre estas considerações, porque outros conferencistas seguramente o farão, com maior brilho e melhor ajustamento ao tema de suas comunicações.

Quero deixar registrado, entretanto, que o questionamento à vertente subjetiva do Ser, atribuindo ao mundo mental e às vivências internas do espírito um caráter incompatível com a física e as ciências do mundo objetivo, encontra, com os números imaginários, uma significativa via para sua elucidação na própria matemática, cujo *status* existencial de suas entidades dificilmente pode ser chamado de objetivo.

* Visão de Mundo.

Comecemos do início, examinando o conceito de número, sua evolução e suas vinculações com os objetos da investigação científica, em grande parte pertencentes ao mundo físico ou às experiências empíricas do homem.

*

A noção de número, que à primeira vista nos parece clara e intuitiva, inerente mesmo a toda compreensão do mundo, na verdade não é tão simples assim, não é um dado *a priori* da consciência nem surgiu espontaneamente na trajetória do homem em direção ao conhecimento. Não é simples, porque são muitos os tipos de número de que se vale a matemática, alguns deles tão estranhos que dificilmente seriam reconhecidos como tais, ou compreendidos pelos não-especialistas. Além disso, a maior parte desses tipos de números, diferentes dos números naturais (zero, um, dois, três, cem, dez mil), são fruto de elaboradas conquistas do esforço humano já em tempos históricos que, como sabemos, representam apenas uma pequena parte da longa trajetória do homem sobre a Terra.

Até mesmo a série dos números naturais, tão clara e simples que nossas crianças parecem já nascer sabendo, é algo difícil, ou mesmo inacessível, para algumas culturas ditas primitivas (sabemos que esse termo é preconceituoso) que, por não necessitarem de noções quantitativas precisas, contam apenas até três, ou cinco, uniformizando quantidades maiores num singelo "muitos". Com o florescimento das primeiras civilizações, o que ocorreu simultaneamente em várias regiões do mundo por volta de 3500 a.C., apareceram os registros gráficos de sinais com variadas significações – ideogramas, sinais fonéticos, etc. –, figurando a representação das quantidades entre os primeiros desses signos. A partir do surgimento da escrita e, conseqüentemente, da entrada dessas culturas em sua fase histórica, as conquistas humanas foram consideravelmente aceleradas. Com o domínio das operações matemáticas vinculadas à demarcação das propriedades, aos jogos e adivinhações, ao comércio e à produção e – com maior sofisticação – ao controle do calendário, indispensável para a agricultura, a manipulação dos números naturais tornou-se uma prática corrente, embora privativa de uma restrita classe de letrados.

Em algumas civilizações, como a hindu e a maia, chegou-se a proceder ao registro de números enormes, especialmente na contagem do tempo e no estabelecimento das eras de complexos calendários, numa escala que não encontrou similar senão nos tempos modernos. É interessante notar que foi exatamente nessas duas civilizações, que manipulavam números tão grandes, que apareceu pela primeira vez a idéia e o símbolo de um número zero[1]. Durante milênios, após a invenção dos registros numéricos escritos e o desenvolvimento de variadas técnicas para diversas operações aritméticas, a humanidade desconheceu o conceito de zero. Foi necessário o transcurso de muitos séculos até que se descobrisse que a inexistência de algo também era uma instância numérica, do mesmo modo que fora preciso um ousado salto da imaginação para se notar que um par de dias e um casal de faisões eram ambos instâncias do número dois, como observou Bertrand Russell.

Foi o desenvolvimento das operações aritméticas que conduziu ao aparecimento de outros tipos de números que não os naturais. Assim, os números negativos surgiram como uma necessidade notacional para registrar o resultado de uma operação em que um número maior é subtraído de outro menor que ele. Os números fracionários, por sua vez, apareceram no resultado das operações de divisão em que o divisor não se ajustava bem ao dividendo, deixando uma parte, ou resíduo, que não chegava a ser uma unidade inteira daquilo que foi repartido, mas apenas um pedaço. As dificuldades começaram a se acentuar quando as divisões davam como resultados números cuja representação no sistema de notação decimal parecia não terminar nunca, como 7 dividido por 6, que produz um número representado por 1,16666666666666666..., e não adianta continuar escrevendo o algarismo 6, porque nunca se chegará a um fim. Números fracionários mais complicados surgiram quando se verificou que alguns resultados de divisões eram números cuja parte decimal era uma série de algarismos que nunca se repetiam, portanto, algo mais complicado que o exemplo anterior, onde o algarismo 6 se reproduz indefinidamente. O resultado da divisão do comprimento de uma circunferência desenrolada pelo seu diâmetro original é o número 3,14159265358979323 8..., chamado π (pi), cuja parte decimal, ao que tudo indica, não tem períodos repetidos, porque seu valor aproximado já foi calculado com muitos milhões de decimais, sem que se constatasse qualquer periodicidade.

Esses números especiais, ou estranhos, constituem-se em famílias que vêm sendo descobertas ao longo da história da matemática e, embora tenha havido algum interesse inicial em saber o que significavam, o que efetivamente representavam em suas relações com o mundo dito real, hoje são considerados apenas números, signos úteis na realização de cálculos e na resolução de problemas, que podem se referir a qualquer campo do mundo empírico ou da simples especulação abstrata. Novas famílias continuam a aparecer e algumas delas são tão difíceis de ser compreendidas que só especialistas ou aficionados conseguem fazer uma idéia mais ou menos clara de como se formam ou para que servem.

Mas... serão os números apenas números, meros símbolos sem significação intrínseca, simples artifícios para o processamento de cálculos? E qual será então o *status* existencial de cada uma dessas famílias? Seriam eles invenções humanas, como queria Leopold Kronecker, grande matemático alemão do século 18, para quem "só os inteiros são obra de Deus; o resto é criação dos homens"?

Ou existirão por si mesmos, num plano abstrato da totalidade, num mundo platônico das formas ideais, além daquilo que costumamos chamar de realidade, como sugere o destacado matemático contemporâneo Roger Penrose, da Universidade de Oxford? Serão eles entidades descobertas, como quer Penrose, ou coisas inventadas, como admitiu Kronecker? O problema não é simples e nos remete a antigas divergências filosóficas que remontam à Idade Média, com a questão dos universais e as intermináveis querelas entre realistas e nominalistas.

Não é minha intenção tomar partido nessa polêmica medieval, ou estender-me em comentários sobre os seus desdobramentos até os nossos dias. Interessa notar que os números, qualquer que seja seu tipo ou família – naturais, negativos, fracionários, transcendentes, transfinitos, imaginários, complexos, vetores, tensores, e outras formas ainda mais esquisitas, emergentes das elucubrações dos matemáticos – todos eles estão à disposição dos cientistas para processar suas operações e investigar os diversos aspectos de um vasto mundo abstrato, cujas relações com o mundo empírico nem sempre são evidentes. O que tem sido destacado, no ponto de vista dos matemáticos contemporâneos, é que eles estão disponíveis e podem ser utilizados para algo, ainda que seja algo abstruso e sem fins utilitários discerníveis. "Números são apenas números", é o que se admite generalizadamente nos círculos especializados.

Com esta atitude subjacente a suas atividades, fica velado ou negligenciado pelos matemáticos um aspecto que considero importante, mas que não parece fazer parte das suas considerações, talvez porque seja visto por eles como superficial ou irrelevante. Trata-se do fato intuitivo – que aqui quero destacar – que as diversas famílias de números têm diferentes conexões com segmentos específicos do mundo.

É óbvio, por exemplo, que os números inteiros têm um claro vínculo com a enumeração das coleções de objetos discretos. É sua função, digamos, "natural" no mundo empírico. Pode-se falar que numa sala existem oito crianças, ou que uma frota é constituída por quinze navios, mas não é possível que numa sala existam 6,43 crianças, ou que exista uma frota de 15,217 navios. Se números assim aparecerem com referência a essas coleções serão como resultado de cálculos estatísticos ou de outra natureza, sem relação imediata com o mundo real. Isto ocorre porque as formas fracionária ou negativa dos números – para citar apenas estas – não se prestam para descrever crianças ou os navios de uma frota. Nos procedimentos abstratos do cálculo o uso de muitas das formas numéricas é legítimo, mas somente enquanto processamento intermediário. Nunca seria aceitável um resultado final, ajustado ao mundo natural, que concluísse ser o número de crianças numa determinada sala igual a 8,344, ou outra fração qualquer, simplesmente porque uma criança não é divisível em pedaços que continuem a ser crianças.

Os números negativos e fracionários também têm segmentos do cotidiano que se ajustam bem a eles. Uma conta bancária, por exemplo, pode estar com seu saldo positivo ou negativo. As propriedades inerentes aos números negativos são adequadas para descrever esses aspectos da realidade em que existimos empiricamente. É, como disse anteriormente, sua função "natural" em nosso mundo vivencial, embora nos processamentos de cálculo o grau de liberdade no uso desses números seja bem mais amplo. Números fracionários são excelentes para se repartir uma pizza, ou uma propriedade rural entre herdeiros, mas ficam totalmente inadequados para descrever outros segmentos da realidade, como vimos. Assim também são os números vetoriais, os números transcendentais, os números imaginários e todas as demais famílias que vêm surgindo ao longo da história da matemática.

Em princípio, cada uma das famílias de números têm dois *âmbitos* diferentes de aplicabilidade onde se podem ajustar: ou para serem operadas, ou para descreverem algo. O âmbito maior, mais flexível e amplo, é aquele que compreende suas possibilidades operacionais: os tipos de cálculo e as operações admissíveis, nos processamentos da análise matemática. O âmbito mais restrito – e pragmático, porque vinculado a fatos de variada natureza – é o que se restringe ao segmento da totalidade que essa família de números pode descrever adequadamente.

Um estudo abrangente desses dois âmbitos, relacionados com as diversas famílias de números, ainda está por ser realizado. É uma tarefa que à primeira vista pode parecer árida ou de poucas conseqüências, em termos de resultados palpáveis para o avanço da ciência, mas que na verdade pode trazer agradáveis surpresas e descobertas, caso venha a ser conduzida com largueza de visão, capaz de perceber e admitir que a totalidade não se restringe ao universo físico e que o caminho para o conhecimento é uma estrada cujo fim não se pode vislumbrar. Se nós, que na ciência, na arte e na filosofia buscamos uma compreensão maior do Ser, conseguirmos romper as barreiras criadas por nós mesmos – barreiras estas representadas pelas especializações e, pior ainda, pela aderência ingênua a pressupostos metafísicos esterilizantes –, estaremos, sem a menor dúvida, na trilha das sínteses mais amplas. Especificamente quanto às famílias de números e seus respectivos âmbitos, tema que estou introduzindo nesta minha comunicação, emerge um exemplo evidente de que algo inesperado e sério pode surgir da simples observação sem preconceito, de fatos e relações já conhecidos, quando vistos sob uma luz nova, não comprometida com linhas de pensamento preexistentes.

Quero tomar, em especial, o caso dos números imaginários, entidades matemáticas decididamente fantasmagóricas, porque a sua condição conceitual de existência é definida precisamente pela impossibilidade de existir.

Se os números negativos e fracionários surgiram como uma necessidade para representar o resultado de algumas operações aritméticas, também os números chamados *imaginários* foram introduzidos, relutantemente, como a representação do resultado da operação matemática conhecida como *radiciação*. E, do mesmo modo que a introdução dos números negativos, que séculos antes foi admitida com algum constrangimento, porque representavam uma "ausência", algo que "não estava ali", também a introdução dos números imaginários, já na idade moderna, causou profundo mal-estar e consternação entre os sábios da época, porque pretendiam representar algo cujo grau de inexistência era muito mais radical que o dos números negativos, ou do zero.

A operação aritmética da radiciação consiste em se determinar, para um número qualquer, qual o outro número – sua *raiz* – que, multiplicado por si mesmo um certo número de vezes, permite a obtenção daquele. A operação de multiplicar um número por si mesmo é o inverso da radiciação, e chama-se *potenciação*. Conforme o número de vezes que se pretenda multiplicar por si mesmo esse número, a operação é classificada como segunda potência, terceira, quarta, quinta, etc. A segunda e terceira potências são chamadas também de quadrado e cubo, porque essas operações são usadas para a obtenção da área de um quadrado e do volume de um cubo. Do mesmo modo, as raízes que lhes são equivalentes denominam-se raiz quadrada e raiz cúbica.

Parece intuitivo supor que qualquer número deva ter suas raízes. Entretanto, constata-se que os números negativos, aqueles cujo valor é menor que zero, não podem ter raiz quadrada, porque qualquer número negativo multiplicado por si mesmo dá como resultado um número positivo. Ou seja, se +2 x +2 = +4, verifica-se que –2 x –2 é também igual a +4. Para se obter o número negativo –4 seria necessário multiplicar +2 por –2, porque para se obter um número negativo como produto de dois fatores é necessário que eles sejam de sinais contrários, um negativo e o outro positivo. Mas é claro que dois números com sinais diferentes não podem ser considerados como o mesmo número: +2 é um número e –2 é outro número.

Como se obter, então, a raiz quadrada de um número negativo? Durante séculos, admitiu-se tacitamente que isto era impossível, ou seja, estava claro que os números negativos não podiam ter raiz quadrada. E isto limitava alguns cálculos, em que apareciam expressões algébricas que implicavam raízes de números negativos, ainda que somente como etapas intermediárias dessas operações. Mais precisamente, verificou-se que a singela equação $x^2 + 1 = 0$ não tinha solução, porque implicava que o valor de x seria a raiz quadrada de –1 que, como era sabido, não podia existir.

Repetia-se, nos tempos modernos, uma situação equivalente aos impasses surgidos na Antiguidade, quando ainda não se conheciam os números fracionários e os números negativos, ao se supor que algumas divisões não podiam ser efetuadas, ou que não se podia tirar um número maior de outro menor. Mais uma vez surgia uma barreira "lógica" na evolução do pensamento, uma limitação auto-imposta pelo próprio homem, que impedia a conquista de espaços mais amplos para a investigação, a compreensão, o conhecimento. Trata-se de uma situação que ocorre com alguma freqüência, e que tem feito com que a evolução do pensamento assemelhe-se a uma corrida de obstáculos – que devem ser ousadamente saltados. E foi isto o que ocorreu quando, em 1545, o matemático italiano Cardan registrou, pela primeira vez, aquilo que "não podia existir", ou que "não tinha significado", escrevendo simplesmente $x = \sqrt{-1}$.

Tal como tinha ocorrido no caso dos números negativos, aqui também a simples escrita do impossível conferiu-lhe uma existência simbólica, uma existência tão legítima quanto a das demais entidades matemáticas. Estavam descobertos, ou inventados, os números imaginários. É verdade que inicialmente foram feitas todas as reservas, observando-se que se tratava de algo sem significado, fictício, impossível, místico, imaginário[2]. Euler escreveu em sua *Álgebra*, de 1770, que

> Todas as expressões como $\sqrt{-1}$ ou $\sqrt{-2}$, etc. são impossíveis, ou imaginárias, já que representam raízes de quantidades negativas; e sobre tais números podemos afirmar com certeza que não são zero, nem maiores do que zero, nem menores do que zero, o que necessariamente os torna imaginários ou impossíveis.

Mas a história se repete e, pouco a pouco, os números imaginários foram sendo assimilados, apesar de considerados absurdos lógicos, passando a desempenhar um importante papel na análise matemática, especialmente sob a forma de números complexos, entidades híbridas formadas por uma parte real e outra imaginária, com a forma genérica $a + bi$. Logo, adotou-se a notação i para representar a unidade imaginária, fazendo $i = \sqrt{-1}$. Os imaginários (e os complexos) passaram a ser considerados apenas mais uma família de números, com *status* existencial equivalente ao das demais, úteis como instrumentos de trabalho, sem que houvesse maiores preocupações sobre o que eles poderiam significar intrinsecamente, ou seja, a que âmbito da totalidade eles mais adequadamente se ajustariam. Permaneceu apenas a vaga consideração de que raízes imaginárias, quando surgem como resultado de uma equação, são destituídas de significação lógica e devem ser desprezadas[3].

Como saldo da assimilação utilitária dos imaginários, ficou a noção de que haveria na matemática quatro diferentes unidades, cada uma delas com seu significado e suas propriedades, todas derivadas do Um original, que se identifica com a primordial unidade dos números inteiros, o 1 da série dos números naturais. Numa associação de memória livre dos preconceitos e limitações, próprios daqueles que se restringem à gaiola dourada das suas especialidades, lembro a significação mítica da Unidade em grande número de culturas clássicas, na Índia, na China e tantas outras civilizações da Antiguidade. Recordo-me da *Tábua de Esmeralda*, onde Hermes Trismegisto deixou registrado que "como todas as coisas são e provêm do Um, pela meditação do Um, assim todas as coisas nascem dessa única coisa, por adaptação".

Não estivesse eu participando de um evento em que, pela formação eclética e diversificação cultural dos presentes, busca-se encontrar as interações mais inesperadas que podem ocorrer em todos os domínios onde se move o espírito, sentir-me-ia constrangido por trazer este direcionamento ao meu discurso. Entretanto, no contexto deste Simpósio onde se procura o novo, especialmente se emergente do insólito, ressalto que abordagens como esta – do mito, da poesia ou até mesmo da simples especulação descomprometida –, longe de ser um desvio, são, na verdade, janelas que permitem vislumbres extraordinários em nossa compreensão, inacessíveis àqueles que se autolimitam no interior de suas fronteiras lógicas.

Passamos então a dispor de quatro unidades distintas, cada uma delas com suas propriedades:

a) a unidade dos números reais positivos +1, ou simplesmente 1;
b) a unidade dos números reais negativos –1;
c) a unidade imaginária positiva $+i$, ou simplesmente i, e
d) a unidade imaginária negativa $-i$.

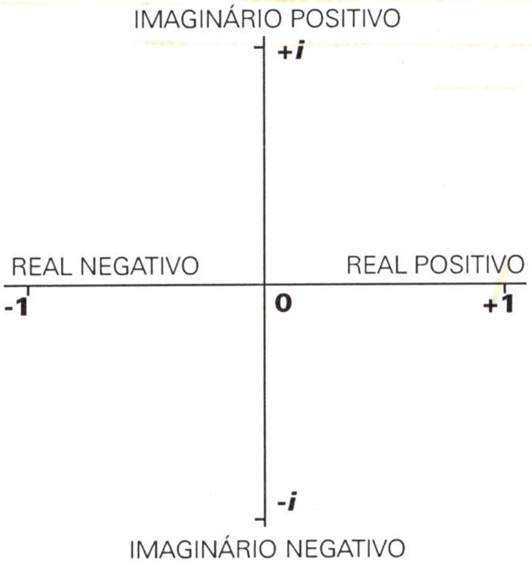

Fig. 1 – Plano de Argand-Gauss dos números complexos

Sinteticamente, 1, –1, *i*, –*i* podem ser dispostos segundo dois eixos ortogonais coordenados, determinando um plano – denominado *plano de Argand-Gauss* – que permite a representação dos números complexos, formados por uma parte real e outra imaginária. (v. fig. 1)

Neste ponto da minha exposição, quero deixar claro que a minha proposta é sugerir que o segmento da totalidade a que os números imaginários "naturalmente" se ajustam é o mundo subjetivo, o mundo psíquico, a vertente espiritual do Ser, que os físicos e cosmólogos mais conservadores situam fora do seu universo, fora do seu campo de estudos, recusando-se até mesmo – os mais radicais – a lhe atribuir qualquer "realidade".

Sob este último aspecto, aliás, temos de lhes dar razão, dependendo da amplitude que atribuirmos ao significado da palavra *realidade*. Se entendermos que realidade é tudo aquilo que existe, caímos noutro problema semântico, que consiste em estabelecer os limites de significação do verbo *existir*. Para não nos estendermos num tema filosófico que comporta inúmeras interpretações e posicionamentos, fixemo-nos na definição elementar de que real é tudo aquilo que se opõe complementarmente ao que é psíquico, subjetivo, abstrato, afetivo, espiritual, enfim imaginário. Para nosso conforto, voltemos à colocação cartesiana da *res extensa*, que se opõe à *res cogitans*, visão dualista do Ser que, podendo embora ser contestada pelo rigor dos filósofos e cientistas que sucederam a Descartes, tem inegável valor como instrumento de percepção da totalidade que, como sabemos, só pode ser apreendida pela inteligência lógica recorrendo-se ao contraste entre opostos.

Com esta definição deixaremos de lado, para os fins da minha exposição, a noção mais geral de realidade, admitida inclusive por Carl Gustav Jung, de que deve ser entendido como real tudo aquilo que possa interferir ou influenciar no mundo empírico[4]. Nessa acepção, que não adotaremos aqui, o pensamento é real, as abstrações matemáticas são reais, até os sonhos e delírios de ontem à noite podem ser reais.

Como já ficou estabelecido, só podemos ter acesso ao conhecimento racional por intermédio da diferenciação proporcionada por uma dicotomia que efetuamos no Ser. A Essência indiferenciada e una, Brahman, o Tai Chi dos chineses, o Inominado, a Essência primordial em sua totalidade omniabrangente, é inacessível ao conhecimento empírico. Somente com a introdução das dualidades – equivalente à noção elementar de *polaridade* –, torna-se possível o processo do conhecer racional, em que o ser particular realiza a percepção através do contraste primário entre sujeito e objeto, forma e fundo, informação e redundância. Desenvolvendo este tema na linguagem dos livros sagrados, teríamos:

No princípio era a Essência inominada e indiferenciada, omniabrangente em sua plenitude suprema, a eternidade pura e sem qualidades: a Unidade primordial. Sua única concepção possível é a do número Um, que sozinho nada representa, sendo portanto igual ao zero, ao nada, ao não-ser. Nesta instância primordial o Ser é igual ao não-ser, e isto não é compreensível.

Mas, pela meditação do Um, surge a idéia da duração, precisamente no limite entre o existir e o não-existir. E o Um meditou sua duração:

1, 1, 1, 1, 1, 1, 1, 1, 1, 1, 1, 1, 1, 1...

Em sua duração indiferenciada, o Um simultaneamente existia e não-existia. Mas nele tudo já existia *potencialmente*. E o Um, enquanto existente, meditou a duração da sua não-existência, concebida como sua negação:

–1, –1, –1, –1, –1, –1, –1, –1, –1, –1, –1...

Em seguida, num átimo primordial da eternidade anterior ao próprio tempo (portanto incompreensível), o Um meditou não apenas a sua negação, mas também sua impossibilidade de manifestar-se como existência, auto-imanente em sua transcendência perfeita, surgindo então a expressão dessa impossibilidade absoluta que, já no mundo diferenciado, os homens passaram a representar como i:

i, i, i, i, i, i, i, i, i, i, i, i, i, i, i, i, i, i...

E, dessa meditação do Um, coroando sua transcendência na eternidade indiferenciada, emerge a negação dessa impossibilidade, chave para o retorno ao Si Mesmo:

–i, –i, –i, –i, –i, –i, –i, –i, –i, –i, –i, –i, –i...

Só então teve início o tempo, e com ele a obra da Criação. Meditando de Si, o Um indiferenciado gerou a *multiplicidade*, ao estar ciente que nele tudo existia potencialmente. Retomamos aqui a noção de *potentia*, introduzida por Aristóteles e, desde então, subjacente ao pensamento ocidental sem, no entanto, frutificar plenamente até o advento da física quântica, quando foi revivescida por Heisenberg e Schrödinger para descrever o estado de uma partícula não observada. Essa existência potencial foi a instância que permitiu ao Ser romper a barreira da eternidade, ao criar a *informação*, o *quatérnio* e o *movimento de rotação*, sem os quais a existência jamais sairia do ventre da plenitude indiferenciada.

E isto foi feito com a aplicação, aos quatro aspectos da Unidade, da operação matemática que a humanidade mais tarde redescobriria e daria o nome – significativamente, e não por acaso – de *potenciação.* Nos acasos e coincidências da existência escondem-se milhares de deuses.

*

Peço, agora, aos que me ouvem, todo cuidado e atenção para o que pretendo mostrar, que me parece ser a primeira formulação matemática do processo divino anterior à Criação, a partir da operação de elevar as unidades primordiais a uma série de potências. Como resultado, veremos o surgimento – no mundo simbólico dos signos matemáticos – da primeira manifestação da unidade elementar de informação, o *bit*, do *quatérnio*, que é o próprio fundamento do mundo inteligível, e do *movimento de rotação*, que se constitui na quintessência de toda matéria e de toda energia, as duas faces do universo objetivo reconhecido pelos físicos.

Observemos, inicialmente, o que acontece se elevarmos a uma seqüência de potências a unidade elementar dos números naturais, representação primária do Um indiferenciado que a tudo deu origem:

$1^0 = 1$, porque qualquer número elevado à potência zero é igual à unidade positiva;

$1^1 = 1$, porque qualquer número elevado à potência 1 é igual a ele próprio;

$1^2 = 1$, porque o quadrado da unidade positiva é igual a ela mesma; como de resto ocorre com qualquer potência a que se eleve, a unidade positiva sempre será igual a 1, donde se obtém a série

$1^0 = 1$; $1^1 = 1$; $1^2 = 1$; $1^3 = 1$; $1^4 = 1$; $1^5 = 1$; $1^6 = 1$; $1^7 = 1$..., etc.

Note-se que a seqüência 1, 1, 1, 1, 1, 1, 1, 1, 1..., o mantra primordial, constitui o nível máximo de redundância de um sistema, a total ausência de informação, mostrando que enquanto o Um permanece idêntico a Si Mesmo, nada pode criar.

Mas vejamos o que ocorre com o Um quando, em sua plenitude suprema, medita sua própria negação, representada no mundo simbólico da matemática como a unidade negativa –1:

$-1^0 = 1$, porque qualquer número elevado à potência zero é igual a 1;

$-1^1 = -1$, porque qualquer número elevado à potência 1 é igual a ele próprio;

$-1^2 = 1$, porque o quadrado de um número negativo é sempre um número positivo, portanto $-1 \times -1 = +1$;

$-1^3 = -1$, porque isto é equivalente ao quadrado de –1, que, como vimos, é igual a 1, multiplicado outra vez por –1, resultando que $+1 \times -1 = -1$; o que conduz à série:

$-1^0 = 1$; $-1^1 = -1$; $-1^2 = 1$; $-1^3 = -1$; $-1^4 = 1$; $-1^5 = -1$; $-1^6 = 1$..., etc.

Que vemos, então, com esta seqüência 1, –1, 1, –1, 1, –1, 1, –1...? Simplesmente testemunhamos a gênese da *informação*, o surgimento da primeira dualidade, o primeiro contraste na unidade indiferenciada, o nascimento do *bit* e da linguagem binária do *I Ching** e dos computadores, fascínio de Leibniz, a mais elementar de todas as linguagens possíveis. No princípio é o Verbo, e o bit de informação é a semente primordial do Verbo.

O bit, a unidade elementar de qualquer linguagem, o *quantum* de informação, é reconhecido como o mais básico de todos os componentes do mundo diferenciado da multiplicidade, num destaque anterior às demais unidades elementares de tempo, espaço e energia, que nele se fundamentam para legitimar seu *status* existencial no mundo inteligível.

Vamos dar, agora, mais um passo no divino processo que antecede a Criação, examinando o que ocorrerá quando submetermos à mesma operação da potenciação a unidade seguinte, concebida na meditação do Um – a unidade imaginária i –, aquela cuja condição de existência é precisamente o não existir, paradoxo primordial que nos mostra que a lógica divina é muito distinta da lógica vulgar, que tantas e tantas vezes estorva o caminho dos homens na busca do conhecimento:

$i^0 = 1$, porque qualquer número elevado a zero é igual a um;

$i^1 = i$, porque qualquer número elevado à potência 1 é igual a ele próprio;

$i^2 = -1$, porque foi precisamente esta a gênese da unidade imaginária: i é o sinal que trouxe do limbo esta surpreendente impossibilidade lógica, a raiz quadrada da unidade negativa, portanto $i^2 = -1$;

$i^3 = -i$, porque isto corresponde a i multiplicado por -1, o que simplesmente implica a troca do sinal, ou seja, $i \times -1 = -i$, resultando na série:

$i^0 = 1$; $i^1 = i$; $i^2 = -1$; $i^3 = -i$; $i^4 = 1$; $i^5 = i$; $i^6 = -1$; $i^7 = -i$..., etc.

A seqüência $1, i, -1, -i, 1, i, -1, -i, 1, i, -1, -i$..., como está claro, testemunha o nascimento do *quatérnio*, a estrutura arquetípica fundamental da Criação, conforme os mitos de origem das culturas mais antigas da humanidade, reconhecida pela antiga tradição e estudada intensivamente por Carl Gustav Jung em seus *insights* mais profundos sobre as bases da alquimia e do conhecimento ancestral residente nos abismos do inconsciente, comum a todos nós.

Não pretendo examinar aqui a significação profunda das estruturas em quatérnio, registrando apenas que elas correspondem, simbólica e graficamente, a dois pares de opostos que se organizam em cruz, o que é matematicamente representado pelos dois eixos das coordenadas cartesianas. No caso primordial que estamos examinando, trata-se das duas oposições negativo-positivo, que ocorrem tanto no eixo real como no eixo imaginário, formando o nosso conhecido plano de Argand-Gauss.

---

* O Livro das Mutações

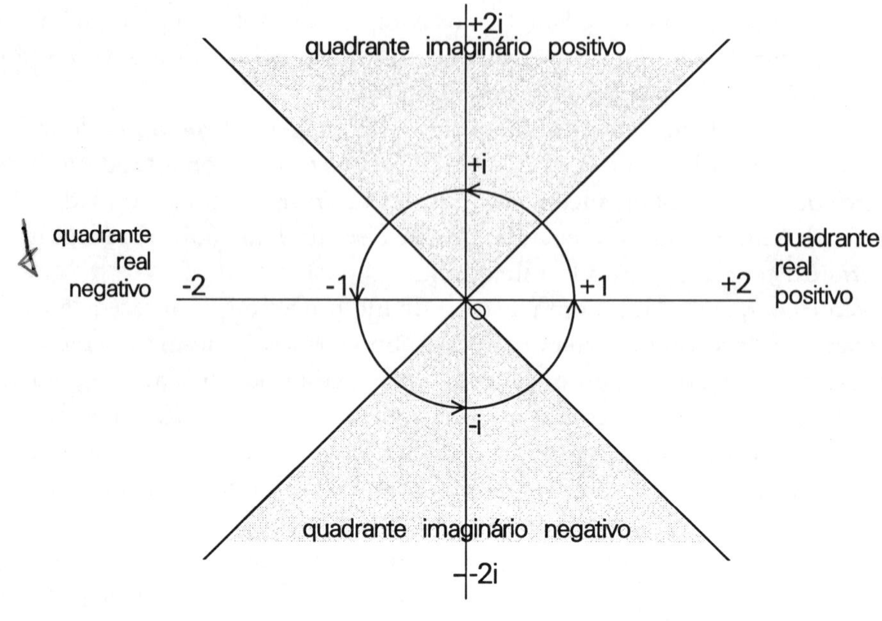

Fig. 2 – Quadrantes da totalidade real-imaginária

Certamente não escapará a um espírito arguto a significação do aparecimento dessa estrutura como resultado da *potenciação* (entenda-se esta como a operação que permite revelar, ou trazer à luz, aquilo que já existia potencialmente) da unidade imaginária, a unidade do que se autodefine como inexistente, a unidade daquilo que é mais impossível do que uma simples ausência, um ultraje à razão, inadmissível para a compreensão ordinária e para a lógica racional. Entretanto, é dessa operação primordial que surge a mais básica das estruturas arquetípicas, emergindo de algo mais sutil que o próprio nada, apontando com a força de sua potência abstrata para o modo como devem ser sentidos e meditados os conteúdos do imaginário, do psíquico, da vertente espiritual do Ser.

Nessa estrutura primordial do quatérnio estão alicerçados os mitos de origem das culturas mais férteis da Antiguidade, as quatro direções do mundo, as quatro estações, os quatro Vedas, as quatro nobres verdades do budismo, as quatro funções da consciência, os quatro elementos e as quatro qualidades do ser, na metafísica medieval, a compreensão mais disseminada da cosmologia e da cosmogonia residentes no inconsciente da humanidade, a própria chave para a compreensão maior do Ser inefável que *nos É*.

Mas a nossa investigação ainda não se conclui neste ponto.

Ao registrarmos o quatérnio no plano de Argand-Gauss, gerando assim o símbolo primordial da cruz, vemos nascer também a noção de *posição*, a noção de *origem*, ou *centro*, a noção de *expansão ilimitada*, a noção de *direção* e, principalmente, assistimos espantados à gênese do *movimento de rotação* – o *spin* – fundamento mais íntimo do mundo físico, cuja representação mais antiga é a imemorial suástica, propulsionada pela seqüência 1, i, –1, –i , 1, i, –1, –i, 1, i, –1, –i. (v. fig. 2)

Assim, 1, i, –1, –i, o *ritmo* primordial, tem aqui sua gênese detectada numa operação matemática da mais elementar simplicidade, em que nem sequer foi necessário sair da unidade para começarmos a operar com as *pluralidades*, que vieram depois desses procedimentos, anteriores à divina Criação do Cosmos que habitamos.

Antes de concluir minhas palavras, deixando ao sabor da imaginação dos que me prestigiam com a sua atenção os inúmeros caminhos abertos por esses vislumbres, tão singelos quanto elucidativos, quero ainda mostrar como se fecha o *ciclo* primordial, fazendo, mais uma vez, uma potenciação, agora da unidade imaginária negativa –i, cujo significado profundo jaz além da própria capacidade humana de abstrair. Vejamos:

$-i^0 = 1$, porque todo número elevado a zero é igual a Um, reiterando definitivamente o caráter *absoluto* do Um, como origem inescapável do tudo e do nada;

$-i^1 = -i$, porque qualquer número elevado à unidade é igual a ele próprio;

$-i^2 = -1$, porque ao elevar ao quadrado a unidade imaginária negativa estamos transformando-a na unidade real negativa;

$-i^3 = i$, evidentemente, por tudo que já sabemos, o que nos dá a série:

$-i^0 = 1$; $-i^1 = -i$; $-i^2 = -1$; $-i^3 = i$; $-i^4 = 1$; $-i^5 = -i$; $-i^6 = -1$; $-i^7 = i$..., etc.

Na seqüência 1, –i, –1, i, 1, –i, –1, i, 1, –i...., fecha-se o ciclo dos ritmos primordiais: Uroboros, a serpente alquímica, com seu corpo formado por anéis reais e imaginários agora percorre em sentido contrário o plano de Argand-Gauss, pronta para morder sua própria cauda e precipitar-nos na multiplicidade, no reino do *tempo* que, como tudo o mais que estivemos examinando, teve sua origem no Um "como todas as coisas são e provêm do Um, pela meditação do Um, assim todas as coisas nascem dessa única coisa, por adaptação".

Notas

1. Os primeiros registros de um símbolo para o número zero apareceram, simultaneamente, no Camboja e em Sumatra, no ano 683. (J. Needham, *Science and Civilization in China* [Ciência e Civilização na China], vol. 3.)

2. Quando Gauss, Riemann e Lobatchevsky criaram as primeiras geometrias não-euclidianas, estas foram vistas pela comunidade científica, tal como as lógicas não-booleanas, como simples jogos de alta matemática, fora de contato com a "realidade". O mesmo tem acontecido com outras entidades matemáticas e ainda acontece com os números imaginários, tidos como meros recursos operacionais para efetuar cálculos e, também, com as raízes imaginárias, que aparecem como solução de muitas equações, que são descartadas porque "não fazem sentido", ou não são "reais", confundindo-se aí o não ser real com não ser verdadeiro. O imaginário, evidentemente, não é real, porque vincula-se à vertente imaginária da totalidade: conjuga-se à vertente real – que descreve o universo físico, objetivo – para constituir a totalidade objetivo-subjetiva do Ser, o *unus mundus,* de que nos fala C.G. Jung.

3 J.C. Polkinghorne, em seu livro *The Quantum World* [O Mundo Quântico], de 1984, observa que "[a mecânica quântica] também se utiliza dos números complexos, o que é vantajoso nas ocasiões corretas, porém seria desastroso se esses números surgissem como valores *eigen*. A mecânica quântica pode ser peculiar, mas não chega a ponto de nos dar, como resultado de uma experiência, a raiz quadrada de -1".

4. Para os fins da minha exposição, considero indispensável distinguir *real* de *imaginário*, que vejo como duas faces do Ser, com diferentes aspectos e propriedades, embora sejam apenas os lados opostos e complementares da mesma moeda. Carl Gustav Jung, entretanto, usa o termo *real* em seu sentido mais abrangente (*lato sensu*), que inclui também aquilo que chamamos de imaginário. Trata-se apenas de uma opção semântica, que não deve ser entendida como uma divergência entre a nossa concepção e a de Jung. Para designar o que Jung chama de realidade, preferimos a noção de totalidade (*wholeness*), proposta pelo físico David Bohm, que evita a confusão entre as vertentes objetiva e subjetiva do Ser. Transcrevemos um trecho de Jung em que ele define o que considera real e realidade: "Não conheço nada a respeito de uma supra-realidade. A realidade contém tudo o que podemos saber, pois aquilo que age, que atua, é real. Se não age, não podemos nos dar conta da sua presença e, por conseguinte, não conhecemos nada a seu respeito. Por isto, eu só posso falar de coisas reais e nunca de coisas irreais, supra-reais ou sub-reais, a menos que alguém, naturalmente, tenha a idéia de limitar o conceito de real, de tal maneira que o atributo 'real' só se aplique a determinado segmento da realidade". Como se vê, valemo-nos da liberdade que o mestre Jung concede, no final do seu texto.

Referências bibliográficas

Asimov, Isaac. *Realm of Numbers,* © Isaac Asimov, 1959.

Barker, Stephen F. *Philosophy of Mathematics,* Prentice Hall, Inc., New Jersey, 1964.

Boyer, Carl B. *A History of Mathematics,* John Wiley & Sons, Inc., 1968.

Dantzig, Tobias. *Number – The Language of Science,* The Macmillan Company. 4ª ed. Nova York, 1953.

Davis, Philip e Hersch, Reuben. *Descartes' Dreams: The World According to Mathematics,* Harcourt Brace Jovanovich, Nova York, 1986.

Dopp, Joseph. *Notions de Logique Formelle,* Éditions Béatrice-Nauwelaerts, Paris, 1965.

Edwards, Elwyn. *Information Transmission,* Chapman & Hall Ltd., Londres, 1964.

Hall, C.S. e Nordby, Vernon J. *A Primer of Jungian Psychology,* New American Library, Inc., Nova York.

Islam, Jamal Nazrul. *An Introduction to Mathematical Cosmology,* The Press Syndicate of the University of Cambridge, Nova York, 1993.

Jung, Carl Gustav. *Die Dynamik des Unbewussten,* Walter Verlag, AG, Olten, 1971.

Needham, J. *Science and Civilization in China,* Cambridge University Press, 1959.

Peirce, Charles Sanders. *Philosophical Writings,* Dover Publications, Nova York, 1955.

Penrose, Roger. *The Emperor's New Mind – Concerning Computers, Minds and Laws of Physics,* Oxford University Press, 1989.

Polkinghorne, J.C. *The Quantum World,* Longman Group Limited, 1984.

Salmon, Wesley C. *Logic,* Prentice-Hall Inc., New Jersey, 1965.

Skyrms, Brian. *Choice and Chance – An Introduction to Inductive Logic,* Dickenson Publishing Company, Inc., 1966.

Wilhelm, Richard. *I Ging – Das Buch der Wanlungen,* Eugen Diederich Verlag, Dusseldorf, Köln, 1956.

Comunicação 2

Quem responde pela Terra?

Axel Svedberg
Universidade de Uppsala, Suécia

As origens

Todas as culturas têm seu fundamento metafísico nos mitos de origem, que lhes dão sentido e buscam explicar o porquê das coisas. O mito de origem da civilização contemporânea é a teoria científica do big bang, *que narra o surgimento do universo físico a partir de uma titânica explosão primordial que teria dado origem a tudo que existe.*

Apesar de ainda conter importantes lacunas e suscitar muitas controvérsias, a evolução do Universo, das galáxias, das estrelas e do nosso Sistema Solar tem sido explicada a partir desse constructo teórico, que se apoia em evidências experimentais. Entretanto, o porquê da fragmentação do universo primevo em galáxias e o aparecimento da vida são enigmas que ainda não estão resolvidos. Sobre a origem da vida, contudo, fatos novos surgidos nos últimos anos vêm alterando substancialmente a visão que se tinha do Universo no século 20, trazendo uma imagem bem mais amigável das relações do ser humano com o Cosmos. Mas as ações que temos praticado, enquanto espécie dominante do planeta Terra, não correspondem a um comportamento responsável, aos olhos da comunidade galáctica.

Tempo virá em que os nossos descendentes ficarão admirados, porque não sabíamos tantas coisas que serão óbvias para eles. Muitas descobertas estão reservadas aos que virão, quando a lembrança de nós já estiver apagada.

Sêneca

Idéias novas são sempre tidas como suspeitas e geralmente são negadas, sem outra razão senão a de não serem ainda comuns.

John Locke

Todas as culturas têm sua raiz em mitos de origem, que procuram dar sentido à existência e, à sua maneira, explicar o mundo e as coisas. Na fase pré-científica da história humana, que se estendeu até recentemente e persiste ainda em grande parte do mundo atual, os mitos emanam da memória coletiva inconsciente onde, sob formas pré-racionais, reside o conhecimento arcaico do Cosmos. Cada cultura registra e consolida as imagens que afloram nos estados alterados de consciência de sacerdotes e xamãs que têm, entre outras funções sociais, a de colocar em palavras as histórias que melhor correspondem àquilo que viram em suas introspecções, dando origem e forma às tradições orais.

Os mitos descrevem realidades antropológicas não racionais e sobre eles assentam-se os fundamentos das sociedades e culturas de todos os tempos. Mas não sabemos a que conteúdos psíquicos correspondem muitos dos mitos antigos e modernos, do mesmo modo que os físicos não sabem a que segmento do Ser correspondem muitas das equações formuladas abstratamente pela matemática.

Em seu livro *The First Three Minutes**, Steve Weinberg comenta o mito de origem escandinava narrado na *Nova Edda*, mostrando seu caráter ilógico porque conduz a uma regressão sem fim, que não pode ser considerada satisfatória, pelo menos para o homem moderno. Diz a *Edda*:

> No princípio era o nada. A Terra não existia, nem o Céu. Só havia um Abismo e em nenhum lugar existia grama. Ao norte e ao sul do nada ficavam a região do frio, Nifelheim e a do calor, Muspelheim. O calor de Muspelheim derreteu uma parte do gelo de Nifelheim e das suas gotas nasceu um gigante, Ymer.

Com sua mente lógica, Weinberg pergunta o que comeria Ymer, se apenas ele foi criado. E, com um sorriso, constata que o mito admitia também a existência de uma vaca, Audhumla. Sarcástico, ele volta a perguntar: o que comeria a vaca? Para verificar em seguida que também havia sal, e concluir triunfante que esta não é uma explicação satisfatória da origem do Universo.

Ora, não é assim que se pode captar o significado de um mito pré-científico, rico de intuições e pleno de recordações ancestrais, que não podem ser reduzidas a fatos racionais historicamente ordenados. Procurando entender literalmente o que ouviu ou leu, ele não percebeu que se tratava de um belo mito do povoamento das terras nórdicas após a última glaciação. E, se examinarmos o mito de origem da ciência ocidental, veremos que também ele conduz a regressões infinitas quando submetido a uma inquirição racional.

O advento do pensamento científico, que procura suplantar a visão mágica e a superstição, trouxe consigo a necessidade de um mito científico que contasse a sua história sobre a origem do mundo e que se mostrasse superior àqueles que não resultaram da sua forma de conceber e classificar a realidade. Para isso foram destacadas as ciências da cosmologia e da cosmogonia, que vêm constantemente elaborando e reelaborando suas teorias sobre a estrutura, a origem e a evolução do Universo, apresentadas como a verdade – sempre provisória – da ciência.

*

O mito de origem *oficial* da ciência contemporânea tem início com uma titânica explosão, a uma temperatura inimaginável, que deu origem ao espaço, ao tempo linear da evolução, à radiação, à matéria e a tudo que os cientistas consideram "existente" no Cosmos. O *big bang* – expressão criada por Fred Hoyle nos anos 40 – teria ocorrido em pleno nada, em lugar nenhum, porque não havia ainda "lugares", assim como não havia "tempo". Por que teria ocorrido o

* Os Três Primeiros Minutos.

big bang é uma questão limítrofe entre a cosmogonia e a metafísica, entre a ciência e o mito religioso; é uma singularidade física e filosófica, onde os conceitos da razão perdem a força e o significado, embora alguns cientistas tenham tentado explicar sua ocorrência como uma "instabilidade quântica" no vácuo primordial. Isto transfere o problema para a necessidade de se conceber o que teria sido esse vácuo primordial e quais as suas propriedades, lembrando um pouco a questão sobre o que comeriam Ymer e a vaca Audhumla.

De acordo com os dados atualmente disponíveis, essa explosão inicial teria acontecido entre treze e vinte bilhões de anos atrás, pela nossa forma de contar o tempo. A cerca de um milésimo de segundo do instante inicial (que muitos cosmólogos modestamente consideram ainda inacessível ao conhecimento), a temperatura era superior a cem bilhões de graus e o Universo inteiro não tinha sequer o tamanho de uma semente de mostarda. Não havia átomos, nem partículas, nem radiação, nem as interações elementares que organizam o universo físico: apenas uma enorme força de repulsão, capaz de suplantar toda a coesão da incipiente gravidade e saturar de energia o minicosmos, que inflou extraordinariamente nas frações de segundo que se seguiram.

Com a expansão desmesurada a temperatura caiu para poucos bilhões de graus, permitindo o surgimento da gravitação, das forças nucleares, da radiação e das partículas. As partículas elementares primordiais – fótons, prótons, elétrons e nêutrons – organizaram-se então em energia e matéria, formando os átomos primevos de hidrogênio, hélio e algum lítio, que até hoje constituem mais de 90% da matéria conhecida do Universo. A massa inicial do Cosmos fendeu-se depois em bilhões de segmentos, que vieram mais tarde a se configurar em galáxias, sob a regência da força gravitacional. Contudo, a ciência modestamente declara não saber ainda por quê, e como, ocorreu esta fragmentação do Universo em galáxias e estrelas.

As galáxias mais antigas – muitas das que podemos ver com nossos telescópios – são estéreis, isto é, não podem abrigar a vida baseada em estruturas químicas, porque as estrelas de que são constituídas contêm apenas hidrogênio e hélio, que por si sós não sustentam uma base química suficientemente diversificada para as necessidades da vida, tal como a concebemos. As estrelas de primeira geração, portanto, não podem ter vida orgânica em seus sistemas, porque não existem aí carbono, oxigênio, fósforo, magnésio, ferro, cálcio e nenhum dos elementos cujo número atômico seja superior a três, correspondente ao lítio. Esses elementos mais pesados, indispensáveis à vida, foram sintetizados nas altas temperaturas dos núcleos das estrelas da primeira geração e somente liberados quando, no final de sua existência, elas explodiram lançando ao espaço essa nova matéria-prima para formar as de segunda geração e seus sistemas planetários.

O Sol é uma estrela de segunda ou terceira geração, formada junto com seus planetas e satélites, a partir da reaglutinação dos estilhaços de outras, que explodiram milhões de anos antes, depois de cozinharem no forno alquímico dos seus núcleos os elementos mais pesados, que entraram na composição do novo sistema, junto com o hidrogênio e o hélio. Segundo o mito científico da cosmologia atual, os fragmentos da estrela ancestral, que ficaram espalhados em nossa região da galáxia desde sua explosão, voltaram a aglomerar-se sob a ação da gravidade, num processo inicialmente lento, que depois foi-se acelerando, denominado coalescência.

Quando uma grande estrela chega ao fim de sua existência, esgota o combustível que alimentava suas reações termonucleares – o hidrogênio, que foi sendo convertido em hélio – e infla desmesuradamente, passando a se constituir numa supergigante vermelha, cujo diâmetro pode ser maior que o da órbita da Terra. No momento em que a pressão interior das reações termonucleares no núcleo da supergigante não mais consegue contrabalançar o peso de sua massa, ela desaba para dentro e implode. Em instantes, esta implosão se reverte numa formidável explosão – agora para fora – tornando-se uma supernova, uma explosão titânica que desintegra a maior parte da sua massa em estilhaços, detritos e poeira, lançados ao espaço e, por alguns dias, supera em brilho a luminosidade de uma galáxia média. No centro da explosão, girando alucinadamente muitas vezes por segundo, permanece residualmente uma estrela de nêutrons, pequena e extraordinariamente densa, também conhecida como pulsar. Ou então um buraco-negro, sem dimensão espacial, cuja espantosa força gravitacional não permite sequer que a luz escape, permanecendo invisível como um fantasma da estrela que se foi.

Os detritos lançados ao espaço formam nuvens, ou halos, com alguns anos-luz de diâmetro, que fornecerão os elementos necessários à química da vida, quando uma nova estrela vier a se formar a partir desses resíduos. Essa nuvem será a matriz de uma geração de estrelas férteis, apropriadas para desenvolver a vida nos privilegiados planetas dos seus sistemas que, sendo portadores dos novos elementos agora disponíveis, também estejam situados a uma distância adequada da estrela central, numa faixa onde a radiação térmica e a luz dela recebidas estejam na proporção correta para viabilizar a diversificada gama de reações químicas, indispensáveis aos processos biológicos. Este, em síntese, é o mito científico atual da origem do Sol e do seu séquito de planetas, satélites e asteróides.

A Terra é o planeta que se encontra exatamente no meio da ecosfera, a faixa de distâncias da estrela central onde as condições de temperatura e luminosidade são ideais para a vida. Formou-se há quatro bilhões e seiscentos milhões de anos, ao mesmo tempo que o Sol e os demais astros do nosso sistema, pela aglutinação de planetésimos e cometas, ou seja, corpos celestes que, por sua vez, também foram formados por outros menores, todos remanescentes da explosão da estrela ancestral. Durou centenas de milhões de anos esta sucessão de choques entre protoplanetas, que progressivamente aumentavam de tamanho pela agregação de outros que passavam ao alcance do seu crescente campo gravitacional. As colisões geravam temperaturas muito altas e aquilo que depois veio a ser nosso encantador planeta azul foi, nessa era primitiva, uma bola incandescente de rochas em ebulição e metais em fusão. Estes últimos, pelo seu peso específico maior, mergulharam na rocha derretida para formar o núcleo central metálico do novo corpo celeste.*

Os materiais de que eram formados os planetésimos classificam-se em metais, rochas e voláteis, os mesmos constituintes dos asteróides, meteoritos e cometas que percorrem o espaço interplanetário, como remanescentes daquela fase primordial, ou ainda mais antigos. Os asteróides e meteoritos podem ser metálicos, rochosos ou uma mistura dos dois, enquanto os núcleos de cometas contêm rochas intimamente misturadas com voláteis – água, amônia, metano, dióxido de carbono e complexas moléculas orgânicas – que permanecem congelados enquanto estão distantes do Sol, mas que se evaporam sob a ação do calor, quando dele se aproximam. Nessas ocasiões, formam-se a coma – um halo de gás luminoso em volta do núcleo – e exuberantes caudas de poeira e plasma, com milhões de quilômetros de comprimento, quando os gases do núcleo aquecido são "soprados" pelo vento solar.

Estudos realizados em modelo de computador mostram que o nascimento da Lua ocorreu durante a fase em que tudo estava em fusão, no momento em que um planeta primordial do tamanho de Marte colidiu conosco, no que teria sido o maior dos cataclismos que atingiram a Terra, durante a sua formação. O choque não foi frontal, mas num ângulo tal que a maior parte das massas dos dois corpos celestes uniram-se no que hoje é a Terra, mas uma enorme porção das suas camadas rochosas externas foi lançada ao espaço próximo e arredondou-se por gravidade para formar a Lua. Um detalhe suplementar, que o computador informa, é que todo o processo do nascimento da Lua aconteceu num período de apenas nove horas.

Terra e Lua formadas começaram seu processo de resfriamento, retardado pelo calor resultante da chuva de planetésimos remanescentes, que prosseguiu durante centenas de milhões de anos e, a rigor, nunca cessou totalmente. A Lua, muito pequena para reter uma atmosfera, devolveu ao espaço os voláteis que a queda de milhões de cometas depositava na sua superfície; mas na Terra, com

* O ferro que existe hoje na crosta terrestre teve sua origem em meteoritos que caíram depois que a crosta solidificou-se. A sua origem sideral revela-se na raiz da palavra *siderurgia*.

uma gravidade bem maior, eles ficaram retidos, e dos miríades de cometas de todos os tamanhos que aqui se precipitaram foram formados os oceanos e a atmosfera primitiva.

Numa fase inicial, quando caíam na superfície incandescente, os cometas logo explodiam em vapores e, sob a forma de densas nuvens, ficavam retidos numa atmosfera muito quente. Depois, teve início outra fase, em que uma chuva de proporções inimagináveis precipitou-se durante milhões de anos, ininterruptamente, sobre toda a extensão do planeta. Inicialmente, a temperatura era tão alta que as gotas ferviam e evaporavam-se antes mesmo de atingir a superfície, mas, posteriormente, passaram a lavar impetuosamente as montanhas ainda quentes, resfriando-as, erodindo-as e formando torrentes escaldantes de lama que se reuniram nos oceanos primitivos, em formação nas depressões maiores. Desta era nada restou como testemunho, porque a violência dos processos naturais era fantástica e as rochas da superfície foram erodidas e alteradas, tão logo emergiam nos movimentos orogênicos da crosta, eivada de vulcões. Na Lua, entretanto, que não reteve atmosfera nem mares, a superfície guarda os testemunhos: as marcas e cicatrizes dos impactos de asteróides, desde a infância caótica do Sistema Solar e de toda a sua história, até os meteoritos mais recentes.

Um cenário menos hostil para o desenvolvimento da vida ficou definido cerca de seiscentos milhões de anos depois do início da sua formação, quando a Terra, com sua crosta já resfriada, estava provida de oceanos e de uma atmosfera – embora a constituição desta fosse muito diferente da atual. A distância do Sol ficou perfeita para permitir temperaturas médias, onde as incontáveis reações da química orgânica poderiam ocorrer, sem que fossem retardadas ou bloqueadas pelo frio nem tivessem seus produtos logo decompostos pelo excesso de calor. Formou-se então, na atmosfera e nos mares, uma grande variedade de substâncias e moléculas que hoje sabemos indispensáveis aos processos vitais.

Mas a existência de um cenário montado não implica automaticamente o início do drama.

*

E a ciência realmente não sabe como a vida começou, embora já tenha aprendido, ainda nos anos 50, a fazer em laboratório alguns dos seus componentes moleculares básicos – diversos aminoácidos – que, por algumas décadas, alimentaram a ilusão de que a criação da vida *in vitro* estava próxima. Mas até hoje essas experiências aparentemente promissoras avançaram pouco, chegando-se a sintetizar açúcares, como a ribose e a glicose, e algumas cadeias curtas de aminoácidos; nada mais além disso. A distância que resta a percorrer até a mais singela das bactérias artificiais é imensa, e parece decididamente insuperável.

Assim como a ciência declara nada saber da transição entre a bola de fogo primordial e a formação das primeiras galáxias e estrelas, também o período inicial do aparecimento dos primeiros seres vivos é uma *terra incognita*, percorrida por muitas especulações e fugazes certezas que logo se desvanecem. Estudos realizados no material genético das bactérias vivas mais antigas sugerem que a vida surgiu antes mesmo que o bombardeio cósmico se atenuasse, há cerca de quatro bilhões de anos. Entretanto as convulsões geológicas apagaram todos os registros desse evento. Por isto, teremos de dar outro salto sobre o desconhecido, um salto de centenas de milhões de anos, até o momento em que as primeiras bactérias apareceram naquele mundo primitivo e deixaram fósseis como testemunho de sua existência em algumas rochas daquela era remota, denominada arqueozóica.

A vida quando surgiu – ou aqui chegou, das profundezas do espaço interestelar – era constituída de organismos unicelulares que não precisavam de oxigênio, que não existia livre na atmosfera original. Muito pelo contrário, para esses organismos primordiais, o oxigênio era um gás venenoso. O oxigênio molecular somente começou a se formar milhões de anos depois, como um subproduto da fotossíntese, "inventada" pelas algas azuis, ou cianobactérias, e levou pelo menos um bilhão de anos até que começasse a se acumular significativamente na atmosfera. Sua primeira tarefa foi oxidar todo o ferro que os meteoritos deixaram na superfície terrestre e, à medida que sua participação porcentual crescia, foi convertendo aos poucos a atmosfera, de redutora, em oxidante.

Apesar de ser relativamente simples, se comparada com os organismos que a evolução criou nos bilhões de anos subseqüentes, a constituição interna das formas arcaicas de vida era extraordinariamente complexa em relação ao caldo pré-biótico dos oceanos primitivos, mesmo se admitirmos que os aminoácidos básicos já estivessem ali presentes, sintetizados pelas descargas elétricas das tempestades que ininterruptamente bombardeavam a superfície terrestre.

Desde há quatro bilhões de anos, as formas mais primitivas de vida já se baseavam numa química de enzimas e proteínas, reconstruídas em cada novo organismo segundo um código genético capaz de registrar informações detalhadas sobre esse complicado processo. Mas quando se examina a extraordinária arquitetura de uma molécula de DNA, ou RNA, é impossível não sentir uma forte suspeita de que não teria havido tempo para que estes fossem criados na Terra pelas forças casuais e seletivas da evolução: a distância que os separa – e também as enzimas e proteínas – da matéria pré-biótica é imensa, para ser percorrida em apenas umas poucas centenas de milhões de anos – ou até em bilhões de anos – de atuação dos imaginosos mecanismos propostos por Darwin. A suposição de que as informações genéticas pudessem ser armazenadas e transmitidas por alguma molécula mais simples do que o RNA não se sustenta, porque as intensas investigações até hoje procedidas, inclusive com sofisticados modelos de computador, não mostraram qualquer alternativa viável para o sistema DNA/RNA, seja de complexidade comparável ou mais simples do que este.

Adicionalmente, os cálculos efetuados sobre o processo de oxigenação da atmosfera terrestre mostram que a fotossíntese deve ter entrado em ação desde 3,9 bilhões de anos atrás, ou seja, em torno de cem milhões de anos após o provável aparecimento da vida. Esse curto período para que a molécula da clorofila e o processo da fotossíntese fossem "descobertos", liquida com a tese darwiniana de que as mudanças nos organismos ocorrem fortuita e cegamente, ficando a seleção entre as variantes surgidas aleatoriamente para ser feita pelo meio ambiente, numa fase posterior, que privilegiaria a sobrevivência das mais adaptadas. A informação genética modificada por acaso numa só proteína acumular-se-ia com extrema lentidão, diante das inumeráveis possibilidades combinatórias admissíveis para a disposição dos seus aminoácidos componentes.

Pode ser calculado facilmente que, para o acaso criar uma única proteína hipotética, com apenas vinte ligações químicas na disposição correta, seriam necessárias bilhões de gerações do organismo considerado, com uma absurda produção paralela de uma imensa enxurrada de proteínas inúteis e erradas, criadas no decorrer do processo. Mas uma proteína não tem apenas vinte ligações químicas; são muitas dezenas de ligações, o que multiplica a necessidade de reproduções a um número astronômico de gerações, absolutamente impossível de ocorrer no período de existência da Terra – e mesmo do Universo, desde o *big bang*. E note-se que isto são estimativas para uma única proteína, quando um ser vivo dos mais simples precisa de centenas delas para funcionar.

Na visão deste novo século que se inicia, a ciência vê os mecanismos darwinianos de variação aleatória, competição e seleção como insuficientes para explicar a gênese da vida. Provavelmente, esse processo de variação aleatória nos registros genéticos é também inadequado para explicar o aparecimento de espécies novas, restringindo-se o seu funcionamento ao surgimento de variedades dentro de uma mesma espécie, como já foi constatado por observações e experimentos. O novo milênio surge com a perspectiva luminosa de um universo impregnado de vida e consciência e o ressurgimento das intuições, especulações ou consistentes inferências de homens como Emmanuel Swedenborg, Svante Arrhenius, Camille Flammarion, Francis Younghusband, Percival Lowell, Fred Hoyle, Chandra Wickramasinghe, Carl Sagan, Lyall Watson e tantos outros que, em diferentes épocas, sustentaram a sua confiança nas evidências da plenitude viva do Cosmos.

No confronto de paradigmas do século 20, até recentemente, a tese da origem terrestre da vida ainda prevalecia, apesar de contrariar fatos, observações e cálculos que mostram o contrário. Hoje, o prato da balança pende para o outro lado e a noção de que a vida é um fenômeno extravagante e único, surgido espontaneamente em nosso planeta privilegiado, é tão obsoleta como a idéia da origem catastrófica do Sistema Solar, que propunha terem sido os planetas formados a partir do fortuito encontro com outra estrela que, ao passar perto do Sol, arrancara dele pedaços, que posteriormente se teriam condensado; se assim fosse, o Sistema Solar seria um caso raríssimo, talvez único, pela altíssima improbabilidade de uma estrela passar tão perto de outra, nas imensas distâncias do vazio cósmico.

Sabemos atualmente, e não mais apenas por deduções indiretas, que a maioria das estrelas tem sistemas planetários, que a galáxia está cheia de vida, e que suas sementes percorrem o espaço interestelar em nuvens de poeira e núcleos de cometas, prontas a fertilizar os ambientes favoráveis que encontrarem. A força bruta do preconceito, que tem perpetrado inúmeras violências éticas contra aqueles que ousam pensar e propor teses inovadoras, agiu contra todas as evidências de que o processo biológico não teve origem na Terra, mas provém de um Cosmos pleno de vida e espírito, onde nosso planeta não é uma ocorrência excêntrica e singular.

Aquilo que se denomina poeira interestelar é, em grande parte, constituído de grânulos com uma estrutura complexa, nas dimensões aproximadas de uma bactéria. Muitos deles têm um núcleo metálico ou rochoso recoberto de moléculas pré-bióticas, cujo nível de complexidade e organização ainda não é bem conhecido, revestido por uma superfície escura de polímeros orgânicos e gelo. Essa camada externa bloqueia os raios ultravioletas, que teriam uma ação deletéria sobre o recheio orgânico e, ao mesmo tempo, absorve o infravermelho, aquecendo o interior do grânulo para uma temperatura ligeiramente acima do quase zero absoluto do espaço.

Nos meteoritos denominados condritos carbonáceos foram encontrados fósseis que definitivamente não resultaram de contaminação ocorrida após sua queda na superfície terrestre. Em 1961, George Claus e Bartholomew Nagy, da Universidade de Nova York, desafiaram o mundo científico quando divulgaram sua descoberta de indícios claros de formações filamentosas semelhantes a fungos microscópicos em dois meteoritos carbonáceos, um deles encontrado na França (Orgueil) e o outro na Tanzânia. Com a exceção do cientista Harold Urey, que sintetizara aminoácidos *in vitro* nos anos 50, toda a comunidade científica voltou-se contra eles, que se recolheram a um discreto silêncio. Mais recentemente, suas descobertas foram confirmadas: um meteorito recolhido na Austrália foi examinado com métodos mais modernos e rigorosos pelo cientista Hans Dieter Pflug, que encontrou nele estruturas equivalentes às descobertas por Claus e Nagy, semelhantes à bactéria terrestre *Pedomicrobium.* Fred Hoyle comenta assim a descoberta de Pflug:

> A estrutura do *Pedomicrobium* é tão característica que não há possibilidade de ser confundida, e quando Pflug encontrou exemplares carbonizados dessa bactéria – verdadeiros cachos delas – no meteorito, a questão, que até agora fora controversa, começou a inclinar-se para o lado de Claus e Nagy, que vinte anos antes tinham sido silenciados com tanta veemência. Finalmente observava-se uma prova clara da existência de vida extraterrestre.

Em 1996, a imprensa foi agitada pelas notícias de que bactérias teriam sido descobertas em um fragmento meteórico proveniente de Marte, encontrado anos antes, na Antártida. Como ficou comprovado, nada de essencialmente novo havia de fato sido descoberto, exceto pelo fato de ser esse meteorito originário de Marte.

Mais de cem toneladas de material extraterrestre caem diariamente em nossa atmosfera sob a forma de meteoros. Destes, cerca de 2% a 5% são condritos carbonáceos que chegam à superfície contendo evidências de que são provenientes de algum lugar onde a vida era abundante. Calcula-se que 0,1% de todo o material que cai na Terra é de origem orgânica, o que representa uma proporção maior do que a presença de matéria de origem viva na própria crosta terrestre. Comparando-se com o volume de todo o planeta, somente um milionésimo por cento da massa deste tem origem viva, o que mostra, segundo uma provocativa observação de Lyall Watson, que "os meteoritos carbonáceos vêm de um lugar um milhão de vezes mais orgânico que o planeta Terra".

Estudos realizados no material de um condrito carbonáceo encontrado na África mostraram que ele continha um polímero orgânico aromático com características espectrais equivalentes às de nuvens de poeira interestelar distantes do Sistema Solar. São marcas inconfundíveis, que revelam a procedência interestelar de alguns desses meteoritos, seguramente mais antigos que a própria formação do nosso sistema planetário, além de fornecerem a prova adicional de que efetivamente existe um intercâmbio cósmico de compostos orgânicos complexos indispensáveis à vida que, produzidos em regiões longínquas do espaço, são depois exportados, inclusive para a Terra.

Embora muito dessa matéria interestelar, sob a forma de grânulos de poeira ou corpos de maiores dimensões, possa, ao longo de milhões de anos, deslocar-se por conta própria no espaço cósmico, flutuando ao sabor dos ventos estelares ou de sua própria inércia, remanescente das forças que os impulsionaram na origem, os cometas são altamente suspeitos de servirem de veículos de transporte para esse comércio cósmico de matéria viva ou pré-biótica.

Até meados dos anos 80, a maior parte das informações sobre a composição e estrutura desses astros errantes ainda eram as obtidas por análise espectral de longa distância. Mas com a aproximação do Halley, em 1986, uma flotilha de seis naves de diferentes países foi enviada ao seu encontro. E o que agora se sabe é o suficiente para suspeitarmos que os cometas estão seriamente comprometidos com os aspectos biológicos do espaço interestelar e a disseminação da vida pelas estrelas. Além de remanescentes de eras pré-solares, quando o Sol e seu cortejo de planetas ainda não se tinham formado, os cometas têm em seus núcleos altas concentrações de moléculas orgânicas, que não sabemos ainda se estão ou não fazendo parte de organismos congelados mais complexos, tais como vírus, esporos ou bactérias, à espera de encontrar condições propícias ao seu desenvolvimento, em algum planeta fértil. A idéia de que epidemias podem ser provocadas pela passagem de cometas perto da Terra é uma crença recorrente em muitas culturas – inclusive a nossa, durante a Antiguidade e a Idade Média – e essa possibilidade não pode ser inteiramente descartada, pelo que hoje se sabe.

Os cometas que gravitam em torno do Sistema Solar contam-se aos trilhões – um número bem maior do que as estrelas da nossa galáxia, uma colossal população que confere à nuvem cometária o *status* de um mini-universo em torno de nosso sistema estelar. Estes miríades de cometas organizam-se em dois halos esféricos: o menor deles, chamado Cinturão de Kuiper, tem uma população mista de cometas e asteróides, começa além da órbita de Netuno e vai até duas ou três vezes essa distância. A nuvem maior começa muito além do cinturão interior, estendendo-se até mais de um ano-luz do Sol, cerca de um quarto da distância até o sistema estelar mais próximo, o de Alfa Centauri.

Esse halo, gigantesco mas extremamente rarefeito, é denominado Nuvem de Oort em homenagem ao astrônomo holandês que o descobriu, constituindo-se na mais exterior das formações do Sistema Solar. Sua borda externa é, na verdade, indefinida, mas pode-se dizer que está no limite da influência gravitacional do Sol, onde essa atração é extremamente débil. Isso torna os cometas mais distantes sujeitos à ação de outras estrelas, que eventualmente perturbam suas órbitas – ou lançando-os em direção ao cinturão de Kuiper, ao Sol e seus planetas, ou então capturando-os para sua própria nuvem cometária, que muito provavelmente existe também em torno delas. Esta concepção, que encontra firme suporte nas observações, cálculos e inferências da astronomia atual, coloca os cometas na condição de ônibus ou caminhões interestelares, transportadores de matéria viva ou pré-biótica, ao longo dos muitos bilhões de anos da história viva do Universo.

Obviamente, se o encontro casual de duas estrelas é extremamente improvável, isto não acontece com a interpenetração de suas nuvens cometárias, que seguramente não são privilégio do Sistema Solar. Pelo contrário, como em nossa região da galáxia a distância média entre estrelas é da ordem de três a cinco anos-luz, e o diâmetro dos halos cometários que envolvem uma estrela como o

Sol é da ordem de dois anos-luz, deduz-se que as trocas de cometas entre sistemas estelares não são raras, já que esses halos estão em contato ocasional, influenciando-se mutuamente.

Assim, neste momento de transição de século e de milênio, o complexo de isolamento que a ciência dos astros disseminou entre nós, durante o século 20, pela constatação das enormes distâncias que separam as estrelas, fica substancialmente alterado quando se verifica que o Sistema Solar não termina na órbita de Plutão, e que o magnífico halo de miríades de cometas que nos envolve está em contato e intercâmbio com outros halos equivalentes das estrelas próximas. E esse intercâmbio é de natureza orgânica, viva, a um passo da descoberta que deverá ser confirmada nos próximos anos: que também o psiquismo impregna a galáxia e todo o Cosmos, como Swedenborg, James Jeans, Alfred North Whitehead, Alfred Russel Wallace e grande parte dos maiores sábios de todos os tempos já intuíam, ainda que alguns deles não ousassem explicitá-lo *ex catedra*.

Num salto de escala para as dimensões galácticas, bem ao gosto da astrônoma Iris Grandiflora – a jovem musa deste Simpósio –, quero lembrar a investigação astronômica que, nos anos 80, conduziu à conclusão de que a morfologia das galáxias é inexplicável pela simples ação gravitacional daquilo que nelas vemos pelos telescópios: estrelas e nuvens de poeira e gás. O comportamento e as velocidades destes componentes visíveis das galáxias, especialmente nos limites do que parece ser sua borda externa, somente fazem sentido se estiverem imersos num enorme halo invisível daquilo que se convencionou chamar de matéria escura, ou massa oculta, cuja natureza não é ainda conhecida, mas que parece constituir cerca de 90% da massa total de uma galáxia. Somente a ação gravitacional desse manto invisível poderia explicar as peculiaridades dos movimentos das estrelas e nuvens de gás das periferias galácticas.

Essa é outra descoberta espantosa porque, se realmente existirem, esses halos de massa oculta deixarão claro que somente vemos, ou registramos nos radiotelescópios, 10% do que é o Universo. Calcula-se que sejam tão grandes os halos invisíveis que envolvem as partes conhecidas das galáxias com essa misteriosa matéria, até hoje somente detectada pelos seus efeitos gravitacionais, que eles efetivamente interpenetram-se com os halos equivalentes das galáxias vizinhas. Como vemos, ocorre entre as galáxias o mesmo tipo de contato e – quem sabe? – *intercâmbio* que existe entre as estrelas, através dos seus halos cometários. Mas na escala galáctica o mistério é maior, porque não sabemos sequer o que seja essa matéria escura que não é detectada no espectro eletromagnético, pelo menos nas faixas de freqüência da luz visível e das radioemissões até agora estudadas.

Assim, a imagem do Universo físico que nos será familiar neste início de milênio será bem diferente daquela com que convivemos até os últimos anos do século 20. Agora, sabemos que as estrelas e as galáxias estão de mãos dadas, e a impressão de solidão imensa que a astronomia do século 20 nos causou, disseminando nos espíritos mais sensíveis uma agorafobia cósmica, é substituída pela imagem de um universo fraternal e solidário, que nos assusta menos e abre caminho para uma participação plena na consciência da *totalidade*.

A simples admissão destes fatos, ao lado do reconhecimento de que os mecanismos conhecidos da evolução biológica não podem explicar o surgimento da vida na Terra primordial – nem mesmo num universo de vinte bilhões de anos –, já seriam suficientes para estabelecer um novo paradigma cosmológico para o século 21. Esta visão empolgante configura a base científica do novo mito, de que a humanidade necessita ardentemente desde a perda de suas raízes cósmicas, no breve interregno de dois ou três séculos em que uma ciência mecanicista e preconceituosa pretendeu usurpar para seu uso exclusivo o sentido da palavra *conhecimento*.

A esta altura, sei que para surpresa de muitos, quero lembrar o que disse Alfred Russel Wallace – o parceiro de Charles Darwin na teoria da evolução – em seu livro *The World of Life* *, publicado na mesma época da *Origem das Espécies*:

> Deve existir um mundo invisível do espírito que faz com que ocorram mudanças no mundo da matéria; e a evolução deste planeta deve receber orientação e auxílio externos, de inteligências superiores e invisíveis, às quais o homem é suscetível enquanto ser espiritual. Além disso, essas inteligências muito provavelmente existem em seres de grau superior a nós.

*

A produção de aminoácidos, açúcares e outras moléculas fundamentais da vida, ocorre nas galáxias férteis como uma forma espontânea de organização da matéria, sempre que existirem as condições apropriadas de temperatura, pressão, disponibilidade de energia e elementos químicos básicos. E a vida propriamente dita, ao que tudo indica, dissemina-se pelo espaço num processo de fertilização cósmica, através de poeiras e asteróides errantes, remanescentes de antigos sistemas onde ela já se tinha estabelecido, e principalmente de bilhões de trilhões de cometas que se comportam como esperma interestelar, prontos a aspergir suas sementes e esporos com as caudas geradas pelo vento estelar, quando se aproximam dos planetas de algum sistema.

* O Mundo da Vida.

A predisposição dos planetas férteis para desenvolver processos biológicos é bem ilustrada pela Terra, onde a vida começou sua trajetória evolucionária decorridos apenas 600 ou 700 milhões de anos depois da sua formação, ainda na sua infância. Não há qualquer razão para supor que o mesmo não ocorra sempre que o sistema de fecundação interestelar encontre planetas adequados, e que a Via Láctea não esteja plena de vida, em suas ecosferas.

A ciência ainda não sabe, e talvez nunca venha a saber, quantas vezes a Terra precisou ser fecundada para que os processos biológicos viessem a prosperar, porque até há algumas dezenas de milhões de anos ocorreram inúmeras extinções, chegando por vezes a liquidar mais de 95% dos seres vivos então existentes. Nas fases preliminares de desenvolvimento da vida, o ambiente era bem mais hostil e instável que alguns bilhões de anos depois, sugerindo que o processo de semeadura cósmica teria se repetido várias vezes, em face das múltiplas extinções totais causadas pela precipitação catastrófica de grandes planetóides, então muito freqüentes. Essas extinções – das quais a mais conhecida é também a mais recente, do final do Cretáceo, há 67 milhões de anos, que liquidou o domínio dos grandes répteis do Mesozóico – estão gravadas na memória ancestral dos seres vivos, particularmente do ser humano que, nas profundezas do inconsciente, guarda os registros de toda a evolução da humanidade, da vida e do próprio Cosmos.

A fixação desses eventos no inconsciente coletivo explica a recorrência dos mitos de fim do mundo – o Dilúvio e o Apocalipse da tradição judaico-cristã, são exemplos – presentes em muitas culturas, com significativas semelhanças com os cenários de extinções descritos pela ciência. Nos dias em que vivemos, a presença dessa memória oculta, inconsciente, parece deflagrar alguns comportamentos autodestrutivos do homem, que por vezes se mostra determinado a provocar alterações problemáticas no meio ambiente, interferindo na química da atmosfera, contaminando os mares e extinguindo inumeráveis espécies responsáveis pelo equilíbrio ecológico da biosfera.

Desde a sua formação, a humanidade, em sua longa marcha, vem acumulando por milhares e milhares de anos uma volumosa bagagem de culpas e de glórias. A vaidade do homem, entretanto, tem enfatizado com acentuada assimetria suas conquistas e feitos heróicos, que a historiografia registra como glórias, em detrimento de um olhar mais demorado sobre seu acervo de culpas, de delitos terríveis contra a vida, contra seus semelhantes, contra povos, culturas e raças, e contra seu planeta natal.

O *Homo sapiens* anatomicamente moderno surgiu há cem mil anos, quando o seu crânio de primata arredondou-se em cúpula para abrigar um cérebro mais desenvolvido, e sua face e mandíbula suavizaram-se numa expressão que hoje consideraríamos familiar. Mas por 60 mil anos suas ferramentas permaneceram rudes e nenhuma evolução cultural significativa aparece nos registros arqueológicos. O grande salto evolucionário para o desenvolvimento cultural somente aconteceu há 40 milênios, com o surgimento quase repentino da linguagem organizada. É nessa época que – na designação mais atualizada – evolve o *Homo sapiens sapiens*, assim autodenominado num paroxismo de orgulho que os gregos chamavam de *hybris*.

Equipado com a extraordinária ferramenta da linguagem, um dos primeiros feitos do herói foi inaugurar o aforismo da tecnologia que diz que toda ferramenta é também uma arma. E partiu para a conquista, tornando-se rapidamente o mais eficiente predador que a Terra já conhecera, ainda mais terrível que os monstruosos carnívoros do Mesozóico.

A comunicação falada de idéias complexas desenvolveu-se na faina das caçadas de animais de porte, onde o trabalho coordenado era essencial. A caça era predatória: cada área ocupada por um grupo era explorada até a exaustão das espécies que interessavam e, em seguida, abandonada, porque as tribos emigravam para novos territórios, onde a tarefa de extermínio prosseguiria. Assim, o mamífero inteligente viveu uma epopéia de conquista e de morte, ocupando em poucos milênios todo o espaço habitável do planeta e deixando atrás de si um rastro de milhares de espécies extintas. As espécies mais ferozes, mais ariscas, ou voadoras puderam sobreviver, as outras não.

Uma das vítimas desse holocausto ancestral foi o nosso irmão de *Neanderthal*, cuja imagem vem sendo reabilitada pelos antropólogos, depois de muitos anos de difamação promovida pelo culto de nossa própria imagem. Hoje, a paleoantropologia reconhece que os neandertais tinham um cérebro maior do que o nosso, enterravam seus mortos com cerimônias e flores, e provavelmente eram mais pacíficos do que nós. Talvez por isso mesmo tenham sido liquidados, há 34 mil anos.

A partir dessa conquista feroz do planeta, inventamos as fronteiras, o poder político e a glória militar. E prosseguimos na tarefa de perturbar os delicados equilíbrios da natureza, continuando a exterminar espécies e destruir florestas, corromper as águas e fabricar desertos em antigos mares, chegando mesmo a envenenar o ar que respiramos, que é o alento da Terra viva.

As técnicas industriais de produção acentuaram o comprometimento ambiental, e o consumo elevado de combustíveis fósseis passou a ameaçar muitas regiões, em escala bem maior do que nos séculos precedentes. A descoberta da energia atômica, que por pouco não foi empregada como arma de destruição em massa numa guerra suicida que poderia ter exterminado a civilização, deixou, apenas com seus testes, seqüelas de substâncias radioativas nas águas, no ar e nos ossos dos vertebrados – que felizmente parecem ter cessado de se acentuar.

Por outro lado, um dos fenômenos sociais mais promissores da segunda metade do século 20 foi a seqüência de movimentos de opinião pública em todo o mundo, que pressionaram os detentores do poder a desistir de sua desvairada corrida por uma hegemonia mundial assegurada pela força dos arsenais atômicos. Não apenas os testes nucleares e o crescente acúmulo de armas estratégicas foi sustado pelos movimentos populares das décadas de 60 e 70, como também as agressões mais graves ao meio ambiente foram em grande parte revertidas nos anos 80 e 90, em conseqüência das mesmas pressões da opinião pública, nas regiões do mundo em que as massas se mostram mais sensíveis, porque estão melhor informadas e esclarecidas.

Com o colapso do autoritarismo soviético e o fim das tensões de confronto entre as grandes potências, a humanidade desta passagem de século pode dedicar-se com mais afinco à limpeza do planeta, poluído pela cegueira da geração precedente, e combater os bolsões de miséria, intolerância e violência que ainda assolam muitas regiões do mundo.

Assim como as manifestações populares baniram os testes atômicos e contribuíram decisivamente para o fim da corrida armamentista, também essas mesmas pressões fizeram valer a sua força, com a progressiva correção dos procedimentos prejudiciais ao meio ambiente, que aos poucos estão revertendo o quadro sombrio dos anos 70, quando o ar das metrópoles estava quase irrespirável e muitos rios e lagos estavam morrendo, contaminados por poluentes.

O quadro atual ainda está longe de ser róseo, mas já sabemos que a capacidade de recuperação da natureza é bem maior do que se supunha até poucos anos atrás e que a maior parte dos danos ambientais é reversível. Permanecem, contudo, sérias dúvidas quanto à redução da camada de ozônio na alta atmosfera, sobre cujo prosseguimento ainda há controvérsias, embora a fabricação e uso das substâncias agressivas tenha cessado. A ameaça de uma guerra total parece ter-se desvanecido mais rapidamente do que se poderia supor há apenas vinte anos, mas as terríveis guerras locais, raciais e religiosas, continuam manchando de sangue muitas regiões do globo e ameaçando a todos com a prática execrável do terrorismo ensandecido e traiçoeiro.

Sabemos também, com clareza cada vez mais evidente, que as grandes fontes de poluição a combater são a ignorância e sua irmã, a corrupção. A pobreza, a fome e a violência, decorrentes da miséria econômica e da estupidez ética, são os grandes problemas ainda por resolver, nesta passagem de século e de milênio. Somente a educação e o desenvolvimento econômico extensivos a todos os povos, a todas as raças e credos e a todos os grupos sociais, em uma reformulação radical das relações entre o homem e a riqueza, poderá reverter o triste quadro que o nosso planeta apresenta, diante da comunidade galáctica que nos observa. Somente amplos movimentos de opinião pública em todo o mundo, equivalentes àqueles que estancaram os testes nucleares e corrida armamentista, e agora estão fazendo o planeta reverdecer e florir com o ressurgimento de um ilimitado respeito à natureza, poderão fazer recuar a corrupção, a ignorância e a fome, que ainda assolam a humanidade.

Recursos técnicos e financeiros não faltam. O que falta é uma reconceituação do que seja verdadeiramente a *obscenidade* que envergonha este planeta: o desperdício, a miséria, a fome, a violência e todas as suas irmãs, filhas da corrupção e de um egoísmo insano, que não mais devem persistir maculando a espécie humana, impossibilitando que ela possa assumir sua plena responsabilidade de segmento consciente do belo planeta azul que habitamos, com uma respeitável história de quatro e meio bilhões de anos.

Neste início de milênio, os problemas que a humanidade tem para resolver são de caráter algo distinto dos de quarenta ou cinqüenta anos atrás. O reencontro das suas raízes cósmicas pode vir no bojo de uma revolução epistemológica que recupere a verdadeira noção do que seja *conhecimento* e resgate o valor da *sabedoria*, que o materialismo mecanicista desprezou.

A irrupção da ciência por caminhos até então insuspeitados, como este Simpósio deverá mostrar de modo inequívoco, é um processo irreversível, que dará ao ser humano uma nova identidade diante do universo exterior e da vastidão interior de si mesmo.

Quem pode responder pelo planeta Terra senão a humanidade, quando redimida das culpas e dos horrores que ainda acoberta sob o manto de vaidade desmedida que nos autodefine pretensiosamente como *Homo sapiens sapiens*?

Referências bibliográficas

Balsiger, Hans; Fechtig, Hugo e Geiss, Johannes. A Close Look at Halley's Comet, *Scientific American,* setembro, 1988.

Barrow, John D. e Silk, Joseph. *The Left Hand of Creation – The Origin and Evolution of the Expanding Universe,* Basic Books Inc., Nova York, 1983.

Bateson, Gregory. *Mind and Nature: A Necessary Unity,* © by Gregory Bateson, 1979.

Boss, Alan P. Collapse and Formation of Stars, *Scientific American,* janeiro, 1985.

Cairns-Smith, A.G. The First Organisms, *Scientific American,* junho, 1985.

Campbell, Joseph. *Transformations of Myth through Time,* Harper & Row, Publishers, Inc., 1990.

Chemas, Ricardo Chequer. Additional Experimental Evidence of Phylogenetic Memory in Homo Sapiens, In: *Proceedings of the International Forum on New Science,* Colorado State University, 1990.

_______ . An Experimental Approach to Transpersonal Memory at the Phylogenetic Level: The Theoretical Background, Parts I and II, *In*: *Proceedings of the International Forum on New Science,* Colorado State University, 1989.

__________ . Anamnestic Therapy, *In: Annals of the II International Congress on Alternative Therapies,* São Paulo, 1988.

Chyba, Chrystopher. The Cosmic Origins of Life on Earth, *Astronomy Magazine,* novembro, 1992.

Darwin, Charles. *The Illustrated Origin of the Species,* comm. introd. by Richard E. Leakey, The Rainbird Publishing Group Ltd., Londres, 1979.

Dusen, Wilson van. *The Presence of Other Worlds: the Findings of Emmanuel Swedenborg,* Harper and Row, Nova York, 1974.

Gardner, Martin. *The Ambidextrous Universe – Mirror Assymmetry and Time-Reversed Worlds,* Penguin Books, 1982.

Gehrels, Tom. Collisions with Comets and Asteroids, *Scientific American,* março, 1996.

Horgan, John. In the Beginning, *Scientific American,* fevereiro, 1991.

Hoyle, Fred. *Ten Faces of the Universe,* W.H. Freeman and Company, São Francisco, 1977.

__________ .*The Intelligent Universe,* Dorling Kindersley Limited, Londres, 1983.

Leakey, Richard E. e Lewin, Roger. *Origins,* Macdonald and Jane's Publishers Limited, Londres, 1977.

________ .*The Making of Mankind,* The Rainbird Publishing Group Ltd., Londres, 1981.

Lovelock, James E. *The Ages of Gaia,* © by Commonwealth Fund Book Program of Memorial Sloan-Kettering Cancer Center, Londres, 1988.

Luu, Jane X. e Jewitt, David C. The Kuiper Belt, *Scientific American,* maio, 1996.

Nash, J. Madeleine. How Did Life Begin?, *Time Magazine,* outubro, 1993.

Orguel, Leslie E. The Origin of Life on Earth, *Scientific American,* outubro, 1994.

Rodrigues, Sérgio de Almeida. *Destruição e Equilíbrio,* Atual Editora Ltda., São Paulo, 1990.

Sagan, Carl. e Chklovskii, I.S. *Intelligent Life in the Universe,* Holden-Day Inc., 1966.

_________ ; Ehrlich, Paul R.; Kennedy, Donald e Roberts, Walter Orr. *The Cold and the Dark.* Open Space Institute, Inc., 1984.

_________ . *Cosmos,* Random House, Nova York, 1980.

_________ e Druyan, Ann. *Comet,* Scott Meredith Literary Agency, Inc., 1985.

Talcott, Richard. Insight into Star Death, *Astronomy Magazine,* fevereiro, 1988.

Taylor, Richard L.S. The Origin of the Moon, *Astronomy Now,* setembro, 1990.

Toynbee, Arnold. *Mankind and Mother Earth,* Oxford University Press, Nova York, 1976.

Wallace, Alfred Russel. *The World of Life,* Chapman and Hall, Londres, 1910.

Watson, Lyall. *Lifetide,* Hodder & Stoughton, Londres, 1976.

Weinberg, Steven. *The First Three Minutes,* Basic Books Inc., Nova York, 1976.

_________ . Life in the Universe, *Scientific American,* outubro, 1994.

Wiener, Norbert. *The Human Use of Human Beings,* Houghton Mifflin Company, 1954.

Wilson, Allan C. The Molecular Basis of Evolution, *Scientific American,* outubro, 1985.

York, Derek. The Earliest History of the Earth, *Scientific American,* janeiro, 1993.

Younghusband, Francis. *The Living Universe,* John Murray, Londres, 1933.

Comunicação 3

A treliça dimensional de suporte à totalidade

Kether Weisskopf

Universidade Hebraica de Jerusalém, Israel

O tempo

Em muitos setores da investigação científica contemporânea cresce um consenso de que o espaço-tempo quadridimensional, que constitui a moldura standard *da física atual, não comporta nem permite compreender todos os fenômenos observados pela ciência. Não apenas os fenômenos psicológicos chamados de paranormais permanecem inexplicáveis, dentro desse quadro dimensional, como também os próprios experimentos da física quântica têm conduzido a paradoxos insolúveis, se o tempo continuar sendo considerado como um fluxo linear, unidimensional e irreversível.*

Aqui se propõe uma moldura hexadimensional capaz de abrigar as propostas mais ousadas da física, da biologia e da psicologia surgidas na segunda metade do século 20. Paralelamente, investiga-se a força do paradigma newtoniano-cartesiano e do materialismo mecanicista como obstáculos para que muitos experimentos de grandes cientistas fossem corretamente interpretados, até mesmo por eles próprios. A rejeição da face subjetiva da totalidade levou a ciência do século 20 a um impasse, mas ela é a chave que abre as portas para a nova ciência do terceiro milênio.

O tempo é a imagem móvel da eternidade.

Platão

Que é o tempo? Se ninguém me pergunta,
sei o que é, mas se quero explicar para quem
me pergunta, então eu não sei o que é.

Santo Agostinho

Que sabe um peixe da água na qual
ele nada durante toda a sua vida?

Albert Einstein

Creiam-me que não me sinto em condições de expressar, com a devida ênfase, a grande satisfação pessoal que tive ao tomar conhecimento, no ano passado, que se estava programando este Primeiro Simpósio para a Consciência de Gaia. E a minha alegria, ainda maior, de receber o inesperado convite para vir a este lugar paradisíaco, trazendo a minha voz fatigada para se unir aos ensaios deste magnífico coral dos que trabalham pelo objetivo maior de criar a consciência unificada do nosso querido planeta Terra.

Sabemos que este evento somente se tornou possível com o sensível amainar dos ventos de discórdia, hostilidade e medo, que até bem pouco assolavam a humanidade em seu conjunto, e hoje apenas persistem em dolorosos e renitentes enclaves. Espero confiante que os frutos do que aqui se planta sejam fartos e possam alimentar a confiança, as esperanças e o trabalho das gerações que nos sucederão, em acordo e sintonia com as expectativas de todos.

Quando um homem chega à minha idade, tendo assistido e participado de tantos eventos que pontuam a condição humana, desde os horrores do assassínio em massa conduzido com a frieza de uma produção industrial, até a exultante alegria das multidões recém-libertadas; quando, nas páginas finais da jornada, só nos resta esperar pela confissão um tanto envergonhada de apenas ter sobrevivido, poucos estímulos são ainda capazes de despertar o fulgor dos antigos entusiasmos que outrora nos impulsionavam. Entretanto, é assim que agora me sinto, vendo ao meu lado os nomes mais expressivos do saber seminal de um novo mundo, e a expectativa ansiosa de todos estes jovens aqui presentes, que se dispõem a participar na criação de algo decisivamente positivo e planetário, numa escala como dantes nunca houve. É com este ardor dificilmente contido que trago minha oferenda a todos os que participam deste Simpósio, sob a forma de uma proposição científico-filosófica do que seja o tempo, resultado provisório de uma vida de estudos e lutas, em que desfrutei da amizade e compartilhei as conquistas de alguns dos homens que construíram a ciência do século 20.

Mais um século que se vai, mais um milênio que se completa, exigindo deste planeta uma avaliação dos resultados amealhados em saber e consciência, um balanço da longa trajetória do ser humano através das idades, com sua história viva de sofrimento e beatitude. É o tempo que flui, no sentimento imediato e inevitável do existir cotidiano. É a presença de Cronos, o maior dos mestres, no interminável mister de trazer as experiências e o conhecimento, devorando em seguida seus discípulos, sua prole, nós, seres transitórios, mas secretamente eternos.

O ser humano, supostamente vinculado aos trilhos do tempo, questiona e interroga sem cessar. A dor e a alegria são as companheiras que fermentam suas expectativas, suas descobertas e ilusões. A necessidade de conhecer, no entanto, de penetrar o âmago do mistério, é maior e mais forte do que todas as vicissitudes que nos acompanham. Vivemos no tempo e não sabemos o que ele é. As especulações vêm de muito longe, de antigamente, no tempo de sempre ser. Da Antiguidade Clássica à Idade Média, do alvorecer do pensamento científico aos paradoxos inconciliáveis da ciência dos nossos dias, o tempo permanece, hierático, como o maior de todos os mistérios, maior que os mistérios do amor e da morte, porque o mistério do tempo é da mesma estirpe do mistério de Deus.

Os homens elaboram calendários e investigam os ciclos da natureza. Usam a inteligência especulativa e a sensibilidade poética, sua imaginação e seus refinados instrumentos físicos e matemáticos. Muitas distinções já foram feitas (conhecer é distinguir), muitas proposições formuladas, muitas hipóteses, muitas teorias e algumas poucas duvidosas certezas. O mistério do tempo é tão profundo e sério, que nem mesmo aquilo que já foi pensado antes sobre ele pode ser refutado ou substituído por idéias novas que tornem obsoletas as mais antigas: tudo que já se disse sobre o tempo continua válido – ou não tem validade alguma. Suspeita-se que o estudo do tempo seja como um novelo sem pontas, uma meada sem começo nem fim: pode-se iniciar sua abordagem por qualquer ponto e o final, se houver, talvez seja o mesmo lugar por onde começamos. Os pássaros voam no ar e não o vêem, os peixes vivem na água e não a percebem, o espírito do homem está inserido no tempo, mas não tem sido capaz de compreendê-lo.

No Ocidente, a nossa maneira de ver o mundo repousa ainda sobre alicerces gregos: foi na Grécia Antiga que se estruturou a nossa forma de pensar e entender, que se organizaram os modelos de realidade que adotamos e que têm sido reajustados com o passar dos séculos, sem no entanto deixarem de ser essencialmente os mesmos. *Plus ça change, plus c'est la même chose.* E foi o mundo helênico que gerou Euclides, autor dos *Elementos*, o livro mais divulgado em todos os tempos, depois da *Bíblia*, o tratado mais influente da história da ciência. Por mil e quinhentos anos, a geometria euclidiana organizou a percepção do espaço em que vivemos de forma clara e intuitiva, que ainda hoje nos parece indispensável a uma compreensão do mundo objetivo. Euclides nos mostrou que comprimento, largura e altura são as três dimensões necessárias e suficientes para que a existência de qualquer objeto seja referida ao espaço, à realidade empírica que habitamos. Para a localização de qualquer coisa no espaço não há necessidade de uma quarta e, muito menos, de uma quinta ou sexta dimensão; não há sequer lugar para elas. O cientista inglês Stephen Hawking observou que: "Se existissem mais de três dimensões espaciais, as órbitas dos planetas em torno do Sol [...] seriam instáveis e tenderiam a espiralar para dentro".[1]

A partir do século 18, novas geometrias foram propostas por Gauss, Riemann, Lobatchevsky e outros, mas na verdade eram apenas variantes da concepção de Euclides, seja no seu comportamento hipotético em escalas muito grandes ou muito pequenas, seja no número de dimensões – que pode ser qualquer, nas abstrações e cálculos da matemática. Mas é necessário não esquecermos que o mundo de todos os dias, o mundo real das coisas e dos objetos físicos em que vivemos e nos movimentamos é, inegavelmente, o mundo euclidiano das três dimensões do espaço. E, para caracterizar o espaço, qualquer dimensão adicional é supérflua. É ingenuidade supor que todas as formulações abstratas da matemática têm correspondência na geometria e, muito menos, no mundo físico ou em algum segmento específico da totalidade. Se ainda seria possível argumentar sobre a existência de um *tesseracte octaedróide* a quatro dimensões, o que poderia significar um sólido de 7 dimensões, ou 19, ou 1322 dimensões? Seria tão inócuo quanto procurar o significado de uma temperatura de 450 graus negativos, ou o que teria ocorrido no universo há 180 bilhões de anos, ou ainda quais as propriedades do mundo subatômico numa escala de 10^{-340} cm.

Se vamos por uma estrada ou ferrovia, apenas um número será suficiente para nos localizar: sabendo em que quilômetro estamos, ficaremos perfeitamente situados, porque nos movemos sobre uma linha, portanto num espaço de uma só dimensão. Mas, se estamos velejando no Caribe e queremos dar a nossa posição, precisaremos saber a latitude e a longitude do ponto em que estamos, porque aí nos deslocamos sobre uma superfície, um espaço de duas dimensões. Se, entretanto, estivermos flutuando num balão e quisermos precisar onde estamos, será necessário que, além da latitude e da longitude, indispensáveis à localização de um barco no oceano, indiquemos também a altitude em que nos encontramos, porque o lugar onde se movem o balão, o aeroplano, o condor e o albatroz é o espaço pleno de três dimensões.

Este é o espaço euclidiano, o espaço do mundo empírico onde vivemos e nos movimentamos. Mas, como já se pode perceber quando falamos em "nos movimentar", o espaço não é tudo. Desde o mundo grego, e muito antes, o homem teve o conhecimento da sucessão natural dos eventos, do ciclo dos dias e noites, das fases da Lua, das estações do ano, do nascimento, infância, maturidade, velhice e da inevitabilidade da morte que nos aguarda no fim da caminhada. O mistério das origens, o mistério do amor que renova e da morte que encerra, o mistério da transformação das coisas, dos lugares e dos povos, na sucessão das lutas, dos reinados, das conquistas e dos impérios que desmoronam numa explosão ou num lamento, são temas arquetípicos presentes desde o passado remoto e que, possivelmente, nos acompanharão ainda no futuro próximo.

O tempo é um deus, diz a humana intuição desde que o homem existe. Talvez, e quase com certeza, o mais poderoso dos deuses. Uma rara exceção entre as inumeráveis mitologias do mundo, a nossa cultura judaico-cristã é das poucas que não identificam seu deus com o tempo. A nossa tradição vê o Senhor como inteiramente exterior ao tempo, que teria sido criado junto com o Universo, *non in tempore sed cum tempore incepit creatio*, como resume Santo Agostinho. Do mesmo modo, também quanto à concepção do fluir do tempo e da existência das criaturas espirituais, o mito judaico-cristão diverge da maioria das tradições de outros povos, ao entender o tempo como um fluxo único e não repetitivo, e a existência espiritual de cada um de nós como uma só experiência. Os estudos antropológicos mostram que na maioria das culturas o tempo é cíclico, em períodos geralmente muito longos, e as vidas de uma mesma entidade espiritual são repetidas em sucessivas encarnações. Ao longo de toda a *Bíblia* – com a notável exceção do livro do *Eclesiastes*, onde o tempo é circular –, a concepção do tempo é um só fluir, com um só começo no ato divino da Criação e um final dos tempos em que retornaremos a uma eternidade de danação ou beatitude "para sempre".

Existem culturas, no entanto, em que o fluir do tempo não é reconhecido e as noções de passado, presente e futuro não são a moldura usada para compreender o mundo. Isto acontece entre os aborígines australianos, cujas centenas de línguas não têm uma palavra sequer para significar *tempo*. O exemplo mais curioso, entretanto, é o dos índios hopi, do Arizona, para quem os fatos são classificados segundo o seu grau de "credibilidade", sendo os atuais e próximos mais críveis que os mais distantes, no tempo ou no espaço[2].

No entanto, apesar de exemplos como o dos hopi, que mostram que a percepção do tempo pode variar em diferentes culturas, a moldura básica que o mundo contemporâneo adota, inclusive no Oriente ocidentalizado de nossos dias, é a judaico-cristã de raízes gregas, embora o pensamento grego também admitisse o tempo cíclico (principalmente entre estóicos e pitagóricos). Hoje, esse tempo linear e não cíclico consolida-se na teoria científica do *big bang*, o mito de origem da ciência contemporânea. Esse mito da ciência atual, entretanto, está longe de ser universalmente admitido, apesar de algumas recentes descobertas da microfísica e da astrofísica sustentarem a sua validade. Sérias dúvidas existem, algumas delas capazes de deflagrar uma completa reviravolta na concepção do que seja o Universo ou, mais amplamente, a *totalidade*. Este termo, mais abrangente do que Universo, foi adotado para designar não apenas o universo físico, delimitado pelos astrônomos como seu objeto de estudo, mas também o mundo não físico da mente, que reside no interior das subjetividades e, além destes, o mundo oculto dos fatores que agem sobre os acasos do mundo físico e do mundo psíquico, o mundo inescrutável das formas ideais de Platão (onde flutuam as entidades matemáticas) e o "mundo 3", de Karl Popper, *locus* existencial dos produtos da mente: as obras de arte, as instituições sociais, os valores éticos, a música sinfônica, os conteúdos dos livros, os problemas filosóficos e científicos e todas as teorias – inclusive as errôneas, tolas e absurdas.

Uma das dúvidas que mais tem fascinado os cosmologistas é sobre a unicidade do Universo, desde que ocorreu o *big bang* que lhe deu origem ou, alternativamente, uma possível existência cíclica, da qual a presente fase de expansão – comprovada pelas observações astronômicas – seria apenas o pulso atual de uma existência muito mais longa, no fluir imensurável do tempo cósmico. O esclarecimento desse ponto tem absorvido a atenção e os cuidados de inúmeros pesquisadores que, nos meandros e labirintos da física de partículas, ou nas profundas sondagens radiotelescópicas, empenham-se no afã de determinar se o universo é "aberto" ou "fechado". Ou seja, se continuará a se expandir para sempre, ou se a taxa atual de expansão diminuirá aos poucos, até parar e, eventualmente, iniciar um processo de contração que terminará num formidável *big crunch*, em que toda a matéria e energia existentes precipitar-se-ão, implodindo sobre um ponto único, o horrendo buraco-negro do juízo final.

Seria um *fiat lux* às avessas, um titânico apocalipse de dimensões colossais, a manifestação mais brutal da ira do Senhor, liquidando toda Sua criação num extremo desespero iconoclasta.

Mas resta ainda uma remota esperança na possibilidade de que essa hecatombe suprema, esse divino holocausto, seja apenas o fim de um ciclo, seja apenas a preparação para uma nova tentativa do deus desvairado de acertar com um Cosmos que finalmente lhe satisfaça.

Curiosamente, aparece na ciência contemporânea dos experimentos e dos observatórios, a mesma duplicidade quanto à concepção do fluir do tempo recorrente nas tradições e nos mitos de povos e culturas pré-científicos. Contudo, esta não é a dúvida maior: se o tempo tem um fluxo único, sem novas oportunidades para um possível fracasso divino, ou se a criação repete-se em ciclos, no afã de um deus incompetente que procura melhorar sua obra a cada nova tentativa. Não é uma eventual – e improvável – resposta a essa questão que vai resolver os problemas maiores da metafísica e da cosmologia. Examinando mais de perto, verificamos que este é um falso dilema. A questão maior é, na verdade, outra, que somente poderá ser considerada científica se abandonarmos a visão estreita dos cosmologistas e dos físicos atuais, que nada vislumbram além do universo que delimitaram como seu campo de estudo e pesquisa, como o objeto do conhecimento – tal como definido por eles. A verdadeira questão diz respeito à própria natureza dimensional do tempo.

Ao examinarmos essa questão sobre a natureza da evolução cósmica, e sobre o modo como flui o tempo, podemos verificar que a totalidade não se pode conter em nenhuma das hipóteses em exame pelos físicos de partículas, astrofísicos e cosmologistas. O que nos salta à vista é que, antes de mais nada, é indispensável dilatar a estreita concepção de Universo adotada pela ciência física e pela astronomia, incorporando nela a vastidão do mundo subjetivo e toda a vertente imaginária do Ser, a inefável essência do espírito que cada um de nós é, ou – como disse ontem pela manhã o Prof. Mahavajra – que *nos É*.

A partir dessa constatação, ficará evidente que a concepção linear do tempo como um fluxo contínuo do passado para o futuro – ou do futuro para o passado, numa outra leitura também possível –, seja ele cíclico ou não cíclico, não pode dar conta da face psíquica do Ser, do mundo mental, da subjetividade centrada em cada um de nós, a espelhar o mundo objetivo das coisas, dos fatos e do viver. O tempo linear simplesmente não pode conter a totalidade, tal como a descrevemos há pouco.

São inúmeros os acontecimentos registrados, que nos mostram significativas rupturas no fluir aparentemente contínuo do rio percebido por Heráclito. Vejamos, como exemplo, algumas premonições registradas tão-somente pela criação literária.

Como pôde Jonathan Swift prever, nas *Viagens de Gulliver*, que o planeta Marte tinha duas luas, e que estas giravam uma em sentido contrário da outra, mais de um século antes que a ciência descobrisse isso? Como soube Júlio Verne, na sua *Viagem à Lua*, com uma antecipação equivalente à de Swift, que a conquista da Lua seria feita por um veículo americano, tripulado por três homens, que sairia da Flórida para uma viagem de três dias e no seu retorno cairia no mar? E como foi que H.G. Wells, em sua novela *The World Set Free**, descreveu uma guerra que seria travada nos anos 50, em que bombas atômicas do tamanho de uma bola de futebol seriam lançadas de aviões e teriam poder explosivo suficiente para destruir uma cidade inteira? Isto em 1913, quando não se tinha idéia do que fosse uma reação em cadeia nem se sabia que o átomo podia ser desintegrado, liberando uma energia fantástica. E, finalmente, para não nos estendermos demasiado na enumeração desses fatos, como foi possível que o obscuro escritor norte-americano Morgan Robertson, em seu romance denominado *Futility***, de 1898, descrevesse o naufrágio de um grande navio denominado *Titan*, que afundava em sua viagem inaugural entre a Inglaterra e os Estados Unidos pelo choque com um iceberg, com centenas de mortos em conseqüência da falta de barcos salva-vidas? Essa obra descrevia com tal riqueza de detalhes o navio, a viagem e o que veio a acontecer em 1912 com o naufrágio do *Titanic*, que deveria ser objeto de profundas ponderações por parte de qualquer pessoa que se proponha a estudar seriamente o que seja o tempo. Aliás, a enxurrada de premonições que ocorrem (e a imprensa registra), com relação a inúmeros episódios que resultam em grande comoção coletiva de natureza emocional, já vem sendo estudada sistematicamente em muitas universidades e centros de pesquisa, o que seguramente conduzirá a uma substancial reconceituação do que seja o tempo.

Vivemos uma época muito significativa na história da humanidade. Este Simpósio é uma candente manifestação de que ciência, arte, filosofia e mitologia religiosa podem e devem voltar a se unir como na Antiguidade Clássica e nas culturas de tantos povos não comprometidos com a mitologia judaico-cristã e seus desdobramentos na ciência ocidental. Estou certo de que esta união paradoxalmente se fará sem que a ciência abandone o rigor dos seus métodos, sem que a arte perca sua liberdade criadora, sem que a filosofia se ajuste a moldes ideológicos e sem que os férteis mitos religiosos de todos os povos sejam desdenhados como irrelevantes fantasias.

* O Mundo Libertado.

** Futilidade.

O movimento que vem fermentando nesta virada de século, no sentido de rejeitar a treliça espaço-temporal vigente, com três dimensões do espaço e uma do tempo, proposta pela *teoria da relatividade restrita* do meu saudoso amigo Albert Einstein, tem-se manifestado em diferentes campos da ciência, por meio de porta-vozes dos mais credenciados. Já existe um difuso consenso de que essa moldura do espaço-tempo não pode dar conta sequer dos fenômenos estudados pela física quântica em suas experiências de laboratório. Propostas esdrúxulas têm sido feitas no bojo de teorias científicas que surgem e desaparecem com grande rapidez, nas tentativas quase desesperadas de entender o que sejam os constituintes elementares do universo – se é que eles existem. Uma dessas teorias admite que cada partícula subatômica tem seu próprio conjunto de três dimensões espaciais, o que daria como resultado que um objeto formado por 10^{35} partículas estaria situado numa estrutura de 10^{35} x 3 dimensões, o que só não é um absurdo para quem propôs isto.

A safra de teorias no balcão da ciência deste fim de século incluía as chamadas grandes teorias unificadas (GUTs), a teoria de uma supergravidade, a teoria das supercordas e uma série de outras, numa rápida sucessão que bem reflete as dificuldades enfrentadas atualmente por aqueles que se dispõem a mexer nas partes íntimas da matéria e do Universo. O resultado tem sido frustrante. O falecido cientista Heinz Pagels, que foi presidente da Academia de Ciências de Nova York, declarava desolado em seu livro *Perfect Symmetry* *, de 1985: "A maioria das pessoas que estão trabalhando [nestas teorias] sente que alguma idéia crucial está faltando; sem ela, as teorias simplesmente não descrevem o mundo real".[3] E qual poderia ser esta idéia salvadora? Seria algo ainda mais esquisito do que as loucas idéias que entraram em moda, depois da crise lógica deflagrada pelos constrangedores paradoxos da física experimental?

Wolfgang Pauli, um dos criadores da física quântica e dos mais respeitados cientistas do século 20, certa vez foi à Universidade de Columbia para fazer uma conferência sobre uma nova teoria não-linear das partículas elementares, proposta por Heisenberg, e Niels Bohr – que pode ser considerado o papa da nova física – estava no auditório. Depois da palestra, Bohr observou que a nova teoria não poderia ser correta, porque não era suficientemente maluca (*It's not crazy enough*). Logo, os dois estavam nas extremidades opostas de uma mesa, com Bohr dizendo de um lado: "Não é suficientemente maluca!" e, do outro, Pauli respondendo em altos brados: "É maluca, sim; é bastante maluca para ser verdadeira!" Teria sido difícil para alguém de fora dar-se conta de que se tratava de uma discussão entre dois grandes cientistas, e não entre dois loucos varridos.[4]

---

* Simetria Perfeita.

Minha posição é a de que a corrida pelas idéias loucas não está conduzindo a lugar nenhum, apesar da sedução que os imaginosos formalismos da matemática e alguns indícios experimentais trazem aos físicos, sugestionando-os de que podem estar na trilha certa. Tenho para mim que o bom Deus está-Se divertindo à custa desses ingênuos, que esperam flagrá-Lo escondendo Seu jogo ou escamoteando os secretos projetos que teria usado para criar o Universo. O próprio Albert chegou a confessar que o que ele queria mesmo era "conhecer os planos que Deus usou para fazer o mundo; o resto são detalhes".

Stephen Hawking expressou a opinião de que falta muito pouco para se completar o quadro de uma "teoria de tudo", que explique todo o universo e venha deixar a pesquisa científica entregue a uma tediosa tarefa de apenas preencher os detalhes que faltarem[5]. Hawking parece não se dar conta de que está repetindo a mesma ilusão que encontrou guarida na ciência há um século, quando se supunha que tudo que se precisava saber sobre o mundo físico já estava descoberto, "faltando apenas o esclarecimento de alguns pormenores sem maior importância". Isto acontecia ao mesmo tempo que Lord John Rayleigh calculava o espectro de emissão de um corpo-negro, descobrindo o desconcertante fenômeno que veio a ser chamado de catástrofe ultravioleta, que fendeu de alto a baixo o edifício da física clássica. Afirmativas imprudentes como esta evidenciam a força do paradigma vigente num momento da história da ciência, que se mostra capaz de levar homens de inteligência brilhante a declarar risíveis tolices, evidentes e óbvias para aqueles que não se deixam prender ao seu visgo e às suas receitas.

Visto com benevolência, um paradigma pode ser definido como uma constelação de pressupostos e crenças, escalas de valores, técnicas e conceitos compartilhados pelos membros de uma determinada comunidade científica num determinado momento histórico. Com alguma mordacidade, um paradigma pode também ser visto como o conjunto dos procedimentos consagrados, vícios de pensamento e bloqueios lógico-metafísicos, que obrigam os cientistas de uma determinada época a permanecer confinados ao âmbito do que definiram como seu universo de estudo, e seu respectivo espectro de conclusões adredemente admitidas como plausíveis. Thomas Kuhn mostrou como os paradigmas determinam *a priori* o que pode ou não ser aceito como verdadeiro numa determinada época da história da ciência. A fidelidade a um paradigma tem levado sistematicamente respeitáveis pesquisadores a rejeitar segmentos inteiros daquilo que vivenciam, a negar resultados evidentes de seus próprios experimentos, ou a negligenciar fatos e possibilidades que não escapariam a um juízo ou um olhar menos comprometidos.

Embora a aderência a um dado paradigma seja indispensável a qualquer empreendimento científico sério, a conseqüência de um compromisso rígido com seus limites é bloquear – como freqüentemente bloqueia – a interpretação de fatos que fogem ao campo do que o paradigma preestabeleceu como aceitável. Como a totalidade oferece variados e complexos aspectos à observação e à inteligibilidade, o que resulta da adoção não-crítica de um paradigma é o alijamento de continentes inteiros da vivência e da experiência humanas como inadequados a uma abordagem científica. Outra conseqüência da adoção irrestrita de um paradigma é o estabelecimento de formas específicas de questionar a natureza, limitando e condicionando previamente as respostas que esta nos fornecerá. Um alerta já nos foi dado por Heisenberg quando mostrou que, nos experimentos científicos, o que vemos não é a natureza em si, mas a natureza submetida ao nosso modo peculiar de interrogá-la.

No que diz respeito ao tempo, objeto central desta comunicação, coisas curiosas têm ocorrido como decorrência das limitações impostas pelo paradigma vigente. Inicialmente, registramos uma cegueira específica de alguns dos maiores nomes da ciência, quanto a certos aspectos de suas próprias descobertas. E, depois, a recusa sistemática em aceitar interpretações evidentes dos fatos emergentes dos experimentos, tão-somente porque estas exigiriam uma reformulação de algo básico dentro do paradigma consagrado.

Vejamos, em primeiro lugar, a recusa de meu amigo Albert Einstein em admitir que o tempo, sendo uma grandeza imaginária – como se insinua na sua relatividade restrita, e se formula mais explicitamente nas considerações de Minkowsky – deveria ser compreendido como algo vinculado ao mundo subjetivo, imaginário, que aparece no mundo físico-espacial como uma projeção de natureza geométrica. Albert "viu" que o tempo tinha de ser imaginário, mas não "enxergou" que isso era uma evidência do seu caráter subjetivo, não físico, e assim não pôde desenvolver os possíveis desdobramentos de uma constatação como essa[6]. Foi precisamente neste ponto – que passou despercebido em conseqüência do paradigma newtoniano-cartesiano-materialista adotado pela ciência – que se poderia ter ultrapassado a barreira metafísica que até hoje impede a física de aceitar pacificamente o imaginário, o espiritual, a vastidão do nosso mundo interior que agora força sua presença nas experiências paradoxais da investigação quântica.

Minkowsky, em sua comunicação "Espaço e Tempo", apresentada à 80ª Assembléia dos Físicos e Cientistas Naturais da Alemanha, realizada em Colônia, a 21 de setembro de 1908, introduz o tempo imaginário ao propor que:

> Podemos determinar a razão das unidades de comprimento e tempo de tal modo que o limite natural de velocidade fique em c=1. Se, no entanto, introduzirmos $\sqrt{-1}xt=\tau$ em lugar de *t*, a expressão diferencial quadrática $d\tau^2 = dx^2\ dy^2\ dz^2\ ds^2$ torna-se perfeitamente simétrica em *x, y, z, s*; e

esta simetria é comunicada a qualquer lei que não contradiga o postulado-mundo. Assim, a essência desse postulado pode-se revestir matematicamente de uma forma muito fecunda na fórmula *mística*: $3x10^5 km=\sqrt{-1} seg$ (grifo nosso).

Anos depois, Albert repetia em seu livro *Relativity, the Special and General Theory**:

> ...a descoberta de Minkowsky [...] deve ser encontrada principalmente no fato de seu reconhecimento de que o *continuum* espaço-temporal quadridimensional da relatividade [...] mostra uma relação pronunciada com o *continuum* tridimensional do espaço euclidiano. Para dar a devida importância a essa relação, porém, devemos substituir a coordenada habitual *t* por uma magnitude imaginária $\tau=\sqrt{-1}$ x ct, proporcional a ela. Nessas condições, as leis naturais que satisfazem as exigências da teoria da relatividade restrita, assumem formas matemáticas nas quais as coordenadas temporais desempenham exatamente o mesmo papel que as três coordenadas espaciais**.

Entretanto, apesar do reconhecimento de que *t* precisava assumir sua condição de grandeza imaginária para satisfazer as proposições de sua própria teoria, isso não foi interpretado, nem por Albert nem por seus sucessores, como uma clara indicação de que o tempo é uma dimensão subjetiva, imaginária, que se insinua no mundo físico por uma projeção, como vem sendo proposto há séculos pela filosofia, pela poética e pelas ocasionais incursões do pensamento dito "místico" nesse misterioso e fundamental campo de manifestação do Ser.

O outro aspecto da natureza do tempo, vislumbrado por Minkowsky e Einstein, mas desprezado pela ciência, é que o conhecido fluxo linear que ordinariamente é associado a uma linha, o rio de Heráclito, é apenas uma projeção de um conjunto dimensional mais amplo. É curioso que a física, algumas vezes beneficiária de artifícios matemáticos "pouco honestos", que se insinuam em suas interpretações e equações em nome apenas da estética e da harmonia – critérios não estritamente científicos, admitamos –, não se tenha dado conta da estranha e assimétrica organização dimensional do mundo que ela adotou, formada por três dimensões do espaço e apenas uma do tempo.

É fato conhecido que a equação definida por Maxwell para a unificação dos campos elétrico e magnético, ainda no século 19, não foi obtida em sua

* Relatividade, a Teoria Restrita e Geral.

** Observar como, neste revelador parágrafo, Albert não apenas reconhece o caráter imaginário do tempo como também sua pluralidade dimensional. O que me parece incrível é que ele não tenha desenvolvido essa constatação, em seu trabalho subseqüente.

forma final através de processos de dedução estritamente matemáticos. Insatisfeito com a equação que obteve por essas vias "honestas" da análise matemática, ao considerá-la pouco estética, Maxwell introduziu uma alteração "ilícita", que lhe dava uma forma mais elegante. Com esse truque "sujo", com essa carta tirada da manga, Maxwell chegou a uma equação que, além de bonita e equilibrada, respondia com mais perfeição pelos fenômenos observados. E este não foi o único caso de "trapaça" nas deduções matemáticas aplicadas à física, algumas vezes, com ótimos e inesperados resultados. Mas o limite de tempo (aqui está ele presente e impondo suas condições) desta minha palestra não permite que me prolongue em outros exemplos.

Quero observar apenas que me parece, no mínimo, curioso que o senso estético dos físicos não tenha reagido à estrutura tão dolorosamente antiestética de uma treliça de suporte ao seu universo, que dispõe de três dimensões do espaço e apenas uma do tempo. O que limitou ou impediu que se sugerisse uma proposta mais simétrica, mais bonita, como faria Maxwell? Seriam os físicos do século 20 menos dotados de senso estético do que seus antecessores? Certamente, não. São conhecidas as afirmações de Paul Dirac de que "Deus utilizou uma belíssima matemática ao fazer o universo" e que "é mais importante ter beleza nas equações do que ajustá-las à experiência"[7]. Mais recentemente, o clérigo-físico J.C. Polkinghorne desmancha-se em prazer estético quando diz em seu *The Quantum World* *, que: "A equação de Schrödinger é uma das mais belas equações diferenciais jamais concebidas por um físico. Nela tudo é suavidade e continuidade..."[8]

Por que então aceitar essa esquisita estrutura dimensional, que mais parece um estranho animal que tem três pernas de um lado e somente uma do outro? A resposta, a meu ver, é o sacrossanto paradigma. E por que o paradigma atual da ciência impede que se proponha uma estrutura mais satisfatória esteticamente, como uma treliça hexadimensional, com três dimensões do espaço e três do tempo, se as teorias das partículas admitem até números maiores – e altamente improváveis – de dimensões para sua formulação? A teoria de Kaluza-Klein, que já disputa há muitas décadas seu lugar como explicação do Universo, exige onze dimensões para se expressar matematicamente; e convenhamos que o número onze, primo e antipático, não tem qualquer simetria que nos fale ao gosto estético. A resposta a esta questão, a meu ver, está relacionada com o mesmo bloqueio mental que impediu meu querido Albert de enxergar o mundo do espírito no caráter imaginário que ele mesmo reconheceu no

---

* O Mundo Quântico.

tempo, apesar de ser ele um teísta, afeiçoado a uma relação espiritual profunda com seus semelhantes e com a ordem suprema do Cosmos, que identificava com sua concepção da Divindade.

Apesar da recusa da ciência física em admitir algo tão singelo e claro para a treliça de suporte ao Cosmos como um sistema com três dimensões do espaço e três do tempo, essa proposição tem aflorado em diversas ocasiões, no mundo nebuloso das especulações paracientíficas, nas teses e propostas de senhores que, apesar de considerados respeitáveis pelos seus contingentes de seguidores, são vistos com desprezo ou com desconfiança pelo *establishment* científico. Refiro-me àqueles autores que medram numa região sombria de conhecimento duvidoso ou controverso, relegados à condição de "místicos" pelos eruditos das universidades mais respeitáveis, com toda a carga negativa que essa palavra traz, quando pronunciada por um cientista cioso do seu *status* e do respeito de seus colegas – *este, sim, o cimento não declarado que consolida o paradigma.*

O místico italiano Pietro Ubaldi, em sua pretensiosa obra *A Grande Síntese,* e P.D. Ouspensky, discípulo do notório Gurdjieff, propõem, sem que um tenha tido conhecimento do outro (ao que parece), estruturas hexadimensionais para seus modelos intuitivos – e, em muitos pontos, errados – de universo; em ambos os casos seriam três dimensões do espaço e três do tempo. Não endosso esse gênero de especulações, carentes de fundamento informativo e metodológico confiável, nem tenho maiores simpatias por esses senhores, mas admito que é pelas vias intuitivas que aflui a maior parte das idéias criadoras que depois se tornam ciência. Os dois autores citados, que não são cientistas, e outros, como Pierre Weil, propõem tramas hexadimensionais, mas não desenvolvem explicações sobre suas conseqüências e sobre a forma como elas se ajustariam à compreensão da totalidade. É o que pretendo fazer agora.

*

Quero mostrar de que modo uma treliça, com três dimensões da ordem espaço e três dimensões da ordem tempo, pode dar conta de todos os fenômenos e possibilidades contidos na totalidade que nos é facultado vivenciar, pelo menos até o horizonte que a nossa inteligência, intuição e sensibilidade permitem discernir.

Antes de mais nada, reitero minhas colocações iniciais sobre o espaço, que entendo como tridimensional e euclidiano, embora possa assumir variações elípticas ou hiperbólicas, conforme a opção do cientista que o estude em situações ou escalas especiais[9]. Descarto, portanto, os espaços *n*-dimensionais de Hilbert como entidades puramente abstratas, úteis nas formulações matemáticas da teoria quântica, mas sem correspondência factual com o mundo onde estamos inseridos. Descarto também os mundos remotos do *quark* e do *quasar* cuja existência, a meu ver, é meramente instrumental, sem relação com a nossa experiência vivencial de sofrimento e beatitude, meu referencial para aferir o conhecimento e a sabedoria verdadeiros. Sobre essas entidades tão distantes de nós, ouso dizer que até o verbo *existir* deve ser cuidadosamente qualificado quando a elas se referir. Mas este é outro tema, que será tratado amanhã pelo Prof. Newman e Sir Philip Quarks.

Proponho que o espaço tridimensional euclidiano ajusta-se à face objetiva da totalidade que entendemos como real, *locus* existencial da matéria e dos *objetos* que a física reconhece. O tempo, por sua vez, também tridimensional, é o *locus* existencial dos conteúdos subjetivos, ou *subjetos*, que identificamos com a face imaginária do Ser, centrada em cada um de nós. Cada espírito encarnado ou subjetividade vivendo na Terra, humana ou não, é um ser complexo formado por uma parte corpórea, ou real, e outra psíquica, ou imaginária. Isto não descarta a existência (seria esta a palavra adequada?) de entidades sencientes exclusivamente imaginárias, ou cuja face real dificilmente seria reconhecida como tal pelos nossos meios de percepção. O nosso corpo ocupa uma porção do espaço, enquanto a alma, a psique, é uma criatura do tempo[10]. Como seres complexos que somos, habitamos o espaço-tempo hexadimensional que tudo permeia, mesmo sendo incapazes de percebê-lo em sua integridade, tal como o peixe, que não pode discernir a água onde vive.

O tempo linear dos relógios e calendários, reconhecido pela física, é apenas uma expressão do tempo tridimensional, resumida e compactada por uma projeção geométrica, uma redução forçada na qual comprimimos o mundo por um condicionamento cultural da nossa percepção. Algumas vezes representamos – nos gráficos elementares dos livros escolares – o espaço por uma coordenada e o tempo por outra, sem nos darmos conta de que, se o espaço tridimensional pode ser esquematicamente representado por uma só linha, podemos estar fazendo o mesmo com o tempo, sem estarmos cientes disso. Sobre gráficos, convém observar que todos eles implicam o uso do recurso geométrico da projeção, o que facilita algumas coisas, mas complica outras. Note-se que, se por um lado pode-se fazer um gráfico que resuma o espaço tridimensional numa coordenada e o tempo (secretamente tridimensional) em outra, não é possível fazer um gráfico que represente a posição de um ponto, ou evento, no sistema quadridimensional da relatividade; simplesmente uma tal projeção não é possível, ou resultaria terrivelmente confusa, se tentada.

É importante observar que o espaço é uma coisa e o tempo é outra, embora sejam conversíveis um no outro, como mostrou Albert. Depois da relatividade, tornou-se um lugar-comum dizer que tempo e espaço, assim como matéria e energia, são uma coisa só. Isto não é exato e pode confundir mais do que explicar. Tempo e espaço, conversíveis um no outro em circunstâncias especiais, são diferentes destaques da nossa forma de perceber o mundo[11], assim como matéria e energia, também conversíveis explosivamente uma na outra, são destaques bem distintos dos conteúdos deste mesmo mundo.

Comprimento, largura e altura são indistinguíveis entre si e só têm nomes diferentes quando assim os discriminamos. O comprimento não tem qualidades distintas da largura ou da altura, a não ser num quadro referencial específico que não prescinde dos critérios de uma subjetividade que os diferencie casuisticamente. Aliás, convém observar que nós não vemos essas dimensões do espaço como entidades separadas ou discerníveis, a não ser por artifícios. A nossa percepção do espaço é una, e comprimento, largura e altura são constructos de nosso espírito para melhor administrá-lo. Essas considerações óbvias são necessárias porque, na minha proposição, elas não são válidas para o tempo tridimensional.

Mas – pode-se questionar – se nossa percepção do espaço é realmente a de um volume, que contém ou pode conter volumes, superfícies bidimensionais ou linhas, por que não sentimos algo equivalente com relação ao tempo? Por que a imagem que fazemos do tempo é sempre a de um rio que corre em seu fluir contínuo, de uma carruagem que segue por uma via, de algo que se escoa irreversivelmente, unidimensional, linear? Respondo que isso é uma limitação de nossa estrutura mental, decorrente dos condicionamentos culturais que moldaram a nossa forma de perceber o mundo, ao longo de séculos, de milênios. Como foi colocado acima, as três dimensões do tempo, tal como as do espaço, estão em volta de nós, estamos inseridos nelas, mas não as percebemos. A metáfora do rio, ou do fluxo linear da história, está tão fixada em nossas mentes, delimitando o mundo que podemos ver, quanto as estruturas lingüísticas que impomos ao real, moldando-o e enformando-o para torná-lo inteligível. A diferença é que este encarceramento do tempo pleno e tridimensional, em sua prisão linear, é ainda mais profunda e visceral do que a das estruturas lingüísticas, porque é exatamente o tempo linear da fala seqüencial que condiciona essas estruturas.

O tempo linear tem hoje a força descomunal de um arquétipo e o poder de um deus. É verdade que estamos sujeitos a muitas de suas limitações, mas isso é também válido para o espaço. Ainda não podemos nos movimentar com liberdade, nem ao longo do tempo linear, nem no tempo bidimensional ou tridimensional. Mas ocorre o mesmo com o espaço: mesmo reconhecendo sua ampla tridimensionalidade, que se estende às nuvens e ao espaço interestelar, não temos a liberdade de nele nos deslocar ao nosso talante; temos limitações físicas e estamos presos à superfície da Terra, ao tamanho da nossa nau, ou às grades de uma prisão. O prisioneiro vê o céu azul e as montanhas distantes por entre as barras da janela, mas só pode se movimentar no pequeno mundo de sua cela.

Primeiro, é preciso conhecer o que é o tempo bi e tridimensional, depois estudar de que forma, com que meios, e até onde podemos nos mover nesses domínios. Parece claro que fazemos uma imagem razoável do que seja o tempo unidimensional: é só olhar para o ponteiro dos segundos de um relógio, ou para o labirinto das minhas rugas no espelho do banheiro, que me vem uma idéia do que seja o tempo linear. Mas o que pode ser o tempo bidimensional, qual a metáfora que a ele se ajusta, ou qual a imagem que dele podemos fazer? Por que o tempo bidimensional não aparece nas observações e nos instrumentos dos físicos?

Para se compreender o que é o tempo bidimensional (e, mais adiante, o tridimensional), é indispensável aceitar seu caráter imaginário, portanto subjetivo, vinculado à face imaginária da totalidade, que se manifesta apenas por meio das subjetividades – espíritos ou entidades sencientes, sejam elas humanas ou não. É preciso assumir que o tempo é algo essencialmente subjetivo, que se manifesta no espaço das coisas físicas como uma projeção de natureza geométrica. É preciso entender que transformação – mesmo quando ocorre nas coisas físicas do espaço – não implica tempo, e que tempo é transformação sendo percebida por alguma subjetividade[12]. Sem a participação da vertente subjetiva e imaginária do Ser, não há tempo nem movimento – embora possa haver transformação. Sem sua face subjetiva e imaginária o universo seria apenas um gigantesco cadáver, e a transformação que aí poderia ocorrer seria algo como um *apodrecimento* – promovido pela entropia.

Isto é inaceitável para um físico *hard nose*, que tende a sorrir condescendente de dentro de sua cela. Mas seu sorriso pode-se desvanecer um pouco, quando ele se lembrar da noção de *tempo-próprio* de uma partícula – básica para a formulação da relatividade geral de Einstein e para a qualificação de um objeto quântico – e das sérias dificuldades que este conceito impõe ao seu tratamento matemático. E, mais ainda, quando se der conta da vinculação do tempo linear a um observador, e seu movimento relativo àquilo que é observado, como coloca a teoria da relatividade restrita, que liquida a noção newtoniana de simultaneidade. E, finalmente, talvez algo desperte na mente desse físico, se ele rememorar toda a controvérsia que se manifesta no confronto secular entre o tempo dos físicos e o tempo psicológico do resto da humanidade.

O tempo é imaginário e subjetivo. A noção de tempo bidimensional emerge quando tomamos ciência de que cada subjetividade tem seu tempo-próprio, sua linha-mundo exclusiva, já definida também por Minkowsky, naquele mesmo documento de 1908, em que ele mostra o caráter imaginário do tempo.

O tempo-superfície pode ser concebido como o deslocamento lateral de uma linha-mundo individual, ao longo das subjetividades que povoam o universo, sejam estas humanas ou não, sejam elas encarnadas ou não, sejam elas terrestres ou habitantes de longínquos astros culturados[13], ou até mesmo seres implausíveis das nuvens de poeira interestelar, ou de regiões insuspeitadas do tártaro e do empíreo. Nesta concepção, os espíritos desencarnados não têm "existência" no espaço tridimensional, mas tão-somente no tempo; fenômenos de comunicação com os vivos, ou materializações, seriam formas de projeções ainda por estudar.

Mas não seriam essas subjetividades entidades discretas, individuais, descontínuas? Não, não são. Todas as subjetividades que aspirem ao direito de existir (seja isto o que for) são pontos de uma vasta continuidade, como picos emergentes de uma enorme cordilheira submarina, cujas ilhas somos nós, ilusoriamente separados em nossos corpos físicos e em nossa presunção. Esta continuidade é a unicidade do espírito, vertente imaginária de inumeráveis seres complexos, que animam o Cosmos em sua trama hexadimensional.

Deslocamentos colaterais no tempo-superfície são curto-circuitos involuntários entre subjetividades que, nas nossas imediações, percebemos como sincronicidades ou telepatia. A telepatia não envolve tempo nem energia, porque não é uma transmissão, nem há, portanto, recepção de coisa alguma; os fenômenos chamados de telepáticos são apenas o compartilhamento, geralmente fortuito, de um mesmo pensamento, sentimento ou informação, por duas ou mais subjetividades. É, pois, uma espécie de curto-circuito instantâneo e acidental no tempo-superfície. Deslocamentos inesperados do espírito, ou de seus "órgãos sensoriais", sobre a sua própria linha-mundo, ou sobre um feixe de linhas-mundo próximas, explicam as premonições e profecias. Seu veículo é a emoção, quando esta ultrapassa algum limite crítico ainda por estudar; por isso, os profetas autênticos sofrem grande desgaste no exercício dessa atividade, pelo dispêndio considerável de energia psíquica de natureza emocional. É por essa razão que os eventos que provocam ondas de premonições quase sempre são também os que deflagram intensas emoções coletivas, como terremotos catastróficos, assassinatos de pessoas importantes e estimadas, naufrágios, etc.

Na literatura, é comum que uma obra de ficção revele-se, anos depois de publicada, uma antecipação de fatos que vieram efetivamente a ocorrer. Isto acontece porque imaginação criadora é o nome que se dá à liberdade que tem o espírito do artista-escritor, de se movimentar nas dimensões superiores do tempo bi e tridimensional, captando outras épocas e vastas experiências coletivas, pelo acesso ao manancial das memórias do passado e do futuro, também chamado de inconsciente transpessoal. É um equívoco dizer que o artista é como uma antena, porque nada é transmitido e nada é captado; o artista, na verdade, é um ser livre, capaz de cavalgar curtos-circuitos imaginários e sobrevoar paragens remotas do tempo, trazendo essa experiência para o mundo dos outros, por meio da sua arte.

A metáfora do deslocamento lateral de uma linha-mundo, como recurso para entender o tempo bidimensional, é claramente analógica com a geração de uma superfície no espaço euclidiano, pelo deslocamento lateral de uma linha. O tempo bidimensional, pois, é a urdidura e a trama das subjetividades que permeiam o universo, cada uma delas com seu tempo-próprio, individual e – *grosso modo* – linear.

Mas como nos parece ser o tempo dos relógios comum a todos nós? Respondo inicialmente que isto não é exato, como concordam tanto a física quântica como a relatividade. Adicionalmente, admito a existência de um *princípio de consistência* – proposto por Sir Philip Quarks e Adam Newman – que permite a compatibilização dos tempos individuais entre as subjetividades que estejam em interação. Mas só entre estas; subjetividades que não estejam interagindo podem ter tempos individuais muito distintos. Ou melhor seria dizer: procurar uma equivalência entre os tempos individuais de subjetividades não interagentes é algo que não faz sentido, porque são universos que não se comunicam.

O tempo tridimensional, por sua vez, está além da capacidade humana de abstrair e imaginar: é o domínio dos deuses. Mas pode ser vislumbrado, com uma analogia geométrica equivalente – que deve ser apreciada nos estritos limites de uma metáfora. Imagine-se o deslocamento do tempo-superfície, formado pelo tecido de todas as subjetividades, numa dimensão perpendicular a ele próprio, criando algo como um volume, o "volume" absoluto onde a totalidade evolui, que tudo contém e não tem limites nem lado de fora. O tempo tridimensional, com seus conteúdos subjetivos, é o equivalente mais próximo que podemos conceber da "mente" de Deus; assim como o espaço tridimensional, com seus conteúdos objetivos, pode ser uma metáfora do seu "corpo". Sobre Deus e o tempo, o filósofo cristão Tomás de Aquino já dizia, num dos seus textos:

> Apesar de todos os eventos se tornarem reais sucessivamente, Deus não os conhece como os conhecemos, isto é, à medida que ocorrem, mas simultaneamente. Todas as coisas no tempo são presentes em Deus na eternidade, porque seu olhar tudo vê como presente.

Mais adiante, acrescentava:

> A alma é parte do tempo, existindo acima do tempo, na eternidade: contém a natureza, mas ultrapassa o movimento físico medido pelo tempo. O tempo é a medida da transformação; eternidade é medida de permanência.

Chegamos, portanto, ao limiar inapreensível da eternidade. Quem aqui puder se movimentar livremente será um deus, ou Ele Próprio.

Depois desta jornada gnóstica vemos, entre espantados e descrentes, que o tempo dos físicos e da entropia, o tempo linear dos relógios e dos calendários, da erosão e das rugas, este tempo cotidiano que pinga, pinga, pinga, pinga, pinga, incessantemente, é apenas o resultado de um pequeno vazamento no imensurável tanque da Eternidade.

Nada mais tenho a acrescentar. Agradeço a todos pela paciência e pela atenção.

Notas

1. Hawking disse isso em 1980, na sua famosa aula inaugural da Plumean Professorship, em Cambridge, que ele intitulou *Is the End in Sight for Theoretical Physics?* [Está à Vista o Fim da Física Teórica?] mas, logo em seguida, significativamente, ele deixa escapar o principal, ao acrescentar que: "Resta a possibilidade de haver mais de uma dimensão temporal, mas eu, pelo menos, acho um tal universo difícil de imaginar". A explicação da observação de Hawking é que a conhecida lei do quadrado das distâncias, que regula a diminuição da atração gravitacional pela distância dos corpos considerados, somente é válida para o espaço tridimensional: a superfície da esfera é proporcional ao quadrado do seu raio. O fato de a gravidade realmente variar de acordo com o quadrado da distância é uma prova de que o espaço somente tem três dimensões. Generalizando matematicamente a fórmula da variação da "superfície" de uma metaesfera, para espaços teóricos de *n* dimensões, teríamos que ela iria variar proporcionalmente a um "raio" igual a n-1. Portanto, se o espaço tivesse quatro dimensões, a atração gravitacional iria variar conforme o cubo da distância, o que inevitavelmente atrairia os planetas numa espiral, até caírem no Sol.

2. Tenho para mim que a visão de mundo dos hopi é muito fecunda, e nada tem de primitiva. Acho possível que profundos *insights* sobre uma concepção cosmológica extraordinária possam emergir desse *approach* aparentemente ingênuo.

3. Mais adiante, no mesmo livro, Pagels expressa o ponto de vista de que: "Muito do que pensamos atualmente sobre a microfísica, as 'idéias loucas' e a cosmologia, provavelmente está errado, e teremos de abandonar. Possivelmente, no futuro haverá uma revolução de grandes proporções na física, que mudará inteiramente a nossa idéia de realidade. Podemos olhar nossas tentativas atuais de compreender a origem do universo como irremediavelmente inadequadas, como as tentativas dos filósofos medievais de entender o Sistema Solar antes das revelações de Copérnico, Kepler, Galileu e Newton".

4. Incidente relatado por Heinz Pagels, em seu livro *The Cosmic Code.*

5. Hawking expressou essa opinião também na sua aula inaugural *Is the End in Sight for Theoretical Physics?*

6. A amizade fraterna que nos uniu em vida e o grande respeito que tenho pela memória de Albert Einstein, como homem e como cientista, não são obstáculos para que, em nome da verdade, eu deixe de registrar alguns pontos em que a sua extraordinária intuição não foi suficiente para que ele visse os fatos da ciência como efetivamente são, e que a pesquisa, depois, verificou terem sido equívocos do mestre:

   a) Ter ajudado a criar a física quântica, em 1905, inventando inclusive os termos *quantum* e *fóton*, e não ter conseguido aceitar suas conseqüências filosóficas, especialmente o caráter probabilístico do mundo à escala quântica, e a inexistência de uma realidade objetiva independente do observador.

   b) Ter concebido, em 1930, com Podolsky e Rosen, um experimento mental (*Gedankenexperiment*) destinado a "provar" o absurdo da não-localidade que, quando realizado anos depois, provou exatamente o contrário do que ele esperava.

   c) Não ter aceito as soluções de Friedmann para suas equações da relatividade geral, que mostravam um universo não estático, que estaria necessariamente em processo de expansão ou de contração. Isto lhe parecia inaceitável, levando-o a imaginar uma hipotética força λ *(lambda),* que tornaria estático o universo de Friedmann. Hoje, sabe-se que o universo está em expansão e que a força *lambda* não existe.

   d) Ter divulgado, em 1950, uma *teoria do campo unificado*, que pretendia unificar as quatro interações fundamentais da física e concluía com quatro equações iguais a zero, que não estavam corretas. No cálculo dessas equações, ele tinha feito, sem perceber, uma divisão por zero, o que não é admissível em análise matemática, por conduzir a resultados falsos ou absurdos.

   e) Ter admitido, para o desenvolvimento da teoria geral da relatividade, a noção de "tempo próprio", τ grandeza imaginária introduzida por Minkowsky, e não se ter dado conta de que uma revolução estava contida nessa simples proposição. Nem mesmo Minkowsky percebeu que, ao vincular a cada ponto p – vale dizer, a cada partícula –, em tempo próprio, estava acrescentando uma nova dimensão à ordem tempo, e que o seu caráter imaginário iria vincular inextricavelmente o tempo ao sujeito observador.

   f) Ter insistido na irreversibilidade do fluxo do tempo, mesmo depois que a física mostrou que o tempo é reversível, na escala quântica, e que Gödel demonstrou essa reversibilidade no nível cósmico, em 1949, com sua solução para as equações da relatividade geral.

g) Ter tentado provar que os buracos negros não podiam existir (num artigo publicado nos *Annals of Mathematics*, em 1939), embora estes resultassem de suas próprias equações da relatividade.

h) Ter teorizado a possibilidade da existência de "lentes gravitacionais" – um fenômeno já descoberto pelos astrônomos –, entretanto, ter vaticinado que a ciência nunca seria capaz de utilizá-las para observar objetos distantes, como é feito atualmente.

7. Dirac disse isso depois de ter concebido, a partir de decisões estéticas, sua elegante equação que governa o comportamento do elétron, e que depois conduziu à descoberta da antimatéria.

8. Para fundo musical dessa declaração de amor, só o terceiro movimento da sinfonia *Ressurreição*, de Gustav Mahler, *In ruhig fließender Bewegung* (ou, na falta dela, pode-se ouvir também a deliciosa versão de Luciano Berio, na sua *Sinfonia*).

9. O matemático inglês I.W. Roxburg, em seu artigo "Is Space Curved?", publicado na *Encyclopaedia of Ignorance*, mostrou que o espaço pode ser curvo ou não, dependendo da escolha do cientista: "Is space curved? The answer is yes or no depending on the whim of the answerer. It is therefore a question without empirical content, and has no place in physical inquiry".

10. Os chineses consideram que o espaço é *yin* e o tempo é *yang*.

11. Albert costumava me dizer que: "Tempo e espaço são modos pelos quais pensamos, e não condições nas quais vivemos". Em março de 1955, cerca de um mês antes de morrer, Albert escreveu, numa carta à viúva de outro amigo nosso que acabara de falecer: "Para nós, os físicos de fé, essa separação entre passado, presente e futuro tem o valor de simples ilusão, apesar de bastante persistente..."

12. Hermann Weyl dizia que: "O mundo não acontece. Ele simplesmente é", ao tempo que Eddington afirmava que: "Os acontecimentos não chegam; eles estão lá. Nós é que os encontramos em nossa passagem".

13. Entendo como astro culturado todo aquele cujo biota apresente algum segmento onde a evolução tenha passado por uma fase onde saltou de "darwiniana" e lenta, para "lamarckiana" e rápida.

Referências bibliográficas

Aquino, Tomás de. *Philosophical Texts,* Oxford University Press, Londres, 1952.

Bergson, Henri. *Durée et Simultanéité,* Presses Universitaires de France, Paris, 1968.

Borges, Jorge Luis. *História de la Eternidad,* Emecé Editores S. A., Buenos Aires, 1953.

Davies, Paul. *Superforce,* Glenister Gavin Ltd., 1984.

Duncan, Ronald e Weston-Smith, Miranda, edit. *The Encyclopaedia of Ignorance,* Pergamon Press Ltd., Londres, 1977.

Eddington, Arthur Stanley. *Space, Time and Gravitation,* Cambridge, 1920.

Einstein, Albert; Minkowsky, H.; Weyl, H. et al. *The Principle of Relativity – A Collection of Original Memoirs on the Theory of Relativity,* translated by W. Perret and G.B. Jeffery, with notes by A. Sommerfeld. Dover Publications, Nova York, 1952.

__________. *Relativity, The Special and General Theory,* translated by R.W. Lawson, 4ª ed. Methuen & Co., Londres.

__________. *Mein Weltbild,* Europa Verlag, Zurique, 1953.

Ekeland, Ivar. *Le Calcul, l'Imprévu,* Editions du Seuil, 1978.

Eliade, Mircea. *Le Mithe de l'Éternel Retour,* Editions Gallimard, Paris, 1969.

Franz, Marie-Louise von. *Time – Rhythm and Repose,* Thames and Hudson, 1978.

Gribbin, John. *Timewarps,* Delacorte, Nova York, 1979.

Hawking, Stephen. *Is the End in Sight for Theoretical Physics?* Cambridge University Press, 1980.

Hovis, R. Corby e Montgomery, John A. P.A.M. Dirac and the Beauty of Physics, *Scientific American,* Maio, 1993.

Kaufmann, William J. *The Cosmic Frontiers of General Relativity,* Little, Brown and Company, 1977.

Kuhn, Thomas S. *The Structure of Scientific Revolutions,* The University of Chicago Press, 1962.

Lessa, Adelaide Peters. *Precognição,* Livraria Duas Cidades, São Paulo, 1975.

Morris, Richard. *Time's Arrows – Scientific Attitudes toward Time,* Simon and Schuster, Inc., Nova York, 1985.

Ouspensky, P. D. *Um Novo Modelo do Universo,* Tradução de Daniel Camarinha. Editora Pensamento, Nova York, s/ data.

Pagels, Heinz. *Perfect Simmetry,* Simon and Schuster, Nova York, 1985.

__________. *The Cosmic Code,* Bantam Books, Nova York, 1983.

Popper, Karl R. *El Universo Abierto – Un Argumento en Favor del Indeterminismo,* Editorial Tecnos S. A., Madri, 1986.

Prigogine, Ilya e Stengers, Isabelle. *Entre le Temps et l'Éternité,* Librairie Arthème Fayard, Paris, 1988.

Prigogyne, Ilya. *La Nascita del Tempo,* Edizioni Theoria, Roma-Nápolis, 1988.

Rucker, Rudy. *The Fourth Dimension – A Guided Tour of the Higher Universes,* Houghton Mifflin Company, Boston,1984.

Santo Agostinho. *The City of God,* Modern Library, Nova York, 1950.

Ubaldi, Pietro. *A Grande Síntese,* Tradução de Mario Corbioli. Lake, São Paulo, s/ data.

Weil, Pierre. *As Fronteiras da Evolução e da Morte,* Editora Vozes Ltda., Petrópolis, 1983.

Whorf, Benjamin Lee. *Language, Thought and Reality: Selected Writings of Benjamin Lee Whorf,* Editado por John B. Carroll, MIT Press, Cambridge, 1966.

COMUNICAÇÃO 4

Visualizando o Universo em duas trocas de escala

Iris Magnólia Grandiflora
Universidade Federal do Paraná, Curitiba, Brasil

O espaço cósmico

A imensidade do Cosmos, cujas dimensões são expressas por grandezas colossais, assusta as pessoas, generalizando a noção de que o Universo é grande demais para ser apreciado pela limitada percepção do ser humano.
Isto é falso. Uma das características mais surpreendentes da astronomia é sua capacidade de avaliar com razoável precisão as distâncias e as grandezas cósmicas. E o que é mensurável é também concebível.
Nesta viagem pelo Universo, mostra-se que é possível criar imagens mentais bastante aproximadas dos objetos que povoam nosso Sistema Solar e nossa galáxia, e até dos conteúdos cósmicos mais distantes.
Usando-se o recurso de imaginar modelos visuais em escala, torna-se possível fazer uma idéia plenamente satisfatória, não só do tamanho e das distâncias de planetas e estrelas como também das galáxias mais remotas, quasares e outros conteúdos do Universo. Ao final da viagem, a impressão que ficará não será a de nossa insignificante pequenez diante da vastidão cósmica.
Muito pelo contrário, o que será evidenciado, e de certa forma demonstrado, é o sentimento maravilhoso da grandeza imensurável do espírito humano.

O homem é apenas o lugar onde estou,
e a perspectiva daqui é infinita.

Henry Thoreau

A imaginação é mais poderosa do que
o conhecimento. Ela amplia a visão,
dilata a mente, desafia o impossível.
Sem a imaginação o pensamento estagna.

Albert Einstein

Damn the Solar System. Bad light;
planets too distant; pestered with
comets; feeble contrivance.
Could make better myself. *

Lord Francis Jeffrey

O tema que aqui apresentarei tem sido para mim objeto de fascinado interesse desde que me iniciei em astronomia, no Observatório Antares, no Nordeste do meu país, ainda com uma graduação em arquitetura orientando minha forma de abordar e entender o mundo e as coisas. Mesmo quando consolidei os conhecimentos fundamentais da astronomia, durante os anos em que trabalhei em Cerro Tololo, essa concepção arquitetural do universo permaneceu como algo que, em vez de estorvar, auxilia-me na visão e compreensão de aspectos importantes dos meus objetos de estudo.

Enquanto muitos dos meus colegas têm na matemática, na análise espectral, ou no processamento de dados abstratos, o seu fundamento conceitual para a

* Dane-se o Sistema Solar. Pouca luz; planetas muito distantes; empesteado de cometas; bisonha engenhoca. Eu mesmo faria melhor.

compreensão do Cosmos, herdei da minha formação anterior uma grande facilidade para visualizar e imaginar que, associada à indispensável base informativa, e ao cuidadoso emprego da noção de *escala*, permite-me acessar e intuir aspectos da estrutura do Universo que, no mínimo, reconheço como elucidativos e objeto de fruição estética. Procurando superar os limites da minha moderada capacidade de comunicar, é isto que pretendo compartilhar hoje com vocês, pelo menos em suas linhas mais gerais.

Entendo que a capacidade de visualizar coisas, objetos e cenários por meio da imaginação é um poderoso recurso de que nos podemos valer, não apenas para entender o mundo e elaborar projetos, como também para nos auxiliar a obter e construir aquilo que pretendemos na vida. Pela visualização nítida e constante dos objetivos que queremos realizar, sejam eles de natureza pessoal, profissional ou transpessoal, criamos um poderoso campo de atração psíquica que parece agir do futuro para o presente – um *atrator*, como se diz na matemática do caos – direcionando com maior eficiência as nossas atividades atuais no sentido de concretizar mais adiante aquilo que pretendemos.

Pelo que já pude aprender na minha experiência de vida, as técnicas de visualização podem ser desenvolvidas com a prática e constituir-se num recurso inestimável para o aperfeiçoamento pessoal e o sucesso, facilitando a criatividade nas artes, na ciência e até nos negócios. Existem cursos privados de treinamento mental que enfatizam as práticas de visualização e a produção de imagens, mas, infelizmente, esse estudo ainda não faz parte dos currículos oficiais de ensino formal em nenhum país do Ocidente, até o ponto em que estou informada.

Acredito que estamos no limiar de um tempo novo, em que a cooperação entre indivíduos, empresas, povos e nações venha a ser progressivamente mais enfatizada do que a competição predatória e "darwinista" pela sobrevivência do mais forte, que tem feito do mundo um campo de batalha, trazendo como resultado a opressão, a fome e o genocídio. No futuro que vislumbramos e que este Seminário prenuncia, os currículos serão outros e as escolas ensinarão o aperfeiçoamento mental e o desenvolvimento espiritual, numa atmosfera de genuína fraternidade e cooperação.

A televisão – interativa, em redes informatizadas e planetárias – está no caminho para encontrar sua verdadeira função na sociedade, embora ainda sofra os distúrbios próprios da infância. Acredito que toda comunicação de massa estará orientada para algo construtivo e belo, devendo assumir um papel importante na divulgação mundial das alegrias do conhecimento científico e da sabedoria espiritual, como duas faces de uma mesma moeda. Acredito mesmo que a própria noção de *massa,* quando se referindo a pessoas, logo se tornará um conceito politicamente incorreto numa sociedade que enfatizará o indivíduo, mas não o individualismo.

Embora não seja esta a minha atividade profissional, interesso-me vivamente pela educação e pela formação da juventude, numa sociedade que ainda se caracteriza pelas condições adversas a um desenvolvimento psicológico eficiente e sadio. Vivemos uma pré-história, em face do que o planeta Terra será dentro em breve, com a erradicação das misérias econômica e moral, com a liquidação dos exércitos, das fronteiras políticas e de toda hostilidade.

Este cenário pode ser um sonho, mas muitos também o sonharam antes de mim. Lembremo-nos de John Lennon e Martin Luther King... Quanto mais pessoas em todo o mundo acreditarem nisto e visualizarem esta fantástica utopia, mais perto dela estaremos. Quanto mais disseminarmos entre os jovens a imagem e a idéia de que ela é possível, mais real e mais próxima ela se tornará.

Se faço esta breve profissão de fé, é porque pretendo deixar claro que me identifico plenamente com os objetivos deste evento, claramente expressos nos documentos distribuídos na fase preliminar, e também porque pretendo exprimir a minha preocupação com a falta de cuidado que ainda predomina em todo o mundo ocidental, quanto ao cultivo dos recursos psíquicos mais importantes.

Como pretendo expor, quando falo em *recursos psíquicos* não me refiro a algo de difícil acesso, ou que somente se poderia obter depois de anos de meditação ou treinamento intensivo. Não se trata de nada assim, embora o progressivo aperfeiçoamento que só a prática pode dar seja, evidentemente, positivo e desejável. As técnicas de visualização que hoje apresentarei podem proporcionar resultados rápidos e muito gratificantes, desde que se admita que isto é necessário para melhor nos situar no mundo em que vivemos e conseguir mais facilmente aquilo que queremos.

Já se disse que esta é a era da imagem. Cinema, televisão, videojogos, Internet e monitores de vídeo para quase tudo fornecem todos os dias uma superabundância de imagens que muito me preocupa, porque elas se tornam um substitutivo para a capacidade de visualizar com nossos próprios recursos mentais. Estudos já demonstraram que as crianças submetidas a uma exagerada exposição à televisão têm dificuldade para cultivar o hábito da leitura de ficção, porque de certa forma ficam com sua capacidade de imaginar prejudicada pela falta de exercício: se o vídeo já fornece as imagens prontas, então por que realizar o esforço de criá-las? Este é um problema que deve ser encarado com a mesma seriedade que uma atrofia de qualquer órgão essencial do corpo.

Aliás, convém registrar que a televisão e o cinema não são a causa da pequena capacidade de imaginar do ocidental, mas são fatores que agravam uma deformação cultural antiga. Lembremo-nos que Platão colocava a imaginação no nível mais baixo entre as faculdades mentais, e Hume chegou a dizer que "nada é mais perigoso para a razão do que os vôos da imaginação". Mesmo as pessoas de mais idade, cuja educação se processou em época anterior a esta "era da imagem", têm dificuldades para visualizar com clareza. Quem tem uma aptidão inata geralmente segue as profissões em que essa facilidade é mais exigida, mas quem não a tem fica em desvantagem no exercício de uma atividade como, por exemplo, a arquitetura, porque não se utilizam técnicas e exercícios para seu cultivo, como parte do currículo. Talvez esta seja uma possível explicação para a baixa qualidade estética da maior parte do que se constrói atualmente; a atrofia da capacidade de visualizar anda *pari passu* com o empobrecimento da sensibilidade e da criatividade. Essa deficiência endêmica é um testemunho do desprezo com que os recursos potenciais da mente são tratados pelos sistemas educacionais do Ocidente.

A dificuldade maior para a adoção de medidas mais sadias de desenvolvimento da imaginação está, antes de mais nada, no reconhecimento da importância dessa função mental, no mesmo nível que a inteligência, a abstração, a memória e a sensibilidade artística. Quando uma consciência desse problema estiver mais difundida, e os determinantes comerciais que orientam a produção dos seus programas de grande audiência tiver se diluído, a própria televisão poderá vir a ser um meio para ensinar e estimular a habilidade individual de produzir mentalmente imagens visuais.

Hoje, pretendo mostrar como a capacidade de criar e fixar imagens pode permitir, a qualquer pessoa que não se canse facilmente com um esforço mental moderado, criar uma visão clara do Sistema Solar, da nossa galáxia – a Via Láctea – e do próprio Universo, tudo isso em escala, nas proporções que a ciência e as observações astronômicas estabeleceram como reais. Quem praticar essa visualização poderá estar ciente de que tem uma idéia bastante aproximada do tamanho do Universo, e das dimensões e posições relativas dos seus conteúdos principais. Quem tiver em mente os modelos imaginários que construiremos poderá localizar com alguma precisão os planetas do Sistema Solar, os objetos que existem na galáxia que habitamos, e até mesmo o tamanho e posições das galáxias mais distantes, quasares, etc.

Evidentemente, para que se possa fixar na mente esses modelos, é indispensável ter interesse pelo tema e uma acesa curiosidade intelectual que, acredito, é o caso dos participantes desta reunião. Do meu ponto de vista, considero extremamente agradável poder fazer uma idéia em escala do que é o universo físico concebido pela ciência. Espero que o mesmo ocorra com vocês.

Construiremos na mente três maquetes, em escalas diferentes, mas relacionadas entre si, que podemos batizar de Modelo Planetário, Modelo Galáctico e Modelo Cósmico. Suas dimensões reais crescem muito, de cada um deles para o modelo seguinte, mas todos os três serão perfeitamente visualizáveis nas escalas que adotaremos.

Quase todas as pessoas têm medo dos grandes números que caracterizam as medidas astronômicas, e isso é perfeitamente compreensível. Se podemos fazer uma idéia razoável, ter o *sentimento perceptivo* dos doze mil quilômetros de diâmetro do planeta Terra, fica muito mais difícil fazer uma idéia do que sejam os cento e cinqüenta milhões de quilômetros que nos separam do Sol. É uma ilusão escrever um grande número, da ordem dos bilhões ou trilhões, e achar que se "sabe" o que representa. Sabe-se, por exemplo, que um ano-luz tem cerca de dez trilhões de quilômetros, mas quem faz idéia do que seja um trilhão de quilômetros? A resposta normal é que um trilhão é um número representado pelo algarismo 1 seguido de doze zeros. Isso não nos deixa ver o que seja um trilhão, mas apenas ter acesso à sua representação simbólica.

Em face dessa dificuldade, uma coisa que deixaremos de lado na criação de nossas maquetes será a menção a milhões e bilhões de quilômetros ou anos-luz, a não ser como informação auxiliar que deve ser esquecida quando mentalizarmos os modelos. Trabalharemos apenas com milímetros, metros e alguns quilômetros, medidas que "cabem" perfeitamente na cabeça de qualquer um. Como veremos, para que seja possível uma visualização de qualquer dos três modelos será indispensável imaginar algo na escala dos quilômetros, o que torna inviável a construção física de qualquer dessas maquetes. Elas terão de ser apenas imaginadas, mas isso será fácil.

O primeiro modelo será o do Sistema Solar, que será montado com objetos que nos são familiares no mundo cotidiano. Alguns deles serão bem pequenos, mas isso é indispensável para que a maquete não fique grande demais. Teremos de visualizar atentamente certos objetos pequenos que vemos na vida cotidiana, e isso será um bom exercício para o ato de ver, porque não poderemos imaginar bem se não nos habituarmos a ver bem. E, muitas vezes, objetos bem pequenos são reveladores de um peculiar mundo estético que distraidamente desprezamos. Quem já pegou uma pitada da fina areia branca de uma praia, para examinar com atenção, e descobrir que nem todos os grãos são brancos? Mesmo sem o auxílio de uma lupa pode-se ver que existem grãos de diversas cores, com a predominância dos branco-translúcidos e castanhos. Os primeiros são fragmentos de quartzo, moídos pelo tempo, desde as origens do mar e das praias, na infância do nosso planeta, e os castanhos são pedacinhos triturados de conchas e carapaças animais, de organismos que viveram há dezenas ou centenas de milhões de anos. Quem se lembra, andando por uma praia num domingo de sol, que está pisando em milhões e bilhões de anos da história da Terra, inclusive da sua história viva? Ter isso em mente é muito bom para nos recordar que estamos cercados pela eternidade, mas não a vemos só por falta de atenção. Mas deixemos a eternidade e vamos à imensidade, que é a nossa viagem e a nossa meta.

Modelo Planetário – Escala: 1 metro = 10 milhões de quilômetros

Para fazermos a maquete do Sistema Solar, que denominamos Modelo Planetário, nada mais natural do que começar pelo nosso planeta natal, a Terra, um dos seres mais belos de toda a criação, que temos o privilégio de habitar. As maravilhosas fotografias da Terra, que enchem de pasmo e humildade os corações mais sensíveis, nos mostram uma belíssima esfera azul e branca, faiscante em reflexos e transparências, obviamente um ser vivo, uma deusa flutuando na imensidade. Mas, como temos de apresentá-la em escala compatível com seu pai, o Sol, seus irmãos planetas e suas dezenas de sobrinhos satélites, será necessário esquecer provisoriamente alguns aspectos de sua beleza e tomarmos um confeito azul para bolo de aniversário, uma esfera com pouco mais de um milímetro de diâmetro, para representá-la no grande palco que vamos armar. Ao pegar nesse confeito com seus dedos gigantescos, cuidado! Ele é úmido e está povoado de microorganismos, alguns deles pensantes e pretensiosos, orgulhosos do seu minúsculo saber. Para não causarmos uma minicatástrofe, é melhor tocar nele só com os delicados dedos da imaginação.

Aliás, na construção das nossas maquetes, é a força poderosa da imaginação que tudo suportará, que tudo moverá e permitirá que cada coisa permaneça em seu lugar, em sua órbita. Tudo levitará sem o menor esforço, como veremos. Usando, portanto, dessas facilidades psicotecnológicas, pegaremos com os dedos finíssimos da mente um pequenino grão de areia, dos castanhos, com a quarta parte do diâmetro do nosso confeito natal, e o colocaremos cuidadosamente a 3,5 centímetros deste. Esse grão de areia será a Lua.

Quando, numa imaginária loja de doces, adquirimos o nosso confeito-Terra, compramos também um outro, do mesmo tamanho, na cor amarelo-limão, e um terceiro, avermelhado e menorzinho – mas não tão pequeno quanto a Lua: serão nossos vizinhos Vênus e Marte. Antes de colocarmos esses novos confeitos em suas respectivas posições, passaremos numa loja de equipamentos elétricos e compraremos uma luminária tipo globo, de vidro branco-leitoso, sem suporte nem fios, uma esfera perfeita com 14 centímetros de diâmetro. Capaz de levitar, como todos os demais componentes da maquete, ela terá uma forte luz própria sem qualquer fio que a alimente de energia. Será o pai-Sol, o rei e o centro do nosso Modelo Planetário. Em nosso pequeno estoque de grãos de areia escolheremos mais um dos castanhos, igual à Lua, mas um pouco maior, para representar Mercúrio. Agora, que já temos os componentes do Sistema Solar interior, podemos dispor todos em suas devidas posições.

Se, aqui entre os presentes, estiver alguém que aprecie os rigores da exatidão, peço desculpas, mas em nossos modelos não trabalharemos com medidas precisas, e sim com aproximações para um número fácil de lembrar. O que se perde em rigor ganha-se em facilidade de memorizar; mas a diferença nunca vai ser grande e a imagem que montaremos será perfeitamente satisfatória. Dito isto, vamos arrumar o Sistema Solar interior, esse que os astrônomos dizem ser ocupado pelos planetas terrestres, cujas dimensões não se afastam muito das da Terra, diferentes dos grandes, chamados planetas jovianos ou semelhantes a Júpiter, que compõem o Sistema Solar exterior.

No centro ficará a luminária de vidro leitoso, acesa e flutuante em nosso campo de forças imaginárias. A cinco metros dela, o grão de areia Mercúrio; a dez metros, o confeito Vênus e, a quinze metros, a Terra, confeito azul, com seus micróbios, seus dramas e seus delírios, acompanhada de sua filha de areia, a Lua. E, a trinta metros da luminária, o confeito avermelhado com menos de um milímetro de diâmetro, que representará Marte. É preciso ter o cuidado de colocar cada um desses planetas em diferentes direções, mas num mesmo plano, conservando porém as distâncias da luminária central que indicamos. Só em casos raros eles se arrumam em linha – diz-se que estão em conjunção – porque movendo-se em círculos (desculpe-me, turma da exatidão, sei que são elipses, mas são quase circulares, não é mesmo?) a diferentes velocidades, só por acaso ficarão enfileirados. Mas quem quiser imaginá-los em fila indiana também pode fazê-lo: reconheço que assim fica mais fácil formar uma imagem mental.

Concluída a montagem do Sistema Solar interior, vamos agora aos planetas jovianos, que gravitam a distâncias bem maiores da luminária central. Júpiter, o maior de todos, será representado por uma dessas bolinhas de vidro colorido com manchas ou listras que os meninos adoram, e que no Brasil e Portugal chamamos de bolas de gude. Geralmente, elas têm de um a dois centímetros de diâmetro, embora algumas, raras e belas, que fazem o orgulho de seus felizes proprietários, sejam ainda maiores, com lindas nuvens coloridas que se misturam em seu interior transparente. A bolinha de gude que vai representar o planeta Júpiter não será das maiores; terá 1,5 centrímetro de diâmetro e cor verde-translúcido, com listras paralelas de variados matizes próximos do alaranjado e do azulado. Não é das mais comuns e certamente faria a alegria do seu dono, especialmente porque tem uma manchinha vermelha ovalada, com quatro milímetros de comprimento, talvez causada por um defeito de fabricação, que a identifica e torna mais rara.

Para fazer o planeta Saturno, teremos de usar uma chupeta, das que as mamães se valem para calar os bebês e fazê-los adormecer em paz, lindos nos seus bercinhos. Será uma chupetinha das antigas, com o anteparo circular, e não dessas horríveis que imitam lábios ou corações e que surgiram depois. As chupetas de minha infância, que eu mesma colocava na boquinha de meu irmão Omar, quando ele ainda era um neném rechonchudo, eram de anteparo redondo e pequeno, como as mais tradicionais e singelas. Mas nenhuma delas tinha as delicadas riscas circulares e concêntricas que lhe dariam o aspecto de um disquinho laser com apenas três centímetros de diâmetro, como a que usaremos agora para fazer Saturno. Com os delicados instrumentos imaginários que temos, retiraremos a bolinha que fica na ponta da chupeta, faremos uma cirurgia para restaurar sua perfeita esfericidade, e vamos inseri-la no orifício central, um pouco maior do que ela, que abrimos previamente no pequenino disco laser. Essa bolinha não tocará em nenhum ponto do seu anel de contorno, ficando ali pelas artes da psicotecnologia e da levitação imaginária. Aí está Saturno no tamanho certo, com seus lindos anéis e alguns pequenos grãos de areia – alguns quase invisíveis, outros invisíveis mesmo – a pequena distância dele. Aliás, eu tinha me esquecido: a bolinha de gude também tem minúsculos grãos girando em volta dela, dos quais apenas quatro podem ser vistos claramente; os outros são pequenos demais.

Urano e Netuno serão ervilhas, mas não das maiores. A primeira, verdinha, bem lisa e perfeita, terá meio centímetro de diâmetro; a outra será um pouco menor e de cor azul, como nosso confeito habitado por vírus vaidosos. Quem já viu uma ervilha azul? Em nossa maquete existe uma e é uma gracinha: azul como o mar, certamente porque se chama Netuno. Mas Plutão é um grão de areia do tamanho da Lua, escuro e feio, acompanhado bem de perto por outro menor chamado Caronte, ainda mais sem graça; eles não serão importantes nesta maquete e seria melhor esquecê-los.

Agora, vamos à montagem do Sistema Solar exterior. A bola de gude verde com sua manchinha vermelha ficará a 75 metros da luminária-Sol; é uma distância fácil de imaginar porque é a largura de um campo de futebol oficial, de bandeirinha a bandeirinha, lá onde se cobram os escanteios, na Copa do Mundo. A chupeta-laser, que representa Saturno, será colocada a 150 metros do Sol, fácil de memorizar porque é dez vezes a distância do confeito-Terra para a luminária central – dez unidades astronômicas, como se diz. A ervilha verdinha e lisa que se chama Urano vai ser colocada a 300 metros do Sol, o dobro da distância da chupeta, e a singular ervilhinha azul-oceano, Netuno, ficará a 500 metros da luminária, recebendo portanto, pouquíssima luz e calor. Nessa periferia do Sistema Solar tudo é sombrio e gelado; aqui tudo é saudade das regiões mais quentes que ficaram lá longe, juntinho do amor do pai. Netuno é belo, em seu azul que imita uma grande Terra, mas para senti-lo é preciso uma atenção mais demorada, porque a luz aqui é só uma fria penumbra, e só se pode fotografá-lo com um filme muito sensível em exposição prolongada.

Chegamos ao limite do nosso bairro, o Sistema Solar. Ou seria a nossa rua planetária, ou talvez a nossa quadra, casa, ou algo ainda menor, na metrópole galáctica? Veremos qual a melhor metáfora quando mudarmos de escala para conhecer o tamanho da Via Láctea. Mas vamos examinar melhor a maquete que acabamos de fazer.

O tamanho dela, o seu diâmetro, é de um quilômetro. A órbita de Plutão, que vai mais longe do que Netuno, não será considerada para a medida do tamanho do Sistema Solar. Primeiro, porque Netuno é belo e Plutão é feio, com sua desengonçada companheira; segundo, porque Netuno é grande e disciplinado, navegando lentamente numa órbita que respeita os hábitos da família, como seus irmãos interiores, enquanto Plutão gira mais torto e em sentido contrário, saindo do plano da eclíptica, estabelecido pelo pai como o caminho correto dos planetas educados; e terceiro, porque ultimamente, na sua estranha órbita desobediente e excêntrica, Plutão andou mais perto do Sol do que Netuno, mostrando que não é confiável como limite do Sistema Solar. Esqueçamos Plutão, portanto, mas sem rancor nem desprezo eterno, porque isso não cabe em nossos corações.

Olhemos agora a obra que criamos, a maquete imaginária de um quilômetro de diâmetro, para sentir sua ordem e beleza, para verificar se não ficou faltando alguma coisa, se está tudo certo e no lugar. No centro, a luminária-Sol, acesa e brilhante, segurando suavemente com a força do amor – que os astrônomos chamam de gravitação – toda a sua prole de planetas, a quem alimenta de luz, calor e insuspeitados benefícios sob a forma de carinhosas radiações, numa tranqüila e consciente generosidade que é pura doação, sem nada exigir em troca. Uma imagem perfeita do pai que todos gostaríamos de ter, e de fato temos.

A cinco metros, um grão de areia; a dez, um confeito de bolo amarelo e quente; a quinze, o confeito azul e úmido povoado de infinitesimais partículas de sofrimento, tolice e presunção que se consomem em catastróficos microconflitos, ou sonham eternas beatitudes e grandezas inefáveis. A trinta metros, um confeito vermelho, que talvez no passado distante já tenha abrigado também seus vírus e seus remorsos. Depois... um grande vazio, até a simpática bola de gude verde listrada com sua manchinha vermelha brilhando como um minirrubi. Mais além, a chupeta modificada por nossas artes e as duas ervilhas, nos limites gelados do nosso modelo. Faltou algo?

Sim, faltaram os asteróides, planetas miudinhos que ficam entre Marte e Júpiter, em órbitas alongadas e irregulares como a de Plutão, como se fossem os restos de um planeta que explodiu. Como fazê-los? Pelo seu tamanho, não podem ser visíveis na maquete, mas temos de arranjar algo que os represente, porque eles existem. Peguemos um grão de areia, do mesmo tamanho daquele que faz o papel da Lua, e cuidadosamente o coloquemos sobre uma chapa de aço polido. Em seguida, com um martelo imaginário, num único golpe seco e rápido, vamos esmigalhá-lo impiedosamente, como se estivéssemos nos vingando de algum pecado imperdoável que ele tivesse cometido (e como saber se de fato não o cometeu, para ter explodido assim, em milhares de estilhaços e fragmentos?). Que obteremos? Um pó finíssimo, que ao microscópio mostrará partículas de variados tamanhos, quase uma poeira sideral. Agora, com os instrumentos psicotecnológicos de que dispomos, vamos espalhar esta microfarofa no espaço intermediário entre Marte e Júpiter, procurando fazê-lo de forma a ocupar, com relativa uniformidade, todo o círculo de 40 a 60 metros de raio onde ela ficará distribuída. Se alguns microgrãos escaparem para mais longe, não se preocupe, eles são assim mesmo. Essa poeira miúda e rarefeita não será visível, mas saberemos que ela está lá e isso nos basta.

Agora, o Modelo Planetário está completo, a não ser por alguns componentes de menor importância, que não pretendemos representar. Podemos contemplá-lo em sua simplicidade e beleza, mas precisaremos nos deslocar, em espírito, para perto de cada um dos seus componentes, porque não é possível enxergar um grão de areia ou um confeito a centenas de metros de distância. Nem mesmo uma bola de gude, ou uma chupeta. Um quilômetro de diâmetro, mas tão escasso que um apressado viajante interestelar certamente passaria pelo Sol sem sequer reparar que ele tem uma simpática família de minúsculas bolinhas, quase invisíveis. Somente a vistosa luminária acesa seria notada. Esse, no entanto, é o nosso bairro. Ou nosso quarteirão, na grande metrópole sideral que habitamos. Ou muito menos que isso, nas vastas proporções da magnífica Via Láctea. Para termos uma idéia clara da nossa insignificante humildade na imensa roda-gigante onde fica nosso endereço cósmico, vai ser preciso dar um salto muito grande para a escala do modelo seguinte. Ah! Um salto muito grande.

Quando eu era mocinha, li um conto fascinante de Arthur Clark,* onde ele descreve a primeira descida de um homem na atmosfera de Júpiter. Depois da longa viagem numa nave interplanetária, com alguns companheiros, que estacionam em órbita do grande planeta, ele se precipita sozinho, no interior de uma cápsula individual que, entrando tangencialmente na alta atmosfera do grande planeta, tem sua velocidade frenada pelo atrito, num agudíssimo assobio, passando em seguida ao estágio de queda livre na poderosa gravidade de Júpiter, por muitas centenas de quilômetros, até as proximidades do limite

---

* "Encontro com a Medusa", no livro *O Vento Solar.* Esse conto recebeu o Nebula Prize, o mais alto prêmio destinado a textos de ficção científica.

superior das grandes nuvens coloridas. Nesse ponto, desprende-se da cápsula um pára-quedas que pouco depois transforma-se num balão, iniciando uma navegação suave na atmosfera transparente e permitindo uma visão fascinante das montanhas de nuvens de variadas cores e texturas, lá embaixo. O ponto a ressaltar é a impressão do herói de que não é o planeta que se mostra gigante, e sim ele próprio que diminuiu de tamanho, quando se dá conta de que as nuvens abaixo não estão a dois quilômetros de distância, como parece, e sim a vinte! E os clarões de uma feérica tempestade elétrica que parecem estar a vinte quilômetros, seus instrumentos indicam estar acontecendo a mais de duzentos quilômetros. Então ele sente, com inquietação e angústia, que encolheu para o tamanho de um pardal, dentro daquele cenário fabuloso.

Nessa viagem também experimentaremos a impressão subjetiva da relatividade do nosso tamanho, só que em escalas muitíssimo maiores. Enquanto percorremos e observamos a maquete do Sistema Solar, sentimo-nos verdadeiramente gigantescos; quando visualizamos com suficiente realismo os diversos planetas, nos seus tamanhos e distâncias corretos, é o nosso espírito que cresce para dimensões portentosas. O espírito existe primordialmente no tempo: no espaço tridimensional ele é apenas uma projeção, como explicou hoje o Prof. Weisskopf, e por isso não tem escala fixa. O tamanho do nosso espírito é o tamanho do que pensamos.

Agora, temos de nos preparar para dar um vertiginoso *zoom* no Sistema Solar e assumir a escala seguinte, que nos permitirá conscientizar – num susto – as dimensões inacreditáveis da Via Láctea, a metrópole cósmica onde residimos. A sensação vai ser parecida com uma queda livre na atmosfera superior de Júpiter.

Saindo para uma viagem galáctica, devemos nos despedir do sistema estelar em que moramos, com uma derradeira olhada para a luminária-Sol e sua ninhada. Com o espírito ampliado para um tamanho compatível com a contemplação dos planetas, vamos nos movimentar, flutuando nesse círculo de um quilômetro, e visitar cada ervilha, a linda chupeta irisada e a bola de gude, os estilhaços invisíveis do planeta que explodimos, os confeitos e os grãos de areia. Apreciemos e memorizemos seus tamanhos, suas texturas e cores, suas distâncias relativas entre si e à luminária central. É bom levar um pouco de saudade no coração porque viajaremos para muito longe. Ou melhor: nosso espírito, que já tinha crescido tanto, vai se expandir mais uma vez, agora numa proporção fantástica – mas ainda concebível.

MODELO GALÁCTICO – ESCALA: 1 METRO = 1 ANO-LUZ

Acionando os controles do nosso *zoom* imaginário, vamos reduzir o Modelo Planetário para um milímetro de diâmetro. É vertiginoso, mas é indispensável que o façamos, do contrário não poderemos ter uma idéia nítida do tamanho da Via Láctea. Em poucos segundos a redução é completada; um milímetro é bem pequeno, mas é uma dimensão que ainda temos sob o controle da imaginação e da consciência. Já não podemos ver o que ficou dentro do Modelo Planetário, mas sabemos que tudo aquilo está lá; apenas a luminária-Sol permanece, infinitesimal, mas com seu brilho ainda visível, desde que não nos afastemos muito. A trezentos metros de distância já não poderíamos vê-la; quase tudo que vemos a olho nu no céu noturno está a menos de quinhentos metros de nós.

Nessa escala o Modelo Galáctico tem cem quilômetros de diâmetro. Esse é o tamanho da Via Láctea, se o Sistema Solar medido pela órbita de Netuno, aquele mesmo Sistema Solar que na escala anterior tinha um quilômetro de diâmetro, for reduzido, num estonteante *zoom*, para apenas um milímetro.

Quando me iniciei na astronomia, residia na cidade de Salvador, capital do estado brasileiro da Bahia, e freqüentava o Observatório Antares, que fica em Feira de Santana, a cem quilômetros por auto-estrada no caminho do sertão. Durante muitos meses fiz esse percurso no meu carrinho, quando o tempo estava bom e as noites sem luar prometiam uma boa visibilidade. Enquanto dirigia, ao cair da tarde, costumava superpor as imagens reais da paisagem, em que se sucediam indústrias, pastagens e ondulantes canaviais ao vento, às cenas de uma viagem imaginária cruzando a Via Láctea de um extremo a outro. Na minha fantasia, eu saía da borda mais próxima ao lugar onde fica o Sol, passava no meio de miríades de estrelas, pontinhos faiscantes infinitamente menores do que vaga-lumes, muitas delas jovens e azuis nos braços espiralados, outras mais velhas e alaranjadas, reunidas às centenas de milhares nos aglomerados globulares próximos à minha rota, ou acima e abaixo do plano galáctico, como núcleos suburbanos da grande cidade. Cruzava velozmente manchas de gás e poeira em brilhante fluorescência, atravessando berçários de estrelas, como a nebulosa avermelhada de Orion, a mil e trezentos metros do Sol, uma antiga paixão das minhas primeiras observações. Supunha perigosos e infinitesimais pulsares girando alucinadamente e emitindo seus sinais intermitentes, como faróis galácticos que de fato são, e passava perto de traiçoeiros buracos negros, que eu não podia ver da minha nave-fusca, mas que nunca chegaram a me prender irresistivelmente num abraço mortal.

Perto do entroncamento para Santo Amaro ficava o núcleo da galáxia; aí as estrelas estavam bem mais próximas, a cerca de um metro umas das outras, e não quatro ou cinco metros em média, como nos braços espirais onde fica o Sol. No centro da minha Via Láctea, onde a densidade de estrelas era máxima, estava de tocaia – disto eu tinha certeza – um colossal, mas invisível buraco negro, a devorar implacavelmente as estrelas imprudentes que se aproximavam da sua poderosa armadilha gravitacional e que, no desespero da agonia, emitiam lancinantes gritos de horror nas faixas espectrais das ondas de rádio. Ao passar por esse lugar assustador, eu suava frio ao pensar nos milhões de planetas culturados, inúmeras civilizações avançadas, com filósofos, poetas, arquitetos e crianças, que mergulhavam inapelavelmente, tragadas para o fundo inescrutável do imenso buraco negro, saindo para sempre do que consideramos existência.

Cem quilômetros de diâmetro, centenas de bilhões de pontos luminosos inacreditavelmente pequenos, em sua maioria arrastando consigo um séquito de pontinhos ainda menores – de onde algo infinitesimal talvez estivesse a me observar, com algum instrumento. Na minha viagem, de vez em quando eu passava perto de lindos anéis fluorescentes, com meio metro de diâmetro, outros com um, dois metros ou mais, belíssimas nuvens remanescentes de grandes estrelas que explodiram em supernova, tempos atrás. Aqui e ali, nuvens escuras e lúgubres de matéria opaca, algumas de forma globular, com menos de um metro de diâmetro, outras esgarçadas e bem maiores, bloqueando a luz das estrelas atrás delas. Filamentos brilhantes de hidrogênio ionizado, nuvens coloridas contendo monóxido de carbono, água, cianogênio, amônia, álcool etílico e muitas outras moléculas mais complexas com vinte, quarenta, sessenta metros de comprimento; algumas com mais de cem metros. Misteriosas regiões de poeira interestelar quase viva abrigando – quem sabe? – espantosas avantesmas de dimensões colossais.

Esta é a grande metrópole da qual somos anônimos cidadãos. A minha nave-fusca tem quatro anos-luz de comprimento, a mesma distância que separa o Sol de Alfa Centauri, sua irmã gêmea e companheira mais próxima. Ao atravessar a Via Láctea em apenas uma hora, minha nave está se deslocando a uma velocidade dez milhões de vezes maior que a da luz. Os poderes da psicotecnologia desafiam impunemente até as leis implacáveis da relatividade...

Mas é chegado o momento de mergulhar noutro *zoom*, porque a nossa meta é conhecer o tamanho do Universo. Olhemos com carinho o Modelo Galáctico, nossa cidade natal, porque vamos prosseguir para muito mais longe, na jornada cósmica que hoje resolvemos empreender. Memorizemos cuidadosamente suas distâncias e seus conteúdos, mais belos e variados que os do Modelo Planetário. É uma alegria para o espírito ter a consciência de que sabemos o tamanho e a forma das coisas importantes da vida e do mundo, especialmente das coisas do mundo supralunar.

Mais uma vez, acionemos o botão de controle do *zoom* imaginário, para reduzir nossa imensa galáxia ao tamanho de um disco laser, o simpático e bem conhecido CD, essa delicada jóia tecnológica, onde os mais sublimes acordes das grandes orquestras sinfônicas, ou milhões de informações codificadas em *bits*, são fixados indelevelmente nas cores e nos reflexos de um arco-íris artificial. Em menos de um minuto o processo de redução se completa.

Modelo Cósmico – Escala: 1 metro = 1 milhão de anos-luz

Estamos em pleno Cosmos. Nosso espírito cresceu numa proporção extraordinária, entretanto concebível, como concebíveis e mensuráveis são os novos objetos que aqui vamos encontrar. No universo físico nada é infinito. Tudo que existe fisicamente tem sua duração e seu tamanho, que – embora isso seja quase inacreditável – o homem pode, ou poderá um dia, medir. Desde que seja algo reconhecível como físico, porque medir uma entidade espiritual ou psíquica é um problema que ainda espera por solução: essas entidades não são criaturas do espaço, e sim do tempo imaginário, e o tempo é um grande mistério, que não sabemos se o homem poderá um dia decifrar.

Aqui estamos nós, cidadãos de um belíssimo disco laser, a contemplar de muito alto a nossa cidade cósmica e suas vizinhanças. Logo ali vemos outro CD, um pouco maior que o nosso: é Andrômeda, outro universo-ilha, como diria Immanuel Kant na sua premonição que, com quase duzentos anos de antecipação, adivinhou o Cosmos de muitas galáxias, que Hubble só descobriria no século 20.

Nesse lugar e nessa escala, podemos enxergar os objetos que povoam os arredores melhor do que no Modelo Galáctico; lá tudo era microscópico ou nuvens muito diáfanas, e só podíamos ver o brilho de pontinhos luminosos praticamente sem dimensão. Aqui, as galáxias vizinhas têm um tamanho discernível: são objetos, e não pontos. E estão mais próximas umas das outras, relativamente ao tamanho de cada uma, do que as estrelas da galáxia de onde viemos, que dificilmente poderiam ser consideradas vizinhas, pela distância enorme a que ficavam umas das outras, com relação ao seu tamanho.

Estamos numa microrregião do Universo: o chamado Grupo Local, que tem coisa de vinte galáxias entre grandes e pequenas. Andrômeda e a Via Láctea concentram 70% da população estelar do Grupo Local e são exemplos de galáxias grandes, mas existem outras bem menores, como botões e pequenos tufos de algodão, em maior quantidade do que as grandes. Somos cidadãos de uma metrópole, mas a maior parte das cidades galácticas são médias e pequenas, como aliás acontece na hierarquia urbana usual do planeta Terra. Logo, observamos que nossa metrópole tem dois subúrbios muito próximos, quase unidos à área urbana central, dela se distinguindo porque sua configuração é irregular como chumaços de algodão, esgarçados junto ao nosso disco laser: são as Nuvens de Magalhães. Além destas, pequenos núcleos satélites de menor escala, chamados aglomerados globulares, esféricos e avermelhados, complementam os arredores da nossa grande cidade. São aldeias suburbanas, muito redondas e organizadas, onde só moram idosos.

A bela metrópole de Andrômeda, a apenas dois metros de distância, tem também dois subúrbios principais e vários outros menores, disciplinados e redondos como se um urbanista os tivesse planejado. Ao todo, o que denominamos Grupo Local está contido num raio de três metros em volta de nós e se constitui numa parte do Aglomerado de Virgem, que congrega mais de cinqüenta agrupamentos parecidos com o Grupo Local, num raio de cinqüenta metros a partir da Via Láctea. O agrupamento mais próximo do nosso é o Grupo do Escultor, a sete metros de distância, e que contém meia dúzia de brilhantes galáxias espiraladas reunidas numa esfera ideal de três metros de diâmetro. A nove metros fica o Grupo Ursa Maior-Girafa, um pouco mais espalhado, com suas galáxias distribuídas num volume de três metros de raio, concentradas em torno de duas galáxias maiores, como no Grupo Local.

A paisagem que vemos é povoada de galáxias de variados tamanhos e formas, desde botões, azeitonas, anéis, nozes e ovos de avestruz até pires, pratos e bolas de golfe, tênis e *rugby*. Em regiões mais distantes, já foram vistas galáxias do tamanho de bolas de basquete e pizzas das grandes. As mais belas, entre as quais incluímos sem modéstia a nossa e a vizinha Andrômeda, têm a forma espiral, com braços luminosos e recurvados onde predominam as estrelas jovens, quentes e azuis, que partem de um bulbo central em forma de elipsóide, apinhado de estrelas velhas, amarelas e alaranjadas. Em torno dessas galáxias maiores gravitam dúzias de aglomerados globulares, esféricos ou elípticos, com dezenas ou centenas de milhares de estrelas muito antigas e avermelhadas. O tamanho desses aglomerados varia entre o de uma cabeça de alfinete e o de uma cabeça de fósforo.

Se olharmos para mais longe, veremos que é uma constante a tendência das galáxias para se reunirem em agrupamentos sem forma definida, como aqui por perto, e que esses agrupamentos por sua vez tendem a se arrumar em filamentos espichados de estopa cósmica, por grandes extensões além do ponto onde estamos. Algumas galáxias, entretanto, são mais individualistas e preferem ficar afastadas dos grumos mais densos de matéria e luz, em regiões menos povoadas. Esses filamentos, que se estendem em todas as direções, têm às vezes vários quilômetros de comprimento, ramificando-se e contorcendo-se em configurações que são as maiores estruturas conhecidas pelo homem. E elas vão até onde? Onde ficam os limites do universo? E além desse limite?

Não há limite. Nem nenhum depois, nem nenhum lado de fora no Modelo Cósmico. Enquanto nos modelos anteriores podíamos assumir uma posição exterior a eles para contemplá-los de fora, agora isto não é mais possível, porque não há nenhum *lá fora* para onde ir. O Modelo Cósmico só pode ser apreciado de dentro. Vamos tentar esclarecer isso.

Entre os anos de 1924 e 1929, o astrônomo americano Edwin Hubble fez duas importantes descobertas, que marcaram o início da cosmologia moderna e até hoje se constituem na base do que conhecemos sobre o Universo, em sua escala mais ampla. Primeiro ele constatou que, tal como previu intuitivamente Kant, o Cosmos é um colossal arquipélago, formado de "ilhas" tão grandes que cada uma delas poderia ser confundida inadvertidamente com o próprio Universo, como aliás ocorria antes dessa descoberta. Em segundo lugar, ele verificou, para sua surpresa e espanto da comunidade científica, que o arquipélago estava explodindo. Ou seja, embora as ilhas-galáxias permanecessem normalmente com seu tamanho inalterado, elas estavam se afastando umas das outras a velocidades enormes, tanto maiores quanto mais longe de nós estivessem. Era como se fôssemos o centro de uma fantástica explosão, ou como se tomadas de um inexplicável pudor, inspirado pelo fato de estarem sendo observadas, as galáxias fugissem de nós horrorizadas na maior velocidade possível. Muitos cientistas, inclusive Albert Einstein, consideraram essa descoberta um equívoco de Hubble porque ela implicava que, se as galáxias fugiam desesperadas em todas as direções, elas certamente estiveram unidas em algum ponto do passado remoto. Isso significava que o Universo teve uma origem e estava em evolução, quando sempre se admitiu que ele era eterno e imutável, em suas linhas gerais. Mas as constatações de Hubble se confirmaram e a teoria do *big bang*, da grande explosão primordial, é a que melhor corresponde aos fatos observados, constituindo-se na explicação *standard* do Universo pela ciência. Quanto ao fato aparentemente singular de todas as galáxias estarem fugindo exatamente do ponto onde estamos nós, a explicação é que, se o espaço inteiro estiver se expandindo por igual, qualquer de seus pontos terá a ilusão de ser o centro dessa expansão.

Embora haja alguma dúvida quanto à data exata, admite-se atualmente que o *big bang* ocorreu num instante situado entre dez e vinte bilhões de anos atrás, o que dá ao Modelo Cósmico um tamanho aproximado de vinte a quarenta quilômetros de "diâmetro". Não é muito grande, convenhamos... E o que veremos, se nos aproximarmos da borda dessa esfera?

Aqui surge um problema sério. Enquanto nos outros modelos podíamos nos deslocar de um lado para outro, o que permitia examinar de perto cada objeto nele contido, em nosso Modelo Cósmico isso não é possível. Nem mesmo com os poderes extraordinários da psicotecnologia. Por quê? Porque se nos deslocássemos, o centro do Universo se moveria junto conosco, e com ele a sua periferia. De certa forma, poderíamos nos mover, caso a psicotecnologia nos desse um veículo apropriado, mas o horizonte cósmico também se deslocaria conosco e nossa posição continuaria central com relação ao Universo. Para cada galáxia que visitássemos, qualquer que fosse a sua distância da Via Láctea, o centro aparente do universo continuaria sendo ela, como nos parece daqui, quando olhamos intrigados a explosão cósmica em volta de nós. O raio do Universo continuaria a ser de dez a vinte quilômetros e seu centro continuaria sendo nós mesmos, que o estamos observando. Costumo fazer uma analogia, que me parece elucidativa, com o que acontece quando vemos um arco-íris à nossa frente, enquanto viajamos por uma estrada: nem conseguimos nos aproximar dele nem ele muda de tamanho, quando nos deslocamos; o centro do arco-íris é sempre quem o observa e ele se desloca junto conosco. Assim também é o Universo. *Cada um de nós é o centro do arco-íris e o centro do Universo.*

Mas, conformados com a inutilidade do nosso deslocamento através do Modelo Cósmico, voltemos ao ponto onde estávamos, próximo à Via Láctea, e procuremos distinguir o que vemos ao longe, uma vez que esse longe sempre continuará longe. Se temos como referência e limite a velocidade da luz, a cada quilômetro mais distante estaremos vendo uma região do Universo um bilhão de anos mais nova, como uma cebola que, vista de dentro para fora, tivesse cada camada exterior mais jovem do que a precedente, e cuja casca fosse a sua origem – o *big bang*. Entretanto, se nos deslocarmos em nosso veículo psicotecnológico até uma galáxia distante, não mais a veremos jovem, como a víamos do ponto onde estávamos antes, e sim envelhecida de tantos milhões ou bilhões de anos quanto a distância que percorremos até ela; portanto, quando chegarmos lá, vamos encontrá-la da mesma idade que a Via Láctea que deixamos.

À medida que olhamos para mais longe e com isso contemplamos um tempo mais recuado, a paisagem muda e novos personagens podem ser discernidos na distância. A quatro ou cinco quilômetros aparecem galáxias mais compactas, com seu núcleo emitindo energia intensamente nas faixas de rádio, como não costuma acontecer aqui por perto. Um pouco mais adiante surgem objetos pequeninos como o Sistema Solar (lembram-se do seu tamanho insignificante, com relação à Via Láctea?), porém mais energéticos que toda uma galáxia convencional. A uma distância de seis a dez quilômetros, estes objetos, que não existem em nossas proximidades, passam a ser os principais habitantes do Cosmos e daí em diante já não há galáxias e somente eles povoam aquelas lonjuras. Apesar do seu tamanho minúsculo, muitos desses objetos chegam a ser cem vezes mais luminosos que as mais brilhantes galáxias conhecidas; são os quasares.

Estamos vendo ao longe o Universo tal como ele foi a cinco, dez ou quinze bilhões de anos atrás. Não sabemos muito a respeito desses objetos extraordinariamente luminosos, que não existem em nossas proximidades, ou seja, em nosso tempo atual, em que o universo já tem quinze ou vinte *eons** de idade. Vemos os quasares com o mesmo espanto de quem descobre fósseis de bactérias da era arqueozóica, quando a vida mal tinha-se estabelecido no planeta Terra. Os quasares são os fósseis do universo físico, algo que surgiu antes das galáxias e que provavelmente são seus ancestrais. Nessa região, inacreditavelmente remota no tempo e na distância, termina o alcance dos instrumentos de que o homem dispõe para perscrutar os limites da esfera cósmica que o contém.

E o que ocorrerá, quando entrarem em operação radiotelescópios, ou telescópios óticos suficientemente poderosos para se enxergar além do limite calculado de vinte bilhões de anos-luz, a possível idade máxima do Universo? Conseguiremos ver o *big bang*? Poderemos então assistir ao próprio nascimento de tudo, na explosão primordial do *fiat lux*?

Infelizmente, não. Além de um limite máximo de "visibilidade", em qualquer faixa espectral, antes de podermos encarar face a face o *big bang*, tudo vai escurecer. No vídeo, conectado ao radiotelescópio, onde estaremos ansiosos, procurando desvendar um dos mistérios maiores da existência, a luz derradeira que poderemos ver não será a luz do instante primevo da Criação. Porque o Universo nasceu escuro e a casca de nossa cebola cósmica é negra e opaca. No princípio, não havia nenhuma radiação e, portanto, nenhuma luz. Só a consciência divina pairava no limiar do incipiente existir. E o divino pudor da Deusa-Mãe não permite que se abra a última cortina, na sala de parto do Universo.

Na viagem que empreendemos, o veículo que usamos foi a *imaginação* – a maravilhosa capacidade que temos de ver com os olhos do espírito – e o combustível que alimentou nossa nave foi a *informação*, obtida pelos instrumentos, nos procedimentos experimentais da ciência. O principal recurso imaginário empregado foi a *expansão* do nosso espírito para dimensões extraordinárias, acompanhando passo a passo o tamanho de cada campo observado e imaginado. Como resultado sentimos, com algum espanto, que nosso espírito pode ter virtualmente o mesmo tamanho que o Universo. *E de fato tem*, disso podemos estar certos. Como conclusão, verificamos, no fim da nossa jornada, que o centro do Universo é, inescapavelmente, o nosso próprio ser, a subjetividade que cada um de nós é, não nos sendo facultado sair dessa posição privilegiada, nem para fora do Universo, nem para fora de nós mesmos.

Ao regressarmos para casa, depois de visitar os remotos confins do Cosmos, temos muito o que ponderar. Quando nos dermos conta de que tudo que

* O eon é a unidade de tempo utilizada em cosmologia e corresponde a um bilhão de anos solares.

vemos, conhecemos e imaginamos do universo físico exterior a nós tem seu correspondente modelo dentro da nossa mente, poderemos então ver, também a nós mesmos, com os olhos livres da imaginação bem informada e concluir, estupefatos, que o Universo inteiro não é mais que um vasto espelho a refletir o nosso próprio espírito.

Referências bibliográficas

Asimov, Isaac. *A Medida do Universo,* Livraria Francisco Alves Editora, Rio de Janeiro, 1985.

Boeke, Kees. *Cosmic View: The Universe in 40 Jumps,* The John Day Company, 1976.

Burns, Jack. O. Very Large Structures in the Universe, *Scientific American,* julho, 1986.

Cadogan, Peter. *From Quark to Quasar – Notes on the Scale of the Universe,* Press Syndicate of the University of Cambridge, Nova York, 1985.

Callahan, J.J. The Curvature of Space in a Finite Universe, *Scientific American,* agosto, 1976.

Campbell, Joseph. *The Inner Reaches of the Outer Space,* Harper & Row Publishers, Inc., 1986.

Clark, Arthur. *O Vento Solar,* Editora Globo, Porto Alegre, 1973.

Eco, Umberto. *Apocalípticos e Integrados.* Tradução de Geraldo Gerson de Souza, Editora Perspectiva, São Paulo, 1970.

Fairall, A.P. A Map of the Universe, *Astronomy Now,* setembro, 1990.

Geballe, Thomas R. The Central Parsec of the Galaxy, *Scientific American,* julho, 1979.

Gribbin, John. *Buracos Brancos,* Livraria Francisco Alves S.A., Rio de Janeiro, 1985.

_______ e Gribbin, Mary. *Genesis – The Origin of Man and the Universe,* Oxford University Press, Londres, 1982.

Groueff, S. e Cartier, J.P. *L'Homme et le Cosmos,* Librairie Larousse, 1975.

Inglis, Stuart J. *Planets, Stars and Galaxies,* John Wiley and Sons, Nova York, 1976.

Kant, Immanuel. *Universal Natural History and Theory of the Heavens,* University of Michigan Press, Michigan, 1969.

McLuhan, Marshall. *The Gutemberg Galaxy,* University of Toronto Press, 1962.

Morrison, Philip. *Powers of Ten,* Scientific American Books, Nova York, 1982.

Reeves, Hubert. *Patience dans l'Azur,* Editions du Seuil, Paris, 1981.

Silva, José e Miele, Philip. *O Método Silva de Controle Mental,* Distribuidora Record de Serviços de Imprensa, Rio de Janeiro, 1977.

Taylor, John. *Buraco Negro.* Tradução de Aldo Bocchini Neto, Livraria Francisco Alves Editora S.A., Rio de Janeiro, 1981.

Townes, Charles H. What is Happening at the Center of our Galaxy?, *Scientific American,* abril, 1990.

Whitney, Charles A. *The Discovery of our Galaxy,* Alfred A. Knopf, Nova York, 1971.

Comunicação 5

O caso da realidade objetiva desaparecida

Adam F. Newman

Universidade do Texas, Austin, Estados Unidos

A velha realidade

A civilização greco-romana judaico-cristã ocidental, hoje dominante em quase todo o planeta Terra, repousa sobre bases científico-filosóficas originárias da Grécia Antiga. Embora haja um consenso de que isto seja verdadeiro, nem sempre os pressupostos metafísicos de raízes gregas que adotamos são explicitados, mesmo porque prevalece também uma percepção de que a realidade objetiva corresponde a essas suposições, ou seja, de que "as coisas são assim mesmo". Isto funcionou até o esgotamento do modelo científico materialista, que predominou até o final do século 20. Todavia, a crise epistemológica surgida na ciência a partir das perplexidades quânticas, ao lado da evidência crescente de que os fenômenos psicológicos não se ajustavam àquele modelo, levaram ao questionamento dessas bases metafísicas e à proposição de um modelo alternativo, fora dos pressupostos filosóficos originários da Grécia. Assim, neste início de milênio, a revolução trazida pelo novo paradigma subverte a noção do que seja conhecimento e a própria idéia de realidade objetiva com que convivemos, ao longo dos muitos séculos em que nos habituamos à herança grega.

Nenhum fenômeno elementar é
um fenômeno real,
até que seja um fenômeno observado.

John Archibald Wheeler

Agora sabemos, e podemos demonstrar,
que a Lua não está lá,
se ninguém estiver olhando.

N. David Mermin

Quando, em meados do verão passado, recebi com agradável surpresa o convite para apresentar uma comunicação e participar desta Conferência, Sir Philip Quarks e eu estávamos ainda na fase de conclusão dos estudos que levaram ao que nos parece ser a versão mais completa da *teoria da consistência relacional*. É um trabalho que desenvolvemos juntos e que estabelece um formalismo adequado para sustentar uma nova interpretação das perplexidades que a física quântica instalou na comunidade científica, e que pretendo expor – enfatizando seus antecedentes filosóficos e científicos – de forma sintética e em linguagem corrente, para a compreensão de todos. De acordo com as recomendações contidas nos documentos preliminares distribuídos pela comissão organizadora, procurarei orientar a minha exposição para uma abordagem acessível a todos os presentes, e não apenas àquela faixa mais restrita dos que dominam o jargão especializado e a linguagem matemática. Espero que isto não represente uma limitação à clareza do que pretendo comunicar, mas que venha a ampliar o seu entendimento por um público maior e mais diversificado. Hoje à tarde, Sir Philip continuará a desenvolver o assunto, focalizando outros aspectos e maiores detalhes.

O tema que pretendo desenvolver surgiu nos primórdios do pensamento especulativo, mas floresceu na Grécia, quando os homens começaram a formular de modo mais consistente suas propostas sobre a natureza íntima da realidade e a discutir quais seriam os componentes elementares do mundo em que viviam. No tempo restrito de uma hora e meia não me seria possível tentar uma abordagem mais ampla, que envolvesse as elaborações de outras culturas sobre os constituintes primordiais do mundo. Mesmo porque, um enfoque mais abrangente teria de enveredar pelo complexo estudo dos mitos, e meu *approach* pretende manter-se com os pés firmados na ciência física, tal como nós, ocidentais, a entendemos. Pretendo examinar com brevidade a crise do pensamento científico decorrente do choque de paradigmas e das perplexidades que a investigação experimental tem provocado, apresentando, em seguida, o que vejo como uma saída para o atual impasse epistemológico, que poucos ousam confessar, mas que inegavelmente existe. Se me for necessário extrapolar o âmbito da física, peço aos presentes que reconheçam que isso decorrerá das autolimitações que esta ciência ainda se impõe.

No que diz respeito ao conhecimento científico/filosófico ocidental, tudo começou com os gregos, como sabemos. Não estaremos longe da verdade se dissermos que o pensamento científico nasceu na Jônia, colônia grega na costa leste do mar Egeu, onde, no sexto e quinto séculos antes de Cristo, viveram muitos dos homens mais criativos de todos os tempos. A ciência, quando surgiu, chamava-se filosofia e não se afastava muito da poética e das artes de um modo geral, mas distanciava-se consideravelmente da religião, porque tinha suas próprias explicações para os temas que esta considerava de seu domínio exclusivo. Naquele momento singular da história, a tolerância com os dissidentes era bem maior do que em alguns lugares do mundo contemporâneo que se pretendem civilizados. E foi nesse clima de relativa liberdade de pensamento que o conhecimento humano cresceu e floresceu, como nunca tinha sucedido antes e poucas vezes ocorreu depois.

Os sábios da Jônia buscavam, primordialmente, o entendimento do mistério das origens e de como o mundo foi criado; cada um deles tinha sua proposição sobre qual era o elemento primordial de que todas as coisas eram feitas, e confiavam mais na sua inteligência do que nos ensinamentos dos sacerdotes e nas crenças da tradição. Tinham seus discípulos e formaram as primeiras escolas filosóficas, dos que amavam o saber conquistado – e não o saber herdado de alguma autoridade que reivindicasse para si a propriedade do conhecimento.

Tales de Mileto, que pode ser considerado o primeiro cientista, dizia que a água era o elemento primordial da *physis* – a natureza, no sentido amplo que os gregos davam a esse conceito. Anaxímenes, também de Mileto, discordou de Tales e propôs que o primeiro elemento seria o ar. Demócrito de Abdera – colônia jônica na Trácia – dizia, junto com Leucipo, que tudo era feito de partículas minúsculas e indivisíveis que flutuavam no vácuo. Outros propunham algo mais abstrato como o elemento primordial: Ferequides dizia que o tempo é a matéria-prima de tudo o que existe; Heráclito propunha o fogo como substância básica da natureza, mas destacava com igual ênfase o tempo e a transformação, intuindo a concepção taoísta dos chineses, seus contemporâneos, que estavam do outro lado do planeta. Anaximandro, da fértil Mileto, disse que o *apeiron*, o ilimitado, é o princípio de todas as coisas, e Pitágoras, que não era da Jônia, mas foi um dos mais seminais dentre os pensadores dessa época, via nos números o princípio da organização do Cosmos. Euclides, por sua vez, considerava a geometria como algo fundamental, tanto que deu ao seu tratado o nome de *Elementos*. É nessa época, portanto, que surge a preocupação com os constituintes primordiais da realidade e com os princípios que regem a organização do mundo.

Seria exaustivo e inviável percorrermos a longa trajetória do pensamento ocidental desde a Grécia Clássica, com Platão e Aristóteles fundando as principais linhagens filosóficas que persistiram pelos séculos subseqüentes, até a visão de mundo medieval e o advento do pensamento científico moderno. Cabe ressaltar, entretanto, que o interesse por essa investigação básica, mesmo tendo nascido há dois mil e quinhentos anos entre os pré-socráticos, permaneceu latente durante a maior parte dos séculos decorridos desde então, quando o pensamento ficou dominado pelo enfoque religioso e pelo respeito à autoridade dos sábios oficiais. Persistiu de forma semiclandestina entre os dissidentes, que se denominaram gnósticos e, posteriormente, alquimistas. O conhecimento escolástico, apoiado na autoridade de Aristóteles, Tomás de Aquino ou Santo Agostinho, permaneceu dominante até o século 19, apesar dos crescentes conflitos com a ciência que renascia, inaugurados por Galileu Galilei, no século 17, e repetidos por muitos outros que lhe sucederam, custando-lhes o constrangimento de uma retratação, ou a própria vida.

Tal como ainda acontece em áreas localizadas deste nosso diversificado planeta, o pensamento baseado na autoridade religiosa, na palavra de um líder ou numa doutrina, manteve o conhecimento científico estagnado e a criatividade sufocada nos estreitos limites dos cânones estabelecidos. Isto conduziu ao isolacionismo e à esterilidade cultural, à hostilidade contra as vozes discordantes, e à pratica de crimes nefandos em nome de um deus, de um livro ou de uma crença. Todos nos lembramos dos horrores da inquisição e é bom ter em mente que ainda não nos livramos de que algo parecido volte a ocorrer. É inquietante constatar que mesmo em nossos dias, quando as telecomunicações se tornaram instantâneas e globais e o conhecimento está mais democratizado do que em qualquer outra época da história, permaneçam áreas sombrias remanescentes, manchas de obscurantismo e ignorância, hostis ao pensamento livre e aos outros povos e culturas. Não me refiro apenas aos países sob o domínio de religiões formais ou seitas fanáticas, mas vejo com a mesma ótica fenômenos políticos recentes, como o nazismo, o comunismo e tantas ditaduras ideológicas pequenas e grandes, nas infelizes nações por elas subjugadas.

O renascimento do pensamento científico começou efetivamente um século depois do renascimento artístico, não obstante a contribuição antecipada e isolada do gênio multifacetado de Leonardo da Vinci. Herdou, como não poderia deixar de ser, grande parte do legado grego e também da metafísica medieval, embora isto raramente seja explicitado. Inaugurou, com Galileu, o experimentalismo – que os gregos não conheceram – e o emprego da matemática como instrumento fundamental do conhecimento. E trouxe à luz a ciência contemporânea ocidental, responsável por avanços sem precedentes, que vem legando ao mundo um vasto manancial de resultados altamente positivos nas mais diversas áreas que afetam diretamente as nossas vidas, como saneamento, transportes, processamento da informação e comunicações. O mundo de hoje seria impensável sem a tecnologia, que deriva diretamente da forma ocidental de fazer ciência.

Dentre as ciências naturais, a física é vista como emblemática, no rigor dos seus métodos, na formulação de teorias abrangentes sobre a realidade e no desenvolvimento de um arsenal de instrumentos cada vez mais caros, sofisticados e precisos para uso na pesquisa empírica, buscando investigar os fundamentos da matéria e da energia, prosseguindo em nossos dias com o ideal grego de conhecer os materiais básicos de que o mundo é feito e de que modo ele funciona.

Os trabalhadores da área científica, particularmente da física, são muito ciosos dos seus critérios restritivos e dos seus métodos rigorosos, que visam a suprimir qualquer influência, nas suas investigações, de algo que lhes pareça estranho a uma ciência que pretendem objetiva. Atitudes e posicionamentos tidos como "místicos" ou "subjetivos" são severamente criticados, e aqueles que se permitem incursões fora das áreas delimitadas como "ciência séria" são vistos com desconfiança e marginalizados, se insistirem. Procurando defender-se da superstição, a ciência confunde o misticismo sério com mistificação irresponsável, delimitando assim uma restrita área de validade para o que considera conhecimento, e punindo seus dissidentes com o desprezo e o isolamento intelectual.

Os registros incluem muitos nomes de cientistas anteriormente respeitados que ultrapassaram esses limites e hoje são vítimas de anátema por parte de seus pares. E, também, de vários outros que precisaram articular um recuo estratégico ao âmbito ortodoxo, para não perderem a consideração dos seus colegas e as verbas para suas pesquisas. Os casos do Prof. Charon, na França, e do Prof. Taylor, na Inglaterra, são exemplos dessas duas situações, que poderíamos chamar de síndrome de Giordano Bruno e síndrome de Galileu. É verdade que hoje não se matam fisicamente os dissidentes, mas, para um homem de ciência que está convicto da seriedade de suas pesquisas e se vê marginalizado e desprestigiado por seus antigos colegas e pela maior parte da comunidade intelectual a que pertence, isto pode ser tão cruel quanto a morte. O falecido David

Bohm, a quem deve ser creditada boa parte dos avanços da física quântica, passou parte da sua vida tentando livrar-se do obscurantismo político, que empreendia "caças às bruxas" onde imaginava que elas existissem e, pouco depois, da ortodoxia de alguns colegas, que muito se irritaram com a formulação de sua hipótese da *totalidade*, que incluía aspectos "não físicos" em sua compreensão do mundo.

Os exemplos dessas perseguições em nossa história recente são inúmeros, especialmente se procurarmos também em outras ciências. A meu ver, são sintomas claros das dificuldades inerentes ao choque de paradigmas que caracteriza esta transição de século e de milênio. A crise existe e precisamos examiná-la com cuidado, isenção e amplitude de perspectiva. Se nos posicionarmos estritamente dentro dos limites estabelecidos pelo paradigma vigente, dificilmente poderemos entender o que se passa.

É necessário admitir que os conteúdos e conceitos da ciência contemporânea são ainda gregos, em sua essência, e que as proposições gerais que delimitam o campo de investigação apoiam-se em pressupostos metafísicos não científicos. Essa base metafísica é caracteristicamente greco-romana e judaico-cristã, e somente se aplica à ciência do mundo ocidental que, embevecida com os resultados obtidos no âmbito da tecnologia, recusa-se a reconhecer outras formas de conhecimento que repousam sobre pressupostos diferentes dos seus. Procurando pelos componentes fundamentais da realidade, tentando encontrar com que tijolos a matéria e o universo são construídos, os físicos prosseguem a saga jônica sem ter dela uma visão crítica, admitindo tacitamente que dessa busca emergirá uma compreensão do que seja o mundo.

Tales pensava que o mundo era feito de água; os físicos de hoje pensam que é feito de quarks. A crença em átomos que se movem no vazio segundo leis matemáticas imanentes à natureza remonta a Demócrito e Leucipo, do mesmo modo que já é antiga a suposição newtoniana de que a mente é separada do mundo físico e que a realidade pode ser compreendida sem se considerar a consciência como parte integrante dela. Assim, desde a Antiguidade Grega até a Idade Moderna, os pensadores ocidentais procuraram entender a natureza da realidade física como algo à parte da experiência e das vivências humanas; com isto, isolaram a vastidão interior de que eles próprios são feitos e abandonaram toda a vertente imaginária e subjetiva da totalidade. Desse posicionamento, podemos inferir o primeiro pressuposto – nem sempre explicitado – da ciência moderna:

> O universo existe independentemente da percepção humana, mas pode-se chegar a conhecê-lo pelo emprego adequado dos métodos e instrumentos desenvolvidos pela ciência.

Este é um posicionamento metafísico herdado da tradição científica de raízes gregas, que não é reconhecido por outras culturas avançadas, como as da Índia e da China, e que vem sendo negado por investigações recentes da própria ciência ocidental. Isto será esclarecido mais adiante.

Um outro artigo de fé adotado pela física atual e que também tem sua origem claramente na Grécia, pode ser enunciado assim:

> Toda a realidade reduz-se essencialmente a matéria e energia submetidas às leis cegas e imutáveis da natureza.

Esta petição de princípio é a base do materialismo que a ciência ocidental assumiu ao negar a existência do mundo psíquico-imaginário, ao reduzir a vida a um subproduto de interações entre complexas substâncias químicas, e a consciência a um epifenômeno emergente da organização neuronial do sistema nervoso. É uma postura visivelmente restritiva, por alijar nossa experiência mais direta: o sentimento imediato de que somos uma subjetividade, por seu próprio direito. O reducionismo físico não é uma conclusão inferida das pesquisas científicas: pelo contrário, ele fornece o contexto metafísico onde se efetivam as pesquisas e se formulam as teorias.

Existe ainda um terceiro princípio subjacente à atividade do cientista ocidental que podemos identificar como de conteúdo metafísico, uma vez que exige claramente de quem o adote uma posição de fé no seu trabalho. Esse princípio dificilmente resistiria a uma avaliação rigorosa da evolução do conhecimento científico e a algumas descobertas da matemática do século 20. Seu enunciado é o seguinte:

> Apesar da ciência repetidamente abandonar suas teorias mais antigas, ela progride firmemente no sentido de chegar a uma representação correta do universo tal como ele realmente é.

Parece-me evidente a falsidade desse pressuposto, adotado pela ciência para seu próprio *marketing*, e que não subsiste à luz de um exame rigoroso do que tem efetivamente sucedido. Este último princípio é claramente promocional, inclusive no sentido mais pragmático da obtenção de fundos para pesquisas e construção de equipamentos cada vez maiores e mais caros. Já não parece ser inteiramente convincente, porque em 1993 o Congresso dos Estados Unidos cancelou o projeto para a construção do gigantesco acelerador de partículas Superconducting Super Collider (SSC), que custaria a soma fabulosa de 11 bilhões de dólares, colocando um ponto final no processo alucinado de se construir equipamentos cada vez maiores para estudar partículas cada vez menores. Subjacente ao princípio acima está um outro pressuposto, que dificilmente seria entendido ou aceito em qualquer outra cultura que não a nossa, cujo enunciado é:

> O conjunto da realidade é um vasto sistema unificado que pode ser apreendido pela razão e representado por nossas teorias.

Esses princípios são de natureza metafísica, não são axiomas evidentes por si mesmos, não são deduzidos nem podem ser provados, não são princípios universalmente adotados numa pluralidade de culturas – como são, por exemplo, os universais da linguagem identificados por Chomsky – e estão sendo seriamente contestados por experimentos de laboratório e teoremas demonstrados da matemática contemporânea. A crise epistemológica do choque de paradigmas nasceu e se agravou no decorrer do século 20, e tudo indica que o novo milênio logo assistirá ao nascimento de uma ciência em que esses pressupostos terão de ser corajosamente abandonados.

Veremos agora como teve início e se complicou esta crise, que abala a ciência contemporânea em seus alicerces.

*

No princípio da ciência moderna, o mundo era um paraíso feito de luz e de átomos. Nele, tudo era determinado e previsível, e Isaac Newton era seu profeta.

A luz, cuja refração já tinha sido estudada por Newton, no século 17, teve sua natureza ondulatória estabelecida por Thomas Young, em 1803, com a célebre experiência das duas fendas paralelas, em que um raio incidente passando por elas revelava padrões claro-escuros de interferência, quando captado mais adiante num anteparo. Padrões de interferência são característicos da propagação de ondas, como se pode verificar ao lançarmos duas pedras num lago tranqüilo: onde as ondas circulares se encontram, formam-se padrões de interferência. Até fins do século 19, a luz era reconhecidamente uma onda que se propagava num meio muito sutil, que foi denominado éter luminífero.

A matéria, por sua vez, era constituída de átomos extremamente pequenos, diferenciados conforme os diversos elementos químicos; cada elemento tinha o seu átomo próprio, diferente dos demais. Considerava-se que essas partículas eram tão pequenas e indivisíveis, que qualquer especulação sobre a sua natureza interna já não era uma questão física, e sim metafísica.

Na última década daquele século, era voz corrente entre cientistas de renome que o conhecimento da realidade física estava em via de se completar; logo se teria um quadro amplo do universo e o mundo não mais teria mistérios. O que se podia conhecer estava já conhecido (ou quase) e o que não se sabia eram apenas detalhes, ou questões consideradas de ordem metafísica, além dos limites da ciência. O pensador francês Augusto Comte, querendo exemplificar um tipo de conhecimento que nunca poderia ser acessível aos homens, teve a infelicidade de sugerir que um deles seria o material de que são feitas as estrelas, que, por estarem tão distantes, jamais poderiam ser examinadas. Isso colocava o estudo da constituição das estrelas como uma questão metafísica, tanto quanto o estudo da intimidade dos átomos. Entretanto, poucos anos depois desta peremptória declaração, alguns astrônomos estavam aplicando o conhecimento das raias de absorção e emissão, descobertas por Fraunhöfer, ao espectro da luz das estrelas, determinando assim os elementos químicos que entravam na composição de cada uma delas. O que pretendemos destacar, quando examinamos o contexto ideológico da ciência no final do século 19, são os pontos de semelhança com o que ocorre agora.

Primeiro, a confusão estabelecida na caracterização do que seja "metafísico". Com cem anos de diferença, verificamos que a ciência ainda prefere desconhecer as bases efetivamente metafísicas dos seus pressupostos não explicitados, como também continua a rotular de metafísicos os problemas que não consegue apreender nos conceitos vigentes, considerando-os como exteriores ao seu campo de estudo e pesquisa. No final do século 19, foram a composição química das estrelas, a constituição interna dos átomos etc.; no século 20, são os fenômenos em que a presença do mundo subjetivo se impõe como uma face inalienável do experimento. É preciso muito cuidado quando ouvirmos um cientista dizer que este ou aquele problema é de natureza metafísica; será necessário, antes, examinar se ele tem consciência dos fundamentos metafísicos do que faz e, depois, se ele não está usando a palavra *metafísica* como uma cesta de papéis usados, onde lança os problemas que não consegue estudar com seu aparato conceitual e sua ideologia.

O segundo ponto de semelhança entre as duas passagens de século é a curiosa sensação de alguns dos físicos mais representativos de cada época de que o quadro do conhecimento científico está em via de se completar, e que pouco falta para que se tenha um panorama definitivo do universo, em que somente restaria o preenchimento de alguns detalhes sem maior importância. Esta situação, que foi comentada ontem pelo Prof. Weisskopf em sua brilhante palestra sobre a natureza do tempo, reúne na mesma atitude ingênua os cientistas do fim do século 19 e o nosso contemporâneo Stephen Hawking, que também anunciou que pouco falta para completar o conhecimento global de todo o universo e do seu funcionamento.

As investigações científicas prosseguiram além do que o século 19 supunha ser o limite do conhecimento, assim como continuarão ao longo do século 21. Mas, do mesmo modo que a ciência sofreu uma substancial transformação em suas bases, do século 19 para o vinte, também a física que agora emerge no século 21 apresentará uma outra face, que dificilmente seria reconhecida como ciência por um físico do século 20, sem lhe causar um profundo mal-estar, quando verificar que muitos temas que ele recusava como metafísicos serão centrais nas investigações e na nova concepção do que seja a totalidade cósmica.

Estamos vivendo os desdobramentos de uma crise epistemológica que fermentou durante todo o século 20, tendo origem em dois fatos e experimentos do fim do século anterior. O primeiro deles foi a famosa experiência de Michelson e Morley, provando que não existe algo como um éter luminífero e tornando-se o ponto de partida para a teoria da relatividade; e o segundo, chamado de catástrofe ultravioleta, que revelou através do cálculo um perfil inteiramente inesperado para a radiação de um corpo negro, em que as freqüências mais altas apareciam tão exageradas que teriam de possuir uma energia infinita. Este resultado contrariava a experiência empírica e não fazia sentido, abrindo o caminho para as investigações que conduziriam à teoria dos quanta. Daí em diante, sucederam-se descobertas constrangedoras, experimentos com resultados paradoxais, teoremas matemáticos surpreendentes e a progressiva demolição do cenário estabelecido pela física clássica.

Rutherford mostrou que o átomo não era uma bolinha submicroscópica, e sim um imenso vazio timidamente ocupado por um núcleo solitário, com um diâmetro cem mil vezes menor, circundado por elétrons ainda menores girando loucamente em órbitas distantes. Pouco depois, repetições mais sofisticadas da experiência das duas fendas fizeram a luz romper a barreira da lógica, quando revelaram sua natureza dupla e contraditória de uma onda que também é uma partícula, uma vibração que também é um projétil. A ciência estava expulsa do paraíso instaurado por Newton e sacramentado por Descartes.

O átomo perdeu o seu posto de constituinte elementar e indivisível da matéria: não só era composto de partículas ainda menores, como era formado por um núcleo e uma periferia eletrônica, sugerindo um microssistema solar, na metáfora da época. O núcleo atômico, por sua vez, mostrou ser constituído de prótons e nêutrons, e que podia ser fragmentado com a liberação de fantásticas energias. Nos meados do século, começou a entrar em cena um inesperado elenco de partículas supostamente elementares, geradas em situações especiais sob a ação de altas energias, como nos raios cósmicos que vinham das profundezas do céu ou nas máquinas poderosas criadas pelo homem para penetrar com violência na intimidade da matéria.

A natureza ambivalente da luz logo se estendeu a todas as radiações eletromagnéticas de qualquer comprimento, desde as ondas de rádio até os raios gama, que diferiam apenas na quantidade de energia que transportavam. E mais ainda: para aumentar o vexame, verificou-se que as partículas ditas elementares, como o elétron, os núcleons e toda a variedade surgida dos experimentos – que já ia além de duas centenas – também eram ondas, ou vibrações, dependendo do tipo de experiências que se estivesse procedendo. É importante ter em mente que tanto as radiações eletromagnéticas como aquilo que se considerava como partículas elementares da matéria eram simultaneamente ondas e partículas; não apenas se comportavam em alguns casos como ondas e em outros como partículas: todas pareciam incorporar essa dupla personalidade simultaneamente; só a natureza do experimento efetuado é que limitava ao pesquisador ver uma ou outra dessas faces, mas nunca as duas de uma só vez.

Dificuldades adicionais surgiram quando se pretendeu saber exatamente onde estava uma determinada partícula e qual a velocidade com que se deslocava. Verificou-se que não era possível obter as duas informações ao mesmo tempo; ou se media a velocidade ou se determinava a posição da partícula. Quanto maior a precisão de uma das medidas, mais vaga seria a outra informação; e esta limitação não se devia a uma deficiência dos instrumentos, ou dos métodos empregados. Heisenberg provou que essa indefinição era uma característica peculiar desse submundo ultramicroscópico, onde todo conhecimento que dele se podia obter era de natureza estatística e probabilística, nunca podendo atingir um nível de acuidade suficiente para se saber com exatidão o que ocorre com uma partícula isolada, por mais precisos que sejam os instrumentos empregados. E isto era só o começo das fantasmagorias que o estudo do mundo quântico reservava aos seus atônitos pesquisadores.

O mais incrível, talvez, seja o espantoso sucesso prático dessa teoria em todos os campos onde tem sido aplicada, apesar de apoiada sobre paradoxos que desafiam a lógica e intrigam os cientistas. É realmente surpreendente: nunca os tecnólogos e pesquisadores encontraram qualquer situação prática que indicasse que a teoria quântica está errada ou imprecisa. Muito pelo contrário; ao mesmo tempo que o mundo quântico se dilui intimamente num feixe de paradoxos lógicos e impossibilidades cognitivas, permite generosamente, com aquilo que nos é dado a conhecer, um manancial inesgotável de maravilhas como o computador, os vídeos de cristal líquido e a holografia, produzidos pelos magos da eletrônica e da novíssima tecnologia fotônica. A caixinha de surpresas em que a tecnologia se transformou está muito longe de se ter esgotado, e as inovações que o futuro próximo nos reserva deverão nos surpreender muito mais, sendo literalmente impossível imaginar o que virá mais adiante.

Mas ao lado dessas alegrias permanecerá a sombra de uma certeza que nos perturba e, ao mesmo tempo, reorienta nossas ponderações filosóficas: a certeza já demonstrada de que existem barreiras muito sérias no caminho do conhecimento racional da organização íntima da matéria, da energia e do universo. Ao mesmo tempo que nos é facultado o acesso a uma variedade cada vez mais surpreendente de recursos tecnológicos, que já integram o planeta numa incrível rede de informações e interações – inimaginável há apenas uns poucos anos –, temos de conviver com um definitivo bloqueio cognitivo aos recessos mais profundos do Ser, em sua vertente real, material.

A barreira colocada pelo princípio da indeterminação de Heisenberg é categórica: não se pode conhecer simultaneamente a posição e a velocidade de uma partícula. Do mesmo modo que nossa mente lógica não pode conceber uma vibração que é ao mesmo tempo uma bala, embora seja isto que mostram ser todas as radiações eletromagnéticas e todas as partículas que parecem constituir o recheio do universo físico. Depois de Heisenberg, vieram outros bruxos da ciência lançando suas maldições eternas sobre as pretensões a um conhecimento absoluto do que se pretende chamar de realidade, e que os integrantes do velho paradigma consideram ser "tudo que existe". Vejamos o que disseram esses bruxos.

O ano de 1927 foi particularmente prolífico nos *insights* que conduziram à reviravolta que alterou substancialmente as nossas expectativas de conhecer em profundidade como a matéria e a realidade são constituídas. Nesse mesmo ano, em que Heisenberg formulou seu princípio da indeterminação, Niels Bohr, reconhecido muito justamente como o grande mestre da visão quântica do mundo, levava mais adiante a nova concepção ao propor seu princípio da complementaridade, que reconhecia a dualidade onda/partícula em todas as microentidades, instituindo uma fleumática esquizofrenia na interpretação dos fenômenos quânticos, ou abolindo qualquer pretensão de interpretá-los. "É um erro pensar que o objetivo da física é descobrir o que a natureza é. A física procura estabelecer apenas o que nós podemos dizer sobre a natureza", sentenciou o mestre.

Já em 1926, Schrödinger e Max Born mostraram que uma partícula elementar não podia estar num lugar determinado até que fosse objeto de uma medição, um experimento, uma observação; o máximo que se poderia dizer dessa partícula é que ela possivelmente, ou provavelmente, estaria aqui ou ali. Schrödinger propôs a famosa equação de onda que definia essa probabilidade e Born mostrou que ela não era uma onda de coisa alguma que se pudesse chamar de matéria ou energia, mas era a onda abstrata de uma mera possibilidade matemática de que a partícula aparecesse neste ou naquele lugar. E a maior fantasmagoria dessa onda abstrata é que, apesar do seu caráter não material – dir-se-ia imaginário, não físico –, ela está sujeita aos mesmos fenômenos de interferência característicos das ondas reais, que a física já estudava. Agora pergunta-se: como podem abstrações matemáticas interferir entre si? *O quê* interfere com *o quê*? O fato é que a equação de Schrödinger não indica o lugar onde uma partícula está, mas apenas onde ela pode estar, e as probabilidades dessa ocorrência em cada ponto; apenas quando se efetua uma medição – ou observação – é que se dá o chamado colapso da função de onda e a partícula "opta" por um desses pontos, e aí se materializa. Se o experimento se prolongar e muitas ondas forem submetidas ao colapso, veremos que as partículas se distribuirão conforme as probabilidades previstas, mesmo que seja impossível saber onde vai se materializar cada uma individualmente. No mundo quântico, a lógica mostrava ser outra, e o determinismo cedia lugar a ocorrências aleatórias.

Ao findar a década de 20, estavam estabelecidos os princípios e as bases da mecânica quântica – aleatória e probabilística – que iriam subverter a lógica usual e fazer-nos conviver com a incerteza e o paradoxo. Inicialmente, a incerteza e o paradoxo pareciam limitar-se a esse mundo submicroscópico, quase teórico e abstrato, deixando o macromundo em que vivemos sossegadamente entregue aos princípios habituais da lógica e da causalidade. Mas o próprio Schrödinger se encarregaria de nos tirar dessa ilusão, com o auxílio do seu famoso gato. Porque, como todo bruxo que se preza, Schrödinger também tinha um gato. Mesmo que fosse um gato imaginário.

O experimento proposto é apenas mental. Imagine-se um gato preso numa caixa selada onde uma fonte radioativa pode, se emitir uma partícula no prazo de uma hora, liberar a queda de um martelo que quebrará um frasco contendo um gás venenoso; se isto ocorrer o gato morrerá; se não, o gato estará ainda vivo, decorrido esse prazo. Essa disposição põe algo do macromundo – a sobrevivência do gato – como dependente de algo que ocorre no micromundo dos eventos quânticos. Se a fonte radioativa estiver calibrada para 50% de probabilidade de liberar sua partícula fatal nesse prazo de uma hora, o pobre gato terá 50% de chances de estar vivo no fim do período. A teoria quântica não permite prever se a partícula será liberada ou não; ela diz apenas que as chances disso acontecer são de 50%. De acordo com a sentença do mestre Bohr, até que transcorram os sessenta minutos cruciais não poderemos falar de um gato vivo ou morto, porque isto não foi objeto de uma observação, indispensável para que a partícula radioativa optasse pelo seu estado – liberado ou não – que por sua vez acionaria o dispositivo, matando ou não o gato. Enquanto não abrirmos a caixa, procedendo então à observação, o gato não estará nem vivo nem morto, segundo a interpretação de Niels Bohr (também conhecida como interpretação de Copenhague). O estado do gato, antes que se abrisse a caixa, teria de ser descrito por uma equação de onda apenas probabilística, incapaz de determinar se ele estaria vivo ou morto. Mas, independentemente de sabermos ou não o seu estado, como estaria objetivamente o gato? Resposta: o gato estaria num estado simultaneamente vivo e morto, uma vez que não teria havido o colapso da função de Schrödinger e ele poderia assumir qualquer das duas condições, quando a caixa viesse a ser aberta.

A nossa razão insiste em que a sorte do gato já estaria decidida antes da caixa ser aberta, que seria apenas a verificação de um fato ocorrido anteriormente. *"Não é assim!"*, declara enfaticamente mestre Niels Bohr. Os experimentos, os cálculos matemáticos e toda a formulação teórica da física quântica garantem que a função de onda não pode colapsar sozinha, sem a interferência de um observador. Portanto, a partícula não pode decidir se é liberada ou não e o gato não pode assumir uma condição definitiva, seja morto ou vivo.

Mas, afinal, qual o *status* existencial do gato, nesse período crucial de uma hora? Heisenberg responde, apelando para um antigo conceito de Aristóteles: ele permanece num estado potencialmente morto e potencialmente vivo, sem assumir definitivamente qualquer das duas condições. Pobre gato de Schrödinger! Para que foi meter-se com um bruxo? Agora não consegue sequer saber se está vivo ou morto.

O que ocorreu com o gato, submetido a esse cruel experimento – felizmente imaginário –, ocorre freqüentemente não apenas com os elétrons, fótons e todas as partículas do mundo quântico, como também com vastos segmentos da nossa realidade macroscópica, quando não estamos observando. Experimentos recentes, efetivamente realizados, e não apenas imaginados como esse do gato, mostram de forma contundente que a esquizofrenia quântica espalha-se pelo mundo que habitamos, em desvãos insuspeitados do cotidiano, desde que não estejamos observando!

A inacreditável capacidade de um elétron para passar simultaneamente por dois orifícios, um ao lado do outro, é fato corriqueiro entre os pesquisadores, assim como a louca propriedade da luz de assumir sua máscara de vibração, ou de projétil, conforme o experimento a que esteja sendo submetida. Nos laboratórios de interferometria ótica, em que se têm utilizado interruptores de extraordinária precisão, capazes de comutar a passagem de um raio de luz abrindo ou fechando 300 milhões de vezes por segundo, tem-se verificado que a luz pode trocar a sua máscara com velocidade ainda maior, alterando, inclusive, a face que tinha assumido um nanossegundo antes, para se compatibilizar com o resultado de um experimento que só funcionaria se a máscara fosse a outra.

Muitos cientistas, aferrados à lógica que aprenderam e às noções clássicas de realidade objetiva, fizeram grandes malabarismos mentais e experimentais para salvar as aparências e tentar provar que as loucuras do mundo quântico não se estendem ao nosso mundo de todos os dias. Em vão. A cada novo experimento, a cada novo teorema matemático, consolida-se a certeza de que teremos de rever substancialmente as nossas concepções do que seja a realidade, do que seja a noção de localidade de um evento físico, do que seja o observador – que prefiro chamar de subjetividade – e de como se processam suas interações com o mundo dito objetivo.

Neste sabá quântico, os bruxos matemáticos são os mais perigosos. Eles costumam demonstrar suas maldições, tornando-as impossíveis de exorcizar. O alemão Kurt Gödel demonstrou, em 1931, o teorema da incompletude – que em seu inocente enunciado diz que não se pode construir uma aritmética apoiada num sistema de axiomas, que seja ao mesmo tempo consistente e completa. Tal como na maldição de Heisenberg, é preciso optar: ou a aritmética é consistente (não contraditória), ou ela é completa; nunca as duas coisas ao mesmo tempo. Isto quer dizer simplesmente que o conhecimento racional tem um limite: ele nunca será completo e sem contradições*. Terrível, não?

Von Neumann, o megabruxo matemático que inventou o computador moderno, publicou, em 1932, um portentoso tratado chamado *Die Mathematische Grundlagen der Quantenmechanik*** que logo passou a ser venerado como "a Bíblia da física quântica". Nele, von Neumann simplesmente demonstra que, se a física quântica está correta, o mundo não pode ser feito de objetos comuns, reais, objetivos. Ele chegou a sentenciar que "os objetos físicos não têm atributos, se um observador consciente não estiver olhando para eles". Isto é conhecido como "a prova de von Neumann". Não seria mais adequado chamá-la de "a maldição de von Neumann"?

Mais recentemente, outro perigoso bruxo matemático, que se chama candidamente John Bell, demonstrou de forma irretorquível que "nenhum modelo local da realidade pode corresponder aos fatos quânticos". Ou seja, a realidade, se quiser existir, deve ser não-local: os seus eventos e fenômenos devem sofrer influência de tudo mais que existir no universo, até da galáxia mais remota***, essa influência é instantânea, sem se limitar às imposições restritivas da teoria da relatividade. Com esta proeza, ele mostrou que o seu poder é maior que o de Albert Einstein que, com aquele ar de vovozinho simpático, nunca chegou a ser um bruxo de verdade. Nos anos 30, ele se juntou a Boris Podolsky e Nathan Rosen para propor um experimento mental – ele adorava experimentos mentais – que mostraria pelo absurdo que a teoria quântica era falha ou incompleta.

---

* Stanley Jaky, em seu livro *The Relevance of Physics,* [A Importância da Física] diz que: *Com base no teorema de Gödel, parece que os fundamentos últimos das audaciosas construções da física matemática permanecerão encerrados para sempre naquele nível mais profundo de pensamento caracterizado tanto pela sabedoria como pela ambigüidade das analogias e intuições. Para o físico especulativo, isso implica que há limites para a precisão da certeza, que até no puro pensamento da física teórica está presente uma fronteira, como em todos os outros campos da especulação.* (Citado por John D. Barrow em *Theories of Everything* [Teorias de Tudo]).

** Os Fundamentos Matemáticos da Mecânica Quântica.

*** Com algumas décadas de antecedência, Ernst Mach intuiu o mesmo princípio, conhecido como princípio de Mach.

Com o tempo e a ação de bruxos mais poderosos, o absurdo revelou-se verdadeiro e o feitiço dos três virou contra os feiticeiros: provou-se o contrário do que eles queriam. Às vezes, penso que isto ocorreu com Einstein porque, tendo sido um dos pais da teoria quântica – até a palavra *quantum* foi proposta por ele –, depois rejeitou-a, e até o fim de sua vida nunca lhe perdoou o que considerava ser seu mau comportamento e suas idéias anarquistas. Que isto sirva de lição para tantos pais que se recusam a entender as novas gerações.

E agora, que fim levou a realidade objetiva onde todos costumávamos nos apoiar? É dramático. Muitos cientistas sérios continuam investigando seu sumiço. Quase todos acham que os mistérios quânticos têm uma só interpretação – a sua – e nem sequer querem discutir opiniões discordantes. O problema é que há muitos partidos nessa política quântica; todos acham que têm razão e não tem havido acordo entre os pontos de divergência. Até os críticos mais isentos, como meu amigo Nick Herbert, consideram incompatíveis posições que talvez – acho eu – não sejam tão inconciliáveis assim.

Em seu livro *Quantum Reality**, de 1985, Nick relaciona sete *partidos* atuantes na política quântica; considera-os incompatíveis entre si e nos deixa a responsabilidade de decidir qual a interpretação correta de tudo isso que vem acontecendo. Vejamos a descrição sumária do que propõe cada um deles, quem são seus líderes e correligionários mais influentes.

Realidade 1	**A interpretação de Copenhague**
Líder:	Niels Bohr.
Doutrina:	1. Não existe realidade na ausência de uma observação. 2. O ato de efetuar uma observação cria a realidade.
Partidários ilustres:	Heisenberg, Fred Wolf, David Mermin, Sir Rudolf Peierls, John Wheeler.
Comentário:	Por larga margem é o partido majoritário na comunidade científica; tem duas facções principais: os moderados, que acham que só a microrrealidade é criada pelo observador e os radicais, que afirmam que mesmo a macrorrealidade do mundo cotidiano é criada pelo ato da observação. Em seu livro, Nick Herbert considera essas duas facções como partidos diferentes.

* A Realidade Quântica.

REALIDADE 2 — **Os holistas**

LÍDER: Walter Heitler.

DOUTRINA:
1. A realidade é um todo indivisível.
2. Sujeito e objeto são partes inseparáveis um do outro.

PARTIDÁRIOS ILUSTRES: David Bohm, Fritjof Capra.

COMENTÁRIO: Trata-se de um grupo amplo e liberal, especialmente com seus correligionários, que, por vezes, defendem outros partidos sem, no entanto, renunciar à sua doutrina. Comenta-se que o holismo tem simpatizantes infiltrados em outros partidos, que não se declaram por medo de serem xingados de *místicos*.

REALIDADE 3 — **O jardim dos caminhos que se bifurcam**

LÍDER: Hugh Everett III.

DOUTRINA:
1. A realidade consiste num crescente número de universos paralelos criados a cada ato de observação ou medição.
2. Em cada situação onde vários resultados sejam possíveis, todos efetivamente se realizam, cada um deles em seu próprio universo.

PARTIDÁRIOS ILUSTRES: Paul Davies, David Deutsch, Bryce DeWitt.

COMENTÁRIO: Proposto em 1957 por Hugh Everett, substitui o conceito de universo pelo de multiverso: o colapso da função de onda ocorre em todas as opções possíveis, cada uma gerando uma nova cópia do universo, que se multiplica em proporções fantásticas mas, segundo a doutrina, "*nós* só temos consciência de *uma* das cópias". Apesar de chocante e inaceitável pelo nosso pobre bom senso, é a interpretação mais direta e isenta de contradições da teoria quântica.

REALIDADE 4 — **Uma nova lógica**

LÍDER: John von Neumann.

DOUTRINA:
1. O mundo quântico obedece a uma forma não-humana de racionalidade.
2. É preciso aprender a pensar quantum-logicamente.

PARTIDÁRIOS ILUSTRES: Garrett Birkhoff (sócio fundador), David Finkelstein.

COMENTÁRIO: Os objetos comuns do mundo cotidiano obedecem a uma lógica racional e aceitável pelo bom senso, que foi codificada no século 19 por George Boole. Von

Neumann e Birkhoff propuseram, em 1936, que a compreensão dos fenômenos quânticos exigiria subverter a lógica booleana. O eleitorado desse partido é pequeno, porque exige dos seus adeptos uma inteligência não-humana.

Realidade 5	**Os neo-realistas**
Líder:	Albert Einstein (honorário).
Doutrina:	1. O mundo é feito de objetos comuns e estes, por sua vez, são feitos também de microobjetos comuns. 2. Falta alguma coisa na teoria quântica para que ela se torne causal e não probabilística.
Partidários ilustres:	Max Planck, Erwin Schrödinger, Louis de Broglie (no início e no fim da sua carreira, mas passou vinte anos filiado à Realidade 1), David Bohm (vinculado também ao partido holista).
Comentário:	Reduto conservador dos remanescentes inconformados da física newtoniana-cartesiana, tem o destaque honorável de Albert Einstein que, como já vimos, rejeitou sua filha e por isso talvez ainda esteja penando no purgatório, apesar de ser uma alma tão boa. Ser um neo-realista, dizer que o mundo é feito de objetos comuns, que o bom senso pode aceitar tranqüilamente, é cometer a mais negra das heresias, segundo Nick Herbert. Todos os partidários ilustres da Realidade 5 já morreram.

Realidade 6	**A consciência criadora**
Líder:	Eugene Wigner.
Doutrina:	1. A realidade é criada pela consciência. 2. Os objetos físicos não têm atributos, se um observador consciente não estiver olhando para eles.
Partidários ilustres:	Von Neumann (lidera também o Realidade 4, mas seu coração está aqui, na Realidade 6), Walter Heitler (outro que joga em dois times), Fritz London, Henri Pierce Stapp.
Comentário:	Se o eleitorado que estamos considerando incluísse os não-físicos e também os não-cientistas, este seria sem dúvida o maior partido, porque grande parte dos que não têm receio de serem chamados de místicos adere francamente a esta interpretação do mundo. Mesmo assim,

percebo que o partido da Realidade 6 vem crescendo, neste início de século e de milênio, à medida que os experimentos, os teoremas e o sentimento dos cientistas – é claro que nós temos sentimentos! – apontam cada vez mais nessa direção.

REALIDADE 7 **O duplo mundo potencial/efetivo**
LÍDER: Werner Heisenberg.
DOUTRINA: 1. O mundo tem dois aspectos, um potencial e outro efetivo, real.
2. A realidade efetiva emerge de um estado anterior, *potencial*, uma nova espécie de existência física.
PARTIDÁRIOS ILUSTRES: ?
COMENTÁRIO: Ao reviver o conceito platônico de existência potencial como uma nova acepção do que seja existir, Heisenberg reconhece que a dualidade polarizada entre o existir e o não-existir é demasiado grosseira para conter todas as nuances do Ser. A noção de existência potencial corresponde ao estado das entidades quânticas antes do colapso da função de onda. Não tem seguidores declarados porque, na verdade, não é um partido, mas uma concepção que pode ficar subjacente à doutrina de vários partidos quânticos, como efetivamente acontece.

Depois de examinar com isenção de ânimo essas interpretações, ocorre-me a sensação de que todas elas estão certas e que as incompatibilidades são mais um sintoma de teimosia filosófica do que algo inconciliável. Acredito seriamente ser possível posicionar-me numa espécie de singularidade imaginária, onde as diferenças de interpretação percam o significado e possamos ver que todas estão corretas, cada uma com seu modo peculiar de ver e interpretar. Foi com essa disposição que desenvolvi, na estimulante companhia de Sir Philip Quarks, a nossa teoria da consistência relacional, que deixa de assumir o que se costuma chamar de um *ponto de vista* para adotar o que melhor se poderia chamar de um *campo de vista*, sem ponto de vista privilegiado. Evidentemente, a expressão precisa dessa concepção somente é possível na linguagem matemática, que não pretendo empregar agora, conforme recomenda a comissão organizadora. Mas estou certo de que me farei compreendido na simples e direta linguagem coloquial.

Partimos do pressuposto básico de que a totalidade compreende duas vertentes, que chamaremos de vertente real e vertente imaginária. A primeira é o *locus* existencial do mundo objetivo, manifesta-se primordialmente nas três dimensões do espaço e a ela aplica-se o verbo *existir*; compreende em linhas gerais o universo físico e o mundo material ocupado por *objetos*. A segunda vertente, complementar à primeira, é o *locus* existencial do mundo subjetivo, manifesta-se principalmente nas três dimensões do tempo e a ela aplicaremos o neologismo *inistir*; compreende o mundo mental, psíquico ou espiritual e é centrado necessariamente numa subjetividade (consciência), sendo ocupado por *subjetos*. A vinculação predominante dessas vertentes às dimensões do espaço (real) e do tempo (imaginário) não significa que não possam manifestar-se na tríade dimensional que não lhe é peculiar: isso ocorre com freqüência, por processos de projeção geométrica. Essas duas vertentes não são pólos segregados, mas estão em constante interação, havendo entre elas todo um espectro de entidades complexas, formadas por uma parte real e outra imaginária, em diferentes proporções.

Admitindo-se a inistência das subjetividades, como face imaginária da totalidade, compreende-se que não faz sentido declarar que algo existe se essa existência não for referida a pelo menos uma subjetividade. A presença de uma subjetividade é, portanto, indispensável para que alguma coisa exista, e essa coisa pode ser o universo físico que ela pode conceber, em sua integridade.

*

Tenho a satisfação e a honra de lecionar na Universidade do Texas, em Austin, na companhia de alguns dos nomes de maior destaque da física contemporânea, vários deles aqui presentes. Em nosso campus conversa-se e debatem-se as interpretações quânticas e seus paradoxos com o mesmo entusiasmo que em outros lugares discute-se beisebol ou política. Nesse clima efervescente, muitas proposições surgem e se desenvolvem como embriões de possíveis teses, sendo que muitas propostas permanecem no ar, sem chegarem a uma formalização, talvez porque envolvam conceitos e pressupostos não físicos, que poderiam comprometer a carreira de quem as defendesse. Mas, seguindo os exemplos de ousadia que nos vêm da Universidade do Colorado e de outras instituições de vanguarda, resolvi arriscar o sabor da liberdade de pensar, sob a liderança do meu prezado amigo Sir Philip Quarks. Sabendo o que estou desafiando e os riscos que corro, prossigo minha exposição, numa investigação em que estou rompendo com as bases gregas do meu próprio pensamento.

Em Austin, a interpretação de Everett é muito popular. Os estudantes circulam usando camisetas com dizeres pitorescos sobre os muitos universos e suas curiosas conseqüências. Sir Philip e eu, ao adotarmos um "campo de vista" sem pontos privilegiados, evidentemente consideramos o multiverso de Everett como uma proposta séria, mas fazemos uma ressalva crucial, que é a base do nosso achado: não são todos os universos potenciais que são efetivados, mas tão-somente aqueles centrados em subjetividades. Cada subjetividade é o centro de um universo real em processo evolutivo, o seu universo privado de miséria ou de glória, de frustração, de dúvidas ou de plenitude. Existem tantos centros geradores de universos quantas forem as subjetividades, em todos os astros culturados do Cosmos. Cada um de nós vive seu próprio universo paralelo, em constante desdobramento, que somente se assemelhará aos das demais subjetividades se houver interação entre elas, e na medida da intensidade dessa interação. Ademais, cada subjetividade tem seu tempo próprio e constrói sua própria realidade no fluxo cronolinear em que aparentemente vivemos.

"Mas... não existe uma realidade objetiva, comum a todos e que nos serve de referência?" – é a pergunta ingênua que fica no ar. "Não! Não é assim!"- respondo com a mesma ênfase de Niels Bohr. Aquilo que nos parece ser uma realidade comum a todos é um constructo meramente consensual, resultante da seqüência inumerável de colapsos das funções de onda que vamos provocando para a construção da realidade, e que resulta na ilusão coletiva de uma seta do tempo, linear e de mão única. Cada subjetividade vive seu próprio tempo linear, que apenas se ajusta aos demais que com ela interagem; não existe um tempo linear único e objetivo, comum a todos.

"Mas... como essa ilusão pode ser tão perfeita que existam efetivamente conseqüências objetivas e comprovadamente causais para os nossos atos?" Resposta: porque neste fantástico multiverso tudo se encaixa com perfeição pelo princípio de consistência, que não permite atropelos nas infindáveis seqüências paralelas e divergentes dos sucessivos colapsos de inumeráveis funções de onda. Como disse meu querido colega e amigo David Deutsch, de Austin: "A realidade física é o conjunto de todos os universos que evoluem coletivamente, tal como numa máquina, em que algumas rodas dentadas estão ligadas a outras rodas dentadas; não é possível mover uma sem afetar as demais." Eu só faria uma ressalva ao David: é que isso não se restringe apenas à realidade física, mas a todo o complexo real/imaginário que constitui o viver de cada um de nós, as nossas linhas-mundo, os nossos munditubos.

Para concluir, quero deixar claro que a caracterização do que seja uma subjetividade, a delimitação do que é ou não é uma subjetividade, constitui-se num problema ainda em aberto, ainda por estudar e definir. Mas, como ponto de partida, sugiro que se defina *subjetividade* como uma entidade que tem a propriedade específica de colapsar funções de onda, tornando existente algo que inistia num estado potencial. A partir daí, pode-se formar uma nova base conceitual para melhor compreender o que sejam a inteligência, a consciência, o espírito individual.

Creio, minhas senhoras e meus senhores que, com a única exceção da ingênua heresia neo-realista, a proposta que desenvolvi com Sir Philip Quarks satisfaz e concilia as diversas interpretações dos paradoxos quânticos, tornando-as compatíveis e consistentes, diferentes enfoques de uma mesma coisa.

Referências bibliográficas

Albert, David Z. Bohm's Alternative to Quantum Mechanics, *Scientific American,* maio, 1994.

Barrow, John D. *Theories of Everything – The Quest for Ultimate Explanation,* Oxford University Press, 1991.

Brown, Hanbury. *The Wisdom of Science – Its Relevance to Culture & Religion,* Press Syndicate of the University of Cambridge, 1991.

Burtt, Edwin. A. *The Metaphysical Foundations of Modern Science,* Routledge & Kegan Paul Ltd., s./data.

Charon, J-E. *La Relativité Complexe et l'Unification de l'Ensamble des Quatre Interactions Physiques,* Editions Albin Michel, Paris, 1987.

Chomsky, Noam. *Language and Mind.* Harcourt Brace Jovanovich, 1968.

__________. *Knowledge of Language – Its Nature, Origin and Use,* Praeger Publishers, Nova York, 1986.

Davies, Paul e Brown, J.R. *The Ghost in the Atom,* Syndicate of the Press of the University of Cambridge, 1986.

Einstein, Albert e Infeld, Leopold. *The Evolution of Physics,* Simon & Schuster, Nova York, 1966.

Guitton, Jean. *Dieu et la Science,* Éditions Grasset et Fasquelle, Paris, 1991.

Hawking, Stephen W. *A Brief Story of Time,* Bantam Press, Londres, 1988.

Herbert, Nick. *Quantum Reality – Beyond the New Physics,* Anchor Books – Bantam Doubleday Dell Publishing Group, Inc., Nova York, 1987.

Hoffstadter, Douglas. F. *Gödel, Escher, Bach – An Eternal Golden Braid,* Vintage Books Edition, Nova York, 1980.

__________. *Metamagical Themas: Questing for the Essence of Mind and Pattern,* Penguin Books Ltd., Nova York, 1987.

Jaki, Stanley. *The Relevance of Physics,* University of Chicago Press, Chicago, 1966.

Jaeger, Werner. *Paideia – Die Formung des Griechischen Menschen,* Walter de Gruyter & Co., Berlim, 1936.

Neumann, John von. *Mathematical Foundations of Quantum Mechanics,* transl. into English by R.T. Beyer. Princeton, Princeton, New Jersey, 1955.

__________ e Wolf, Fred Alan. *Taking the Quantum Leap,* Perennial Library – Harper & Row, Publishers, Nova York, 1989.

__________ e Toben, Bob. *Space, Time and Beyond,* E.P. Dutton, New American Library, 1975.

Orear, Jay. *Physics,* vol. III, Macmillan Publishing Co., Inc., 1979.

Ortoli, Sven, e Pharabod, Jean-Pierre. *Le Cantique des Quantiques,* Éditions La Découverte, Paris, 1984.

Selleri, Franco. *Paradossi e Realità, Saggio sui Fondamenti della Microfisica,* Gius. Laterza & Figli, 1987.

Shimony, Abner. The Reality of Quantum World, *Scientific American,* janeiro, 1988.

Taylor, John. *Superminds – An Enquiry into the Paranormal,* Macmillan London Limited, Londres, 1975.

Zukav, Gary. *The Dancing Wu Li Masters – An Overview of the New Physics,* Bantam Books, Nova York, 1986.

COMUNICAÇÃO 6

Realidade consensual: fugindo da gaiola grega

Sir Philip Quarks, F.R.S.
Universidade de Cambridge, Reino Unido

A nova realidade

Paira no ar do Simpósio um clima de descontração e afetividade que aproxima as pessoas numa atmosfera de sinceridade e harmonia. A cada dia que passa, o teor das conferências vai ficando mais ousado e temas que usualmente não são abordados vêm à tona com crescente liberdade, mostrando que os palestrantes parecem estar abandonando seus pudores acadêmicos, suas hierarquias e suas formalidades.
A competição cede lugar à colaboração, emergindo dessa nova atitude uma visão crítica do modo usual de se fazer ciência nas universidades e laboratórios privados. Prefigura-se uma nova ética, em que o desprendimento do egocentrismo aparece como uma característica do sábio: aquele que não tem receio de estudar o que bem lhe aprouver, sem se restringir às imposições do paradigma.
A teoria da consistência relacional é aqui apresentada de forma clara, como uma interpretação dos paradoxos quânticos que incorpora a face imaginária da totalidade, ao reconhecer cientificamente o mundo subjetivo da psique humana como uma parte legítima da totalidade cósmica. Assim, a noção de realidade objetiva transmuta-se numa realidade mista, intersubjetiva.

Encontramos uma estranha pegada nas areias do desconhecido. Formulamos teorias profundas, uma após a outra, para mostrar sua origem. Finalmente, conseguimos reconstruir a criatura que deixou a pegada. E vejam! A pegada é nossa!

Sir Arthur Stanley Eddington

O essencial na ciência não é um complicado formalismo matemático ou uma experimentação ritualizada. O coração da ciência é, sem dúvida, uma contundente honestidade que surge do desejo de realmente saber que diabo está acontecendo.

Saul Paul Sirag

Desde os documentos iniciais distribuídos aos palestrantes convidados já se podia perceber o alcance que se pretendia para este evento. E o que temos assistido e ouvido, o teor das comunicações apresentadas até agora, não deixam mais dúvida de que este é o momento de ousar. Este é o momento de despirmos o manto da timidez em nossas formulações, de deixarmos de lado o medo das conseqüências futuras do que aqui dissermos, de esquecermos as injunções políticas que limitam o nosso pensamento, de abandonarmos os receios do que pode acontecer com nossas carreiras, de nos preocuparmos com as reações de nossas associações de classe e da direção de nossas universidades ou das instituições a que estivermos filiados.

Já não nos devemos preocupar sobre o que poderão pensar de nós os colegas que não estiverem participando deste movimento inédito que aqui está eclodindo com uma força irresistível. Sinto hoje, aqui neste auditório, diante de uma platéia que na verdade estende-se por todo o mundo através das redes internacionais de teleinformação, que o nosso compromisso é tão-somente com o futuro da ciência e da consciência, com o novo milênio que chega para marcar o fim da adolescência do planeta Terra.

Por um dever de sincera autenticidade, em que o sentimento de meus valores mais profundos aflora e se manifesta de uma forma que não pretendo censurar ou conter, devo-lhes dizer que quem vos fala agora não mais é Sir Philip Quarks, professor emérito das universidades de Cambridge, Heidelberg e Berkeley, membro da Royal Society of London, da Academia de Ciências da Comunidade de Estados Independentes e de outras associações do mais alto nível e prestígio. Neste momento, em que me dirijo a meu planeta natal para apresentar uma síntese de meu pensamento e de minha vivência na busca do conhecimento, sinto a necessidade visceral de abandonar todas as minhas máscaras sociais, todo o aparato de títulos honoríficos e o peso considerável de representar as diversas instituições a que pertenço. Hoje, quero me apresentar simplesmente como Philip Quarks, identidade provisória que é meu nome nesta vida, rótulo que apenas me identifica entre meus semelhantes como mais um ser humano que trabalha na evolução do seu próprio espírito e, conseqüentemente, do espírito do nosso planeta e do universo que nos serve de envelope.

Nestes poucos dias, desde o início do Seminário, tenho vivido momentos de grande beleza e ricas vivências pessoais, que por si sós me lançaram num estado de consciência continuamente lúcido e pleno de amor por tudo e por todos que tenho encontrado, tanto nas conferências como nos intervalos, nas cafeterias e nos espaços de estar, nas mesas do jardim, na praia e em torno das piscinas. Sinto, e quase vejo com os olhos da mente, a presença de uma força estranha, seja nos meus colegas que debatem com inusitado interesse os temas até agora apresentados, seja nos grupos de jovens radiantes do mesmo brilho que me clareia o espírito, seja nos agitados jornalistas, ou nos participantes anônimos em seus trajes coloridos de todos os continentes.

É fato conhecido dos mais assíduos freqüentadores de encontros e seminários científicos que as idéias mais excitantes e criativas, as propostas mais ousadas e potencialmente revolucionárias, não são encontradas nos textos das comunicações e nas palavras que os conferencistas pronunciam nos auditórios ou nas salas de mesa-redonda. Sabe-se que as teses realmente quentes devem ser procuradas nos bate-papos informais dos *coffee breaks*, nas mesas dos restaurantes ou, melhor ainda, à noite, nos bares do hotel, onde o calor etílico estimula o verbo de muitos de nossos colegas, fazendo-os soltar especulações que a cuidadosa censura dos pronunciamentos oficiais inibe ou camufla.

Neste nosso encontro de características tão inusitadas percebo que isto está mudando, e que as barreiras entre o que pode ser divulgado formalmente e aquilo que se pretenderia deixar interdito estão se diluindo a cada palestra que assistimos. Do mesmo modo, o receio de muitos dos homens e mulheres de ciência diante das ameaças à sua reputação, diante da possibilidade de serem acusados de filósofos, especuladores ou místicos está também se desvanecendo a cada dia que passa, a cada nova conferência que presenciamos.

Isto me parece um excelente sinal, porque uma das atividades mais sujeitas ao desenvolvimento de pesadas máscaras sociais naqueles que a exercem é certamente a prática científica, onde qualquer sucesso individual, mesmo que relativamente modesto, está sujeito a promover a inflação dos egos e a formação de tolas e ilusórias *personas*, para nos valermos da terminologia de Carl Gustav Jung.

Cabe aqui observar que esse risco não é exclusivo dos praticantes da ciência, e que nas artes – especialmente nas artes cênicas – isto ocorre seguramente com maior freqüência e intensidade. É certo. Mas é bem mais compreensível que uma prima-dona do bel-canto, ou uma atriz de TV e cinema, com o ego propositadamente inflado pelos seus produtores, tenha acessos de vaidade explícita, do que vermos o esnobismo mal disfarçado de pessoas que se deveriam dedicar com perseverança e humildade à busca do conhecimento, adornando-se com uma moldura de empáfia e pretensa superioridade que passa a orientar seus atos e atitudes, influindo até mesmo naquilo que pesquisam e divulgam.

É desta caixa de Pandora que emergem a manipulação e o falseamento de dados, a sabotagem de trabalhos alheios, a competição desonesta e a apropriação de idéias de colaboradores e competidores. Com tristeza temos verificado que essas práticas constrangedoras e até criminosas disseminaram-se nas instituições científicas e já não se podem considerar apenas como exceções ocasionais. E tudo isto começa com a inflação do ego, imperceptível em sua fase inicial e impossível de detectar para quem não estiver atento e vigilante ao seu próprio proceder e aos conteúdos do próprio coração. Sem contar, também, que essas atitudes revelam traços de caráter que vêm do berço e dificilmente se modificam ao longo da vida.

Vanitas vanitatis, tudo é vaidade. Mas, no mundo que vemos esboçar-se a partir deste Simpósio, estas coisas certamente deixarão de ser passivamente aceitas como parte da condição humana, para serem consideradas, na nova ética que se delineia, como decididamente inaceitáveis.

Lembro-me do que li sobre o clima de sadia excitação e mútua colaboração que existiu na Universidade de Berlim durante a República de Weimar, onde lecionaram Albert Einstein, von Laue, Max Planck e Erwin Schrödinger. Cada nova descoberta de um deles era espontaneamente aplaudida pelos demais, sem rivalidades, sem competição, sem vaidades, num ambiente em que a busca do conhecimento científico era um alegre objetivo de todos e de cada um[1]. Esse tipo de ambiente humano, que também vivi por algum tempo no Instituto Esalen, de Big Sur, persiste em algumas instituições e universidades, mas é necessário que no mundo novo que vislumbramos venha a se tornar a regra e não a exceção.

Não será de cansados filósofos que veremos emergir uma nova ética de alcance mundial, porque eles vêm há séculos tentando vender suas propostas com sucesso apenas limitado, restrito aos seus círculos de seguidores. Não será dos líderes de desgastadas religiões formais, que viram seus dogmas serem engolfados e excretados pelas massas, quando estas passaram a exigir mitos e milagres, magias e soluções para seus problemas, recorrentemente emergentes de um cotidiano sufocante e vazio. Não será também das artes, cujas fórmulas esgotadas já pouco ou quase nada comunicam, porque na verdade pouco têm a dizer aos ouvidos neurotizados, ignorantes ou famintos de nosso tempo.

Vejo agora, com inesperada clareza, que a ética do nosso tempo deverá formar-se a partir de uma nova concepção místico/científica da totalidade cósmico/individual, revelada por uma casta de cientistas que, tendo completado seu processo de individuação, poderão trazer ao mundo novo que agora nasce algo de visceralmente criativo, síntese de expectativas e aspirações que preencherão as imensas carências da humanidade em sua prolongada saga ao longo dos milênios. O cientista que, ao se libertar das limitações do seu ego e dos grilhões da sua especialidade, alçar vôo para uma compreensão mais ampla de si mesmo e do que é o ser humano, da vida e suas relações com o planeta que habitamos e da sua própria consciência refletida na vastidão inacreditável do Cosmos, reunirá em si os meios para a adoção de uma ética que não precisará de explicações ou justificativas para se impor e disseminar.

Essa nova ética será o único alicerce capaz de suportar a tarefa hercúlea de resgatar a enorme dívida social de brutalidade, ignorância e fome que estrangulam ainda dois terços da humanidade, no momento em que decidirmos realmente erradicar as misérias econômica e moral. Admito, como condição imprescindível, que essa ética seja fundamentada no conhecimento científico teórico e experimental, no novo modelo *standard* de concepção do Cosmos e do indivíduo, a ser reconhecido e aceito pela comunidade cientifica internacional neste novo milênio que se inicia.

A ciência e a filosofia, que nasceram juntas na Antiguidade, foram interdependentes por vários séculos e constantemente estiveram sob a tutela da religião. Ao estabelecer sua independência, a partir do século 17, a ciência fragmentou-se em especializações e seus interesses logo se concentraram em problemas específicos dessas diversas ramificações. Mas, se por um lado isto trouxe sucessos sem precedentes em muitos campos diferentes, deixou sem solução as questões mais amplas, que exigem a integração desses temas e objetos de estudo. Tais problemas não poderão ser resolvidos por observações mais acuradas ou pelo aperfeiçoamento de novos e melhores instrumentos.

A especialização é uma resultante do reducionismo que marcou o desenvolvimento da ciência nos três últimos séculos e contribuiu de forma decisiva para a expansão do conhecimento empírico, para o refinamento da tecnologia e de tudo aquilo que esta criou para facilitar a vida do homem sobre a Terra, apesar do seu lado sombrio de destruição e morte. Neste início de século e de milênio, a especialização, indispensável ao progresso da tecnologia, passou a ser um sério entrave para o desenvolvimento da ciência – em seu sentido mais amplo de filosofia natural – porque as investigações mais avançadas de muitos setores do conhecimento, seja a cosmologia, a física, a biologia, a informática, a psicologia e até a própria matemática, têm mostrado que uma compreensão multidisciplinar do seu objeto de estudo é imprescindível para gerar *insights* mais ousados em cada uma dessas áreas. No desenvolvimento mais recente da pesquisa científica estamos assistindo maravilhados como a física teórica e experimental, nas suas fórmulas e nos seus laboratórios, têm forçado o reconhecimento da subjetividade do pesquisador ou do experimentador para conferir legitimidade e sentido ao resultado dos seus estudos e investigações.

Temos visto a cosmologia encontrar-se com o espírito do homem nos confins do universo, quando se refugia no princípio antrópico que reentroniza o ser humano no centro do Ser, ao verificar que dentre os infinitos universos teoricamente possíveis somente este que a ciência reconhece, por mais absurdamente improvável que isto seja, somente este universo, com suas constantes finissimamente ajustadas, é capaz de abrigar galáxias, estrelas, vida e inteligência. É o espírito do homem que paradoxalmente retorna ao centro do Ser de forma surpreendente, reconquistando o lugar privilegiado que sempre lhe coube de direito, usurpado que fora por uns poucos séculos de alienação transitoriamente necessária.

Temos visto a ciência da computação nos brindar com a maravilha colorida das fractais[2], entidades matemáticas de riqueza literalmente inesgotável e inesperada beleza, derivadas das singulares propriedades dos números imaginários, trazidos a este Simpósio na tese surpreendente do Prof. Sunyl Mahavajra. Nessas formas e ritmos parecem reunir-se a técnica mais sofisticada e uma extraordinária riqueza plástica, que muitas vezes sugerem algo de místico nas configurações que surgem no vídeo dos monitores a partir de simples iterações em equações matemáticas. Vejo nas fractais e nos seus desenvolvimentos mais recentes – assim como nos autômatos celulares[3] que as precederam e continuam evoluindo em direções inesperadas – um tema que merece profundas considerações filosóficas. Para ali confluem a tecnologia informática de ponta, a inesperada qualidade estética de composições que não foram concebidas plasticamente pelos seus criadores – que apenas manipularam equações, e não formas – e algo de numinoso, secretamente oculto nas misteriosas regiões habitadas pelas entidades matemáticas.

Neste início de século e de milênio, temos de nos adaptar a visões de mundo em que as categorias lógicas que herdamos dos gregos não mais serão adequadas para a compreensão da totalidade cósmico/individual. Observando com isenção e rigor a nova face daquilo que chamamos de realidade, vejo que até as dualidades fundamentais que espontaneamente nos acostumamos a adotar para o processo de conhecimento do mundo terão de ser revistas ou abandonadas.

Como uma decorrência da própria evolução do conhecimento, que agora desembarca nas praias virgens de um novo paradigma, as noções de sujeito e objeto (e, portanto, de subjetivo e objetivo), de forma e fundo, real e imaginário serão categorias relegadas à condição de configurações superadas do pensar, modos obsoletos de considerar os fenômenos, cacoetes de antigas gerações. A própria distinção entre ciência, arte, filosofia e mitologia religiosa deverá ser olhada com muita reserva, nos limites de uma concessão metodológica reducionista, adequada apenas a finalidades estritamente pragmáticas visando a resultados empíricos, sem maior alcance para uma efetiva compreensão do que se passa na intimidade das coisas e dos fenômenos.

Ao que tudo indica, estamos testemunhando a ascensão para uma posição de incontestável hegemonia daqueles homens de ciência – reconhecidamente os maiores do nosso tempo – que nunca recearam ser qualificados de simpatizantes de uma visão místico/unitária do mundo e das coisas. Esses homens, responsáveis que foram por alguns dos mais fecundos avanços da ciência, sempre reconheceram e respeitaram a profundidade dos mais autênticos *insights* místicos sem, no entanto, abrir mão da sua condição de cientistas da mais nobre estirpe, rigorosos em seus métodos e critérios, mas sem se deixarem seduzir pela sereia positivista.

Neste momento, sinto a necessidade de reconhecer e render minha homenagem àqueles que justamente merecem o epíteto de sábios do nosso tempo, capazes que foram e são de reunir o brilho de sua inteligência e intuição privilegiada a uma humildade somente comparável ao enorme alcance de suas contribuições[4]. São homens que, tendo superado o egocentrismo tolo e interesseiro, completaram seu processo de individuação e avançaram profundamente no sentido de realizar a síntese do individual com o universal, pois que estes, em sua verdadeira essência, espelham-se um ao outro e se fundem numa integração perceptual sem fronteiras discerníveis.

Cientistas como Albert Einstein, Niels Bohr, Pauli, Schrödinger, C.G. Jung, James Jeans, Eddington, Peter Medawar, John Wheeler, Lyall Watson, Erich Jantsch, David Bohm e muitos outros, superaram as limitações do próprio ego, conquistando assim o direito de olhar por trás das aparências e decifrar sua versão da verdade cósmica. Em seu livro *Mein Weltbild* *, Einstein declara literalmente que "De acordo com uma única regra determino o autêntico valor de um homem: em que medida e com que finalidade ele se libertou do seu ego?" Outros, entretanto, cujos nomes não preciso mencionar, aferram-se a uma auto-imagem ilusória e egocêntrica que nada tem a ver com a verdadeira individualidade que se desdobra a partir da totalidade do Ser. Para estes, a conquista do saber é mais tortuosa e mais sujeita aos becos sem saída para onde as pesquisas podem conduzir, camuflados de grandes verdades que o tempo supera e lança à cesta de papéis usados da história da ciência.

Estou certo de que a partir deste Simpósio as concepções *standard* da ciência mais abrangente – física, cosmologia, psicologia – não mais relutarão em admitir a constatação evidente de que ciência e misticismo têm um objetivo final comum: compreender a unicidade do ser, manifestado no florescente e sempre surpreendente caleidoscópio da multiplicidade, inesgotável como uma fractal de proporções fantásticas. Tanto os cientistas como os místicos estão cientes da unicidade última da totalidade; os primeiros procuram descrevê-la mediante uma teoria, uma equação, um formalismo matemático; os místicos buscam experimentá-la. Mas ambos são movidos pelo mesmo impulso interior e – por que não dizer? – pela mesma fé.

Com a superação dos preconceitos que levam alguns nomes destacados da ciência a se irritarem ou sentirem-se ofendidos quando são sugeridas analogias entre os objetivos do seu trabalho e as experiências dos místicos, veremos ressurgir, em versão atualíssima, a figura clássica do *sábio*, aquele que não se limita a uma moldura lógico/conceitual, porque sabe que o conhecimento de alcance mais amplo e profundo não se pode conter nas estruturas lineares do pensamento discursivo, nem nas sínteses quantitativas da matemática, nem restringir-se a quaisquer formas exclusivistas de abordagem.

A figura clássica do cientista/místico, que usualmente associamos a Emanuel Swedenborg ou Giordano Bruno – olhados com restrições pelos historiadores da ciência por não se enquadrarem no modelo do cientista que não se deixa contaminar pela superstição –, em rigor deveria incluir também nomes como os de Isaac Newton, René Descartes e muitos outros que têm sido considerados representativos do cientista puro, pilares onde se apóia a ciência contemporânea. Hoje, é reconhecido sem maiores pudores aquilo que se manteve cuidadosamente velado durante séculos por zelosos biógrafos e editores de enciclopédias: que a prática da alquimia ocupava grande parte do tempo de Sir Isaac Newton[5] e que René Descartes pertencia a sociedades secretas de caráter

* O Mundo como Eu o Vejo.

místico, que pouco ou nada tinham a ver com o conhecido racionalismo que ele desenvolveu para uso externo.

De um modo equivalente ao de figuras da ciência clássica, como Newton, Kepler e Descartes, que eram homens tementes a Deus – possivelmente numa concepção próxima à do Deus Pai judaico, predominante na época – também cientistas da mais alta cepa de nossos dias são, ou foram, homens que não abdicaram da dimensão espiritual em suas vidas, entretanto em interpretações distantes da imagem de um deus pessoal e majestático, que controlaria de fora o universo como um diretor de cena. Na verdade, bem poucos cientistas poderiam ser enquadrados no pedantismo de Laplace que, quando mostrou a Napoleão seu sistema do mundo e foi por este inquirido sobre o papel que desempenharia Deus naquela concepção, respondeu-lhe que "não tinha precisado dessa hipótese".

Nas últimas décadas do século 20 assistimos, como um refrescante alento de renovação, o ressurgimento dos homens de ciência que não mais receiam como ameaças à sua reputação as acusações de misticismo nas suas propostas e nas suas práticas. E isto não quer dizer que esses homens tenham renunciado aos rigores do método científico, ou tenham sucumbido à "maré negra do ocultismo", como temia Freud.

Muito pelo contrário, o que estamos vendo é uma crescente onda de esclarecimento em todos os níveis, o sucessivo desmoronar de preconceitos e limitações lógicas, a diluição das barreiras que categorizavam o conhecimento, impedindo o sadio fluir de diferentes abordagens para a investigação das questões maiores do espírito e do universo. Temos assistido ao processo de coalescência do conhecimento científico mais rigoroso com *insights* místicos da maior seriedade e profundidade, como resultado do trabalho de homens de ciência que nunca recearam as pressões dos seus colegas de visão mais restrita, com seus risos de mofa e a causticidade de sua ironia. Isto, quando não derivam para a agressividade, ou aberta hostilidade, sempre que são abordados os temas "interditos" dos fenômenos sincronísticos e da paranormalidade, tão amplamente documentados que sua negação já traz uma forte conotação de desonestidade – não mais de quem os investiga, mas de quem os nega.

Neste momento, de tão alta significação para a história do conhecimento humano, diante das câmaras e microfones que me põem em contato com a comunidade científica internacional, quero expressar com ênfase o meu reconhecimento a todos aqueles que empreenderam a tarefa árdua de romper as fronteiras da sofisticada ignorância, que tanto bloqueou as irrupções mais amplas do pensamento e do sentimento da humanidade na sua ânsia de galgar novos patamares para a compreensão do mundo e do ser humano.

Rendo minha homenagem ao trabalho pioneiro de divulgadores como Marilyn Ferguson, Fritjof Capra, Gary Zukav, Ken Wilber, Renée Weber, F. David Peat, Lyall Watson, Fred Alan Wolf, Michael Talbot e, principalmente, o premiado professor Paul Davies que, com sua obra extensiva e rigorosa, enfatiza ousadamente a abordagem científica de temas anteriormente privativos da filosofia e da religião, não hesitando em colocar a palavra *Deus* no título de seus livros.

Além destes, e de muitos outros nomes que vêm se unindo à refrescante onda renovadora, quero destacar particularmente a contribuição profunda à epistemologia da ciência que vejo representada pela obra do físico B. Alan Wallace. Este cientista, aqui presente no auditório, é também um destacado mestre do budismo tibetano, o que lhe permitiu uma síntese extraordinariamente lúcida das contribuições ocidental e oriental para harmonizar a nossa visão de mundo, nesta época de transição tão singular quanto significativa. O livro *Choosing Reality* *, de Wallace, é seguramente a melhor abordagem do *caminho do meio* budista aplicado à ciência ocidental, tornando-se uma obra indispensável aos estudiosos da filosofia da ciência, e da nova epistemologia que se delineia como base para o pensamento do século 21.

Até o momento, tenho expressado minha alegria diante do processo de convergência que estamos constatando entre filosofia, ciência, arte e religião, e que se revela quando os nomes mais destacados da ciência das universidades passam a assumir seu interesse pela experiência mística mais autêntica como forma legítima de aproximação das questões maiores do conhecimento. Esse processo, que na verdade sempre existiu de forma mais ou menos velada entre os grandes cientistas de todas as épocas, acelerou-se a partir dos anos 70 e atinge agora seu nível mais explícito da história, nos dando a entender que estamos atingindo um crucial ponto de inflexão na evolução da ciência – o *ponto de mutação* de que nos fala Fritjof Capra – a partir do qual somente uma nova base filosófica poderá fundamentar a evolução futura do conhecimento.

Mas agora pergunta-se: já é possível delinear-se uma síntese da nova visão de mundo predominante entre os homens de ciência que possa configurar-se como modelo *standard* deste ponto de mutação que estamos vivenciando? Já é possível apresentar-se neste Simpósio um modelo, ainda que provisório, do que seria a concepção da realidade hegemônica neste momento da história? Já existe um mínimo de consenso entre cientistas e místicos, entre artistas e filósofos, poetas e xamãs, a partir do qual se possa esboçar um quadro medianamente aceitável do que sejam o indivíduo e o Cosmos, a experiência subjetiva e as manifestações daquilo que ainda podemos chamar de realidade objetiva? Já é

---

* Escolhendo a Realidade.

possível delinear uma nova plataforma, a partir da qual venha a se desenvolver a ciência do século 21?

Talvez. Estas são questões delicadas, porque, mesmo que estejamos a constatar um inequívoco processo de sobreposição entre as grandes áreas em que o conhecimento se dividiu a partir do Renascimento; mesmo que já possamos respirar aliviados, porque exorcizamos os fantasmas do século 19 que conseguiram assombrar todo o século 20 com suas teorias materialistas; mesmo que estejamos a vivenciar um estimulante florescer nos corações e mentes de uma geração que vê no conhecimento e na sabedoria duas faces complementares de uma só realidade cósmico/individual; mesmo assim, com tudo isto, estamos distantes de um consenso e, certamente, ainda longe de uma unanimidade.

Nem se deve pretender consenso, e muito menos unanimidade, em questões tão sérias e abrangentes, porque a contribuição individual de cada homem e de cada mulher de conhecimento – seja na ciência, na arte, na filosofia, na experiência mística ou em tudo isto junto e sintetizado numa forma transcendente de conhecer – é algo a ser respeitado e preservado, uma vez que um dos mais belos paradoxos que teremos de desfrutar daqui para a frente é precisamente a realização plena do Todo através da contribuição individual de cada um, de cada ser humano que tenha realizado sua *função transcendente*[6], avançando no seu *processo de individuação*[7], como queria Jung.

O que posso e pretendo oferecer como minha contribuição a este Simpósio e a todos aqueles que me vêem e ouvem nos cinco continentes, é a síntese pessoal do que estou assistindo nas manifestações mais recentes do pensar científico em todo o mundo, que aos poucos vem esfumando suas fronteiras e abrindo suas portas de percepção para outras formas de conhecer que lhe são complementares. Finalmente, quero apresentar de forma resumida, e sem qualquer formalismo matemático que lhe venha elitizar a compreensão, aquilo que eu e meu amigo e parceiro, Prof. Adam Newman, chamamos de *teoria da consistência relacional*, elaborada conjuntamente por ambos.

Para a compreensão do que seja a visão de mundo que se delineia como característica do novo paradigma – e que comporta ainda múltiplas versões e interpretações –, é necessário examinar as suas raízes. Não vejo necessidade de repetir aqui as colocações do Prof. Newman, que hoje de manhã discorreu sobre as bases metafísicas em que se pretende apoiar o conhecimento científico ocidental, bastando-me registrar a crescente inquietação que coloca em xeque alguns desses pressupostos, hoje reconhecidos como inconsistentes, arbitrários ou, no mínimo, muito frágeis.

O ponto central onde se processa a ruptura epistemológica mais contundente é o conceito do que seja uma realidade objetiva ou, colocando em outros termos, a relação dialética entre sujeito e objeto, entre indivíduo e Cosmos.

Cabe reiterar aqui que o realismo ingênuo dos que postulam a existência de uma realidade objetiva exterior a quem a percebe nunca foi algo pacificamente aceito na cultura ocidental e, muito menos, em outras culturas diferentes da nossa. É óbvio que, ao observador desatento e destituído de interesse por uma investigação mais cuidadosa de suas relações com o mundo, será muito mais simples usar a navalha de Ockham e supor uma realidade externa independente de si próprio do que examinar outras alternativas menos simplórias. Isto parece de tal forma evidente que seu questionamento costuma ser visto como simples excentricidade de "filósofos" desocupados. Esta atitude ingênua encontrou guarida no materialismo que se consolidou durante o século 19 e persistiu por um processo de inércia cultural durante todo o século seguinte. O paradigma dominante na ciência convencional do século 20 permaneceu atrelado ao materialismo, ao empirismo pragmático e ao positivismo em suas diversas nuances, apesar de já estar sendo minado desde suas primeiras décadas, atingindo proporções de uma verdadeira revolução em 1925, 1926 e 1927, com as propostas subversivas da teoria quântica. Foi a partir desses anos cruciais para a história da ciência, que o colossal relógio cósmico imaginado por Newton começou a ser desmontado e o universo passou a "assemelhar-se mais a um grande pensamento do que a uma grande máquina", no dizer de James Jeans*.

Nos setenta anos que se seguiram até o final do século, a progressiva diluição do mundo objetivo em que se baseava a física clássica acentuou-se consideravelmente nas equações e nos experimentos de laboratórios. Esses avanços extraordinários, entretanto, permaneceram despercebidos ou convenientemente ignorados pela maioria dos cientistas que, incapazes de romper com as bases lógicas em que foram educados, investiram-se de guardiões do bom senso, aferrando-se a um paradigma[8] que já não correspondia aos fatos experimentais e às novas formulações teóricas. Os principais petardos que abalaram a estrutura da física clássica e a noção de realidade objetiva surgiram na segunda metade da década de 20 sob a forma de *princípios*, emergentes das teorias e dos experimentos daqueles anos efervescentes.

Em 1925, Heisenberg obteve a primeira formalização matemática da teoria quântica, a mecânica matricial, que ele propôs aos 23 anos de idade, enquanto convalescia de uma febre na ilha de Heligoland. Pouco antes, o jovem príncipe francês Louis de Broglie deduziu o comprimento de onda do elétron e sugeriu experimentos que poderiam comprovar que estes apresentariam fenômenos de difração, tal como a luz.

* Ainda no século 19, Sir Humphry Davy teve um *insight* equivalente a este de Sir James Jeans.

Em janeiro de 1926, aos 38 anos de idade, Schrödinger formulou a célebre equação que o elétron teria de obedecer para compor o átomo de hidrogênio, reforçando a idéia de que o elétron poderia ser uma onda. Logo, uma série de experiências mostrou que se efetivamente o elétron apresentava fenômenos de difração, então alguma onda estaria presente. Mas seria uma onda *de quê*, se em outros experimentos ele se mostrava claramente como partícula? Um grupo de cientistas da Universidade de Göttingen, liderado por Max Born, rejeitava a interpretação de que a matéria pudesse ser feita de ondas, uma vez que eles podiam contar individualmente os elétrons e outras partículas com um contador Geiger, ou observar seus rastros numa câmara de Wilson. A dupla natureza onda/partícula, que parecia comum tanto à luz – e, portanto, a toda radiação eletromagnética – como à matéria, confirmou-se como o primeiro grande paradoxo que se instalou na física para ficar.

Seriam a luz e os elétrons ondas ou partículas? Os debates prosseguiram acalorados por mais de um ano, principalmente entre Niels Bohr, Heisenberg, Wolfgang Pauli e Dirac até que, em fevereiro de 1927, Bohr e Heisenberg tiveram *insights* extraordinários sobre o significado da teoria quântica, que subverteriam a própria lógica, abrindo o caminho para uma nova interpretação da realidade e dos limites da capacidade humana de apreendê-la.

Assumindo um dos posicionamentos mais ousados da história da ciência, Niels Bohr enunciou o seu *princípio de complementaridade*, que se afastava da lógica aristotélica ao propor que partícula e onda são dois aspectos complementares sob os quais a radiação eletromagnética e a matéria se apresentam: apesar de incompatíveis "logicamente", ambos são verdadeiros e, conforme o tipo de experimento realizado, se apresentarão de uma ou de outra forma. A onda associada a cada partícula seria então a onda das possibilidades matemáticas[9] de que a partícula se manifeste em cada ponto considerado, e isso só ocorre quando a função de Schrödinger entra em colapso pela intervenção de um observador consciente, fazendo a partícula sair de um estado potencial para uma manifestação detectável.

Heisenberg, por sua vez, estabeleceu pela primeira vez um limite claro para a pretensão de um observador conhecer "tudo" sobre a realidade, quando formulou seu *princípio da indeterminação*, ou da *incerteza,* que mostrava a impossibilidade de se conhecer, com qualquer nível de precisão arbitrariamente desejada, pares de observáveis tais como o momento (velocidade) e a posição de uma partícula; quanto maior for a exatidão que se pretenda determinar para um desses observáveis, menor será a precisão com que se poderá conhecer o outro; e isto não decorre de qualquer limitação dos métodos ou instrumentos empregados, mas é uma característica intrínseca da própria natureza da matéria.

A partir desses princípios, estabeleceu-se a chamada interpretação de Copenhague da física quântica, que trazia profundas implicações filosóficas sobre o conhecimento do mundo submicroscópico. A primeira delas é que a realidade quântica é de natureza estatística e não determinada: um só experimento sobre qualquer propriedade quântica de uma partícula não produz um resultado confiável; ou se faz o experimento sobre um grande número de partículas ou o experimento sobre uma delas terá de ser repetido muitas vezes, para então se calcular uma média dos resultados. A segunda implicação é que não faz sentido dizer algo sobre as propriedades físicas de qualquer objeto quântico sem que se especifique precisamente qual o arranjo experimental utilizado para conhecê-lo. Ou seja: de alguma forma misteriosa a realidade quântica é criada pelo ato da observação, que provoca o colapso da função de onda de Schrödinger, tornando real algo que era apenas potencial.

Já nessa época, Niels Bohr dizia que "é um erro supor que o objetivo da física seja descobrir o que a natureza é. A física se ocupa do que nós podemos dizer sobre a natureza". Isto abriu o caminho para que depois John Wheeler declarasse que "nenhum fenômeno é um fenômeno real até que seja um fenômeno observado" e que, mais recentemente, N. David Mermin, da Universidade de Cornell, viesse a enunciar sua famosa *boutade*: "Atualmente nós já sabemos, e podemos demonstrar, que a Lua não está lá, se ninguém estiver olhando".

Enquanto os revolucionários quânticos, armados com suas equações e seus desconcertantes experimentos, prosseguiam na subversão completa do que se supunha ser uma realidade objetiva, o restante do *establishment* científico nas universidades do mundo ignorava, ou fingia ignorar, o que se passava.

Mas nem todos. E a reação em defesa do sacrossanto paradigma do realismo veio em 1935, chefiada pelo já então grande patriarca da ciência, Albert Einstein, que com seus aliados Boris Podolsky e Nathan Rosen, concebeu um experimento imaginário que, conforme esperava, demonstraria o equívoco das concepções quânticas. Esse famoso experimento mental, descrito em muitos livros de divulgação científica, mostraria que se as proposições quânticas fossem verdadeiras, das duas uma: ou algo se deslocaria a uma velocidade superior à da luz, o que não era admissível pela teoria da relatividade, ou então não poderia existir uma realidade objetiva independente do observador. Desde então, instalou-se uma controvérsia que durou décadas sobre o paradoxo EPR, como passou a ser conhecido. E o resultado, já obtido em laboratório, mas que parece ainda não ter sido inteiramente digerido pela comunidade científica, é desfavorável a Einstein e seus dois colegas. Conforme discorreu o Prof. Newman em sua comunicação, são muitas as diferentes interpretações da teoria quântica propostas e debatidas entre os cientistas, mas a que menos parece corresponder aos fatos experimentais e ao formalismo teórico é justamente a interpretação realista, que admite a existência objetiva de uma realidade bem comportada, a funcionar independentemente de quem a observe.

Atualmente, convivem no fórum de debates da ciência outras teorias que estendem e aprofundam as propostas quânticas e, com variados embasamentos metafísicos, procuram ajustar-se aos fatos e às equações. Algumas dessas teorias estão fundamentadas em sólido formalismo matemático[10] e outras ainda não chegaram a tanto, embora seus conceitos pareçam respeitáveis e convincentes para explicar importantes segmentos da totalidade cósmico/individual – hoje abrangendo, conforme a visão pós-quântica, o misterioso e esquivo entrelaçamento objetivo/subjetivo do mundo.

Alguns dos nomes mais respeitados da ciência contemporânea, como Henry Pierce Stapp, Geoffrey Chew e David Bohm puseram em risco suas reputações como cientistas ao reconhecerem que a evidência do papel essencial do observador num experimento implicava reconhecimento da consciência, da subjetividade, do espírito, a vertente imaginária rejeitada pelo ingênuo materialismo do velho paradigma. E como eles muitos outros, na física, na cosmologia, na neurologia, na ecologia, já não receiam falar em espírito, no papel determinante da consciência, na face imaginária do Ser, "a pedra que os construtores rejeitaram e que depois mostrou ser a pedra angular" [11].

É nesta nova onda, que chega avassaladora para abrir as amplas perspectivas do novo milênio, que Adam Newman e este que vos fala inserem-se com uma proposta que denominamos *teoria da consistência relacional,* que exponho a seguir, em suas linhas gerais.

Teoria da Consistência Relacional

Tal como na proposta da concepção *bootstrap*[12], de Geoffrey Chew, nenhum aspecto da consistência relacional pode ser considerado básico; quase todos são importados de outras teorias e somente subsistem pela sua interdependência numa configuração coerente, capaz de elucidar enigmas que os demais *approaches* não resolvem *per se.* A consistência relacional é, assim, uma teoria *bootstrap*, inclusive porque recusa a concepção reducionista arraigada ao paradigma vigente de que o universo, ou a totalidade, sejam feitos de constituintes básicos elementares, tais como partículas, leis, constantes, etc. Na visão da consistência relacional, tanto a busca de subpartículas elementares como a investigação do que teria ocorrido na fração mínima de tempo linear após o *big bang* são caminhos ilusórios que a nada conduzirão.

Um aspecto a ser considerado preliminarmente é o quadro dimensional onde se insere a totalidade acessível ao conhecimento, que se manifesta em duas vertentes, duas faces de uma mesma moeda, compatibilizadas por uma extensão do princípio de complementaridade de Bohr: a face dita real ou objetiva, manifestada nas três dimensões do espaço (euclidiano ou não, dependendo da escala considerada ou da opção do investigador) e a face dita imaginária ou subjetiva, manifestada nas três dimensões do tempo, conforme a proposta apresentada neste Simpósio pelo ilustre Prof. Kether Weisskopf. Assim, o ser cognoscível, em sua totalidade, tem duas faces opostas e complementares, classicamente vistas como matéria e espírito, que nada mais são do que a nossa forma particular de perceber aquilo que, sem este recurso, seria racionalmente inapreensível. Lembremo-nos que Einstein já dizia que *"tempo e espaço não são propriedades do universo em si, mas apenas formas pelas quais o percebemos"*.

Desse modo, a moldura dimensional que contém o todo cognoscível compreende as três dimensões "reais" do espaço *x*, *y* e *z* mais as três dimensões "imaginárias" do tempo *t*, *u* e *v*. Todo o real e todo o imaginário, todo o mundo "objetivo" e também o "subjetivo"[13], todos os fenômenos físicos e mentais – inclusive os paranormais – podem ajustar-se nessa treliça dimensional. No sistema perceptivo ordinariamente adotado, os conteúdos "reais" – que formam o universo físico delimitado pelos físicos e cosmologistas como seu objeto de estudo – dizemos que *existem*. Por sua vez, os conteúdos do mundo mental e "imaginário", inclusive as criações ideais das subjetividades, humanas ou não, dizemos que *inistem*. Especular sobre outros conteúdos, abstratos ou não, fora dessa moldura dimensional, é ocioso porque estes não seriam acessíveis ao conhecimento. As próprias entidades matemáticas que descrevem algo fora desse quadro somente existiriam, ou melhor, inistiriam, enquanto entidades matemáticas abstratas vinculadas ao seu peculiar *status* ontológico na vertente imaginária do Ser.

Note-se que, ao admitirmos o tempo como tridimensional e imaginário, todo o problema das origens e da evolução passa a ser referido a uma compreensão não seqüencial dos fatos cósmicos. Esta é, possivelmente, a revolução de maior alcance da nossa proposta, ao subverter todas as formas de investigação relacionadas ao tempo unidimensional e linear, com sua seta do tempo inexoravelmente atrelada ao *big bang* e ao segundo princípio da termodinâmica. Isto nos coloca diante da concepção budista do Ser. D.T. Suzuki nos ensina que

> O Buda [...] não é mais aquele que vive no mundo concebido em termos de tempo e espaço. Sua consciência não é mais a consciência de uma mente comum, que deve ser regulada de acordo com os sentidos e a lógica. [...] O Buda [...] vive num mundo espiritual que possui suas próprias regras.

Aquilo que os físicos e cosmólogos reconhecem como o universo, o Cosmos cujos segredos estudam, na verdade não é *uno* nem *objetivo*, a não ser de uma perspectiva estritamente consensual. Cada subjetividade, cada espírito, cada observador, cada cientista, cada pessoa de qualquer nível ou padrão cultural, cada consciência – seja ela humana ou não, seja ela terrestre ou não –, carrega em torno de si seu próprio universo de beatitude ou de dor, de ignorância ou de luz, construído ao longo dos eons de sua existência transtemporal. Isto nos remete à teoria das mônadas, de Leibniz, sábio que revela uma surpreendente atualidade por ter intuído, ou antecipado, importantes aspectos de muitas teorias recentes, particularmente a visão holográfica do cérebro (Karl Pribram) e do universo (David Bohm)[14]. O nosso modelo da consistência relacional apóia-se sobre os ombros desses precursores.

No campo das interpretações dos paradoxos quânticos, endossamos enfaticamente a descoberta (é assim que a vemos) de que a consciência cria a realidade, no momento em que promove o colapso da função de Schrödinger, tornando atual (real) aquilo que não passava de uma existência potencial (imaginária). Entendemos que esse processo, repetido incontáveis vezes em todos os atos de observação, vai atualizando os mundos contidos potencialmente nas múltiplas possibilidades quânticas e construindo em torno dessa subjetividade o *seu* universo* Assim, vinculamo-nos também à interpretação dos múltiplos universos, de Hugh Everett III, ao admitir que o universo é, na verdade, um multiverso, um inesgotável desdobramento de universos, que podem ter entre si diferenças mínimas ou muitíssimo acentuadas. O que distingue a nossa interpretação da de Everett, é que ele admite que todas as versões possíveis de universos de alguma forma "existiriam" superpostas num hiperespaço de infindáveis realidades simultâneas, das quais nós, coletivamente, só teríamos consciência de uma. Em nossa visão somente se atualizam as versões centralizadas em subjetividades que lhes sirvam de núcleo existencial, cada subjetividade com seu próprio universo paralelo. Consideramos evidente que algo que não é percebido não pode ser real, como já observou John Wheeler, portanto universos que não tenham uma subjetividade consciente como núcleo perceptual não podem existir.

Esta nossa proposição, entretanto, não significa que cada subjetividade esteja confinada a um só universo paralelo que, para ela, existiria como um único

* John Wheeler sustenta que são os observadores, pelo seu ato de observar, que criam uma "textura de significado" que se torna o Universo. A este cenário ele denomina "universo participativo". A diferença da concepção de Wheeler para a nossa é que ele supõe que um só universo "objetivo" vai sendo criado pelas observações dos inumeráveis sujeitos, enquanto na nossa interpretação cada observador cria seu próprio universo paralelo, que se desdobra e se compatibiliza com os demais enquanto os sujeitos que os criam estiverem em interação.

universo privado, segundo a concepção clássica. Não é assim. A nosso ver, cada subjetividade é um pólo de desdobramento de universos, que ela provoca a cada opção quântica segundo suas decisões, conscientes ou não, que chamaríamos de *observações* – equivalentes ao que nos experimentos quânticos formais se costuma caracterizar como *medições*. Desse modo, cada subjetividade centraliza um foco de desdobramento de universos paralelos da forma prevista pelo cálculo e admitida na interpretação de Everett. Com a diferença fundamental que, enquanto naquela interpretação existe um só sistema de desdobramento, numa única hipotética realidade *objetiva* que todos coabitaríamos, em nossa proposta essa realidade objetiva, independente de quem a observe e comum a todos, deixa de ter existência autônoma e passa a ter uma existência de natureza *consensual*. Que, por sua vez, não é única: são inúmeras as realidades consensuais, porém compatíveis e consistentes para as subjetividades que nelas residem. Realidades consensuais que não estão em interação podem ser muito diferentes entre si.

Sinteticamente, nesta nossa proposição, aquilo que poderíamos chamar de realidade passa a ser entendido como uma vastíssima rede intersubjetiva que tece realidades consensuais entre as subjetividades que estejam em processo de interação. A geração dos fenômenos compartilhados por múltiplas subjetividades – e que se apresentam como objetivos – ocorre segundo processos de natureza holográfica[15], em que cada parte contém informações sobre o conjunto interagente. Isto sintetiza as teorias de Pribram e Bohm numa concepção única e sugere um *locus* dimensional inteligível – o tempo tridimensional – onde se podem inserir confortavelmente a *ordem implícita* de Bohm, o *domínio de freqüências* de Pribram, os *campos morfogenéticos* de Sheldrake, os *fenômenos parapsicológicos*, os *arquétipos* de Platão e Jung, etc. Nós vemos e vivemos um *universo consensual* compartilhado com outras subjetividades próximas – diz-se *interagentes* – construído matematicamente por nossa consciência segundo as transformadas de Fourier[16], ao interpretar freqüências eletromagnéticas oriundas de outras subjetividades de uma vasta hierarquia, que são projeções geométricas das dimensões superiores do tempo. A consciência é um holograma que reproduz "um" universo holográfico em perpétua mutação pela ação contínua das subjetividades em interação. Os processos mais presentes na geração desse mundo consensual são a interferência e a ressonância de freqüências eletromagnéticas – muitas vezes insuspeitadas, mas presentes. Estamos de acordo com o cientista escandinavo Hannes Alfvén, quando ele diz que o Cosmos é muito mais um ser eletromagnético do que gravitacional.

Resta-nos agora examinar o aspecto remanescente, que parece indispensável para consolidar essas proposições, que é a explicitação do princípio que permite compatibilizar os muitos universos em processo de atualização em torno de cada pólo consciente, ou subjetividade, de modo que a ilusão de uma única realidade objetiva consistente apareça da forma convincente que ordinariamente se constata. Se cada subjetividade desdobra seus próprios universos, como é possível que isto não seja perceptível e a sugestão de uma única realidade objetiva nos pareça óbvia?

Na tradição dos investigadores pioneiros dos mistérios quânticos, sempre que foi atingido um aspecto crucial daquilo que se chama de realidade e dos meios e limites que temos para apreendê-la, emergiu algo como um *princípio*, um parâmetro básico que estabelece um padrão que define o processo cognoscente. Assim, surgiram o princípio da complementaridade de Bohr, o princípio da indeterminação de Heisenberg, o princípio de exclusão de Pauli e vários outros que balizaram o que parecem ser características intrínsecas do Ser ou, pelo menos, do nosso processo de apreensão de seus aspectos mais profundos.

Nesta mesma linha, vislumbramos o que podemos chamar de *princípio de consistência*, que compatibiliza os diversos mundos gerados por cada uma das subjetividades interagentes, de modo que o tecido consensual se apresente sem falhas ou fissuras. Esse princípio, tão geral e abrangente como os outros que mencionamos, é uma das condições indispensáveis para que os conteúdos de um tempo não-linear – de uma treliça bi e tridimensional – possam projetar-se em nosso espaço-tempo perceptível para interagirem entre si.

Pelo princípio de consistência, a seta do tempo surge pelo seqüenciamento não conflitante dos colapsos de ondas quânticas (função de Schrödinger) que ocorrem a partir das infindáveis intervenções conscientes no super-holograma formado pelos hologramas individuais de cada subjetividade. A realidade consensual vai, assim, se formando pelo sucessivo acúmulo no tempo linear dos colapsos quânticos de todas as intervenções promovidas no super-holograma comum às subjetividades interagentes. Essa seqüência, que só existe no tempo linear da vivência e percepção de cada uma das subjetividades envolvidas, espalha uma realidade que se atualiza em um campo consensual crescente como uma fractal que incorpora a cada passo novas subjetividades, sem contradições nem inconsistências.

Entretanto, essa compatibilização nem sempre é perfeita. Como se depreende das proposições acima, aquilo que chamamos de realidade consensual, e que a nosso ver substitui o conceito de realidade objetiva, forma-se no tempo linear como manchas autoconsistentes segundo funções matemáticas de autocorrelação de características fractais que se espalham a partir de diferentes centros de geração; como nossa perspectiva é holográfica e não local, admitimos que essas manchas trocam informações entre si, mesmo que não estejam próximas, prevenindo sua compatibilização quando mais adiante entrarem em contato.

Mas esse processo tem falhas eventuais, que podem ser detectadas enquanto não se ajustam e *cicatrizam*. Quanto mais distantes no espaço-tempo perceptível e menos interagentes entre si, mais provável será a ocorrência de fissuras de compatibilidade entre diferentes manchas de realidades consensuais em formação. Um curioso exemplo é o caso dos neutrinos, que nas inúmeras pesquisas realizadas no Ocidente durante muitos anos não acusaram qualquer massa, mas nos laboratórios da Rússia invariavelmente apresentam-se como portadores de massa muito pequena, mas mensurável. Esta fissura cicatrizou-se em janeiro de 1995, quando, finalmente, os experimentos americanos encontraram massa no neutrino.

A concepção consensual da realidade e do Cosmos repousa sobre uma base epistemológica radicalmente distinta da que sustentou a ciência até o século 20 e afasta-se substancialmente da herança cultural do Ocidente, de raízes gregas. Inúmeros são os aspectos cruciais que precisamos rever em todas as ciências e métodos de pesquisa. Mais do que uma revolução, o que se configura nas relações do indivíduo com o Cosmos é uma verdadeira subversão de tudo que se supunha conhecer na cosmologia, na física, na antropologia, na história, na psicologia. E, daqui para a frente, será indispensável que com ousadia e humildade – não as vejo como incompatíveis – estejamos dispostos a assumir os paradoxos e maravilhas que se oferecem ao conhecimento humano neste novo milênio.

Notas

1. A cientista Ilse Rosenthal-Schneider, que graduou-se em física pela Universidade de Berlim nessa época, diz em seu livro *Reality and Scientific Truth* [Realidade e Verdade Científica] que "Quando Einstein, von Laue e Planck e, mais tarde, Schrödinger, lecionavam em Berlim, um clima excepcional de harmonioso intercâmbio de idéias tornou-se característico daquele período. Cada um dos estudantes deve ter-se sentido beneficiário daquela cooperação sem atritos". A teoria quântica floresceu inteiramente nos anos fecundos entre 1925 e 1927. Referindo-se a esse período extraordinário da história da ciência, Paul Dirac disse a J.C. Polkinghorne que "foi um tempo em que homens obscuros realizaram um trabalho de primeira grandeza". A nossa perspectiva mostra hoje que a visão de que esses homens seriam "obscuros" revela apenas a humildade indispensável ao trabalho científico de grande alcance, e que esses homens foram na verdade gigantes que mudaram o mundo.

2. *Fractais* são entidades geométricas, geralmente curvas caprichosas obtidas em computador a partir de equações com números complexos, dotadas de auto-similaridade, isto é, a propriedade de repetirem sua configuração geral nos seus próprios detalhes, qualquer que seja a escala de ampliação adotada. A critério do programador essas curvas podem delimitar faixas com diferentes cores, gerando figuras inesperadas que se podem ampliar ilimitadamente, trazendo sempre surpresas a cada nova escala. As fractais são tão surpreendentes que seu principal criador, o francês Benoit Mandelbrot, quando viu pela primeira vez as configurações que surgiram no seu monitor a partir das operações que ele programara, julgou que seu computador estivesse com defeito.

3. *Autômatos celulares* é como foram chamadas as unidades elementares do jogo para computadores também conhecido como *Vida*, onde pequenas figuras geométricas tipo triângulo ou quadrado modificam-se, crescem, reproduzem-se, agridem-se ou devoram-se, mimetizando de forma esquemática o comportamento de entidades vivas. Concebido em 1970, o jogo da Vida surpreendeu os seus criadores pela crescente riqueza e variedade de comportamentos assumidos pelas células, que chegam a reproduzir complexas características da evolução dos seres vivos.

4. Conta o Prof. Weisskopf, que privou da amizade de Einstein, que certa vez disse ao mestre, em Princeton, que um físico recém-formado gostaria de trabalhar com ele e ressaltou que se tratava de um bom rapaz "muito humilde". Ao que Einstein lhe retrucou: "Mas como pode ele ser humilde? Ele ainda não fez nada..."

5. Richard Westfall, o melhor dos biógrafos de Newton, informa que "Ele não tropeçou na alquimia, descobriu seu caráter absurdo e passou a trilhar o caminho da química sóbria e racional. Ao contrário, partiu da química sóbria e desistiu dela bem depressa,

em favor do que julgou ser a maior profundidade da alquimia". Mais adiante, comenta: "Na filosofia mecânica, Newton havia encontrado uma abordagem que eliminava a alma das operações da natureza e explicava essas operações unicamente pelas exigências mecânicas das partículas de matéria em movimento. A alquimia, em contraste, encarava a natureza como vida e explicava os fenômenos pela intermediação ativadora da alma". E conclui "É necessário encarar o interesse de Newton pela alquimia como uma manifestação de rebeldia contra os limites restritivos que o pensamento mecanicista impunha à filosofia natural".

6. Na psicologia analítica de C.G. Jung, chama-se *transcendente* à função que, exprimindo-se por meio de símbolos, conecta os opostos, permitindo a transição do irracional para o racional, do real para o imaginário e vice-versa, fazendo a conexão do consciente com o inconsciente. Depois de propor tal denominação para esta importante função psíquica, Jung verificou, com agradável surpresa, que já havia na matemática superior uma função de números reais e imaginários que também se denominava *função transcendente.*

7. C.G. Jung denomina *individuação* ao processo que se deve realizar ao longo da vida de uma pessoa, e que consiste em encontrar e reconhecer dentro dela o arquétipo do *Self*, o Si Mesmo, que é a expressão individual da totalidade. Trata-se de um processo espiritual que nem todos conseguem completar e que implica reconhecimento de que o ego de superfície é limitado e ilusório. Ao realizar o processo de individuação, a pessoa passa a vivenciar o paradoxo de ser um homem ou mulher comum e, ao mesmo tempo, uma manifestação do *Self*, do Ser Divino imanente em cada alma individual. O processo de individuação é a realização do preceito délfico da *sofrosyne*, ou conhecer-se a si mesmo, e exige a superação do egoísmo e da *persona*, ou máscara social.

8. A noção de paradigma, desenvolvida por Thomas S. Kuhn no seu clássico *The Structure of Scientific Revolutions* [A Estrutura das Revoluções Científicas], de 1976, define-se como o conjunto de pressupostos, conceitos, métodos, procedimentos e expectativas comuns a uma comunidade científica numa determinada época da sua história, que geralmente delimita o que "pode" ou "não pode" ser admitido como "verdade" ou "digno de consideração".

9. Uma onda de possibilidade não é a mesma coisa que uma onda de probabilidade, como aparece equivocadamente em alguns textos sobre esse tema. Probabilidade é a raiz quadrada da possibilidade. Uma onda destas tem o mesmo *status* existencial das entidades matemáticas; não tem existência real, mas está sujeita a todos os fenômenos de difração e interferência das ondas ditas reais.

10. A teoria da relatividade complexa, do físico francês Jean-Émile Charon, publicada em 1977, estende o campo de aplicabilidade da teoria da relatividade de Einstein a um

espaço-tempo complexo (no sentido matemático), a partir da utilização dos números imaginários, constituindo-se numa das teorias recentes de mais completa formalização matemática. Mas nem mesmo assim foi bem recebida pelo *establishment* científico, que lançou sobre ela uma cortina de silêncio, talvez porque o Prof. Charon ouse utilizar a palavra *espírito* para designar a vertente imaginária do Ser, estudada e descrita a partir de sua teoria.

11. Cf. *Evangelho Gnóstico de São Tomé*, versículo 66, Salmo 118-22 e Atos 4-11.

12. A interpretação *bootstrap* do mundo quântico postula que não existem partículas fundamentais e que cada partícula subatômica é "feita pelas demais". A palavra *bootstrap* (correia das botas) alude a uma metáfora que sugere que o mundo se ergue "puxando pelas correias das próprias botas".

13. Os conceitos que colocamos entre aspas formam pares intercambiáveis, como as conhecidas figuras ambíguas da *Gestalttheorie*.

14. Leibniz não apenas intuiu as atuais concepções holográficas – ele propunha que cada mônada era um "espelho vivo de todo o universo" – como também a visão *bootstrap* de Geoffrey Chew, uma vez que nenhum dos aspectos de sua doutrina pode ser considerado fundamental ou principal; para ele, os diversos aspectos de seu sistema eram complementares entre si e apoiavam-se em todos os demais. Além disso, foi Leibniz quem propôs pela primeira vez a existência de uma mente inconsciente, ou subconsciente (cf. *Monadology* 19-21), antecipando Freud e Jung em mais de um século.

15. *Holografia* é um sistema ótico de registro de imagens que utiliza os raios laser e o fenômeno da interferência das ondas luminosas para codificar em filme fotográfico imagens tridimensionais de objetos, que podem ser reproduzidas no espaço com nível de definição e características bem diferentes da fotografia comum. Enquanto na fotografia a cada ponto do objeto corresponde um ponto equivalente no filme, na holografia cada ponto do filme contém informações sobre todo o objeto. Se cortarmos um pedaço de um filme fotográfico teremos apenas um fragmento da imagem do objeto, mas se tirarmos um pedaço de um filme holográfico, ainda assim poderemos projetar com ele a imagem completa do objeto, apenas com nitidez menor do que se o filme estivesse inteiro.

16. Chama-se *transformada de Fourier* ao sistema de análise matemática desenvolvido por esse matemático francês para decompor qualquer onda, não importando sua complexidade, num somatório de ondas senoidais simples.

Referências bibliográficas

Bohm, David. *Wholeness and the Implicate Order,* Routledge & Kegan Paul, Londres, 1985.

Bohr, Niels. *Atomic Theory and Description of Nature,* Faber & Faber, Londres, 1957.

Briggs, John P. e Peat, David F. *Looking Glass Universe,* Fontana Paperbacks, 1985.

Capra, Fritjof .*The Tao of Physics,* Shambhala, Berkeley, 1975.

________. *The Turning Point,* Shambhala, Berkeley, 1982.

Charon, J-E. *Theorie de la Relativité Complexe,* Albin Michel, Paris, 1977.

________. *L'Esprit, cet Inconnu,* Albin Michel, Paris, 1977

Davies, Paul. *God and The New Physics,* J.M. Dent & Sons Ltd., Londres, 1982.

________. *Other Worlds,* J.M. Dent & Sons Ltd., Londres, 1988.

________. *The Mind of God,* Orion Productions, 1992.

________. *Superforce,* Gleniser Gavin Ltd.

Jantsch, Erich. *The Self-Organizing Universe: Scientific and Human Implications of the Emerging Paradigm of Evolution.* Pergamon Press, Londres, 1987.

Leibniz, G.W. *Monadology,* P.P. Wiener – C. Scribner's Sons, Nova York, 1951.

Mandelbrot, Benoit B. *The Fractal Geometry of Nature,* W.H. Freeman and Company, São Francisco, 1983.

Peitgen, Heinz-Otto e Richter, Peter H. *The Beauty of Fractals – Images of Complex Dinamical Systems,* Springer-Verlag Berlin Heidelberg, Heidelberg, 1986.

Pribram, Karl. *Languages of the Brain,* Wadsworth Publishing, Monterey, 1977.

Rosenthal-Schneider, Ilse. *Reality and Physical Truth: Discussions with Einstein, von Laue and Planck,* Wayne State Press, Detroit, 1980.

Ruyer, Raymond. *La Gnose de Princeton,* Librairie Arthème Fayard, Paris, 1977.

Samuels, Andrew; Shorter, Bani e Plaut, Alfred. *A Critical Dictionary of Jungian Analysis,* Routledge & Kegan Paul, Londres, 1986.

Sheldrake, Rupert. *A New Science of Life:The Hypothesis of Formative Causation,* Blond and Briggs, Londres, 1981.

Talbot, Michael. *The Holographic Universe,* Harper Collins Publishers, Inc., 1991.

Wallace, B. Alan. *Choosing Reality – A Contemplative View of Physics and the Mind,* Shambhala Publications, Inc., Boston, 1989.

Weber, Renée. *Dialogues with Scientists and Sages,* Routledge and Kegan Paul, Nova York, 1986.

Westfall, Richard. S. *Never at Rest: A Biography of Isaac Newton,* Cambridge University Press, 1992.

Wilber, Ken, ed. *The Holographic Paradigm and Other Paradoxes – Exploring the Leading Edge of Science,* Shambhala Publications, Inc., Boston, 1990

Comunicação 7

Além dos arquétipos e esplendores

Anne-Sophie von Himmeslsbach, M.D.
Instituto C. G. Jung, Zurique, Suíça

A psique

Constata-se que ultimamente têm ocorrido diversos fenômenos de caráter global que prenunciam um movimento claro de integração na Terra, revelando a proximidade de um salto evolucionário na psique planetária. Observe-se, por exemplo, a circulação instantânea de capitais nas bolsas de todo o mundo, a explosão da Internet e o aparecimento de incontáveis teses sobre a integração de uma mente global.
Os estudos neurológicos sobre o cérebro já permitiram identificar quais são as funções psíquicas localizáveis e as não localizáveis, no córtex cerebral.
As descobertas do inconsciente coletivo, pelo cientista C.G. Jung, e das interações eletromagnéticas entre o cérebro humano e a ionosfera mostram que a emergência de um estrato consciente na psique planetária é algo que já pode ser detectado.
A partir das novas pesquisas sobre os fenômenos que ocorrem no limiar da morte física e sobre as evidências da reencarnação, todo o arcabouço das ciências psicológicas fica subvertido, relativamente ao que se conhecia – ou se pensava conhecer – no século 20. Isto se traduz numa substancial redefinição do que sejam o viver e a responsabilidade pessoal de cada um.

Solo una cosa no hay. Es el olvido.
Dios, que salva el metal, salva la escoria
Y cifra en su profética memoria
*Las lunas que serán y las que han sido**.

J.L. Borges

A urdidura básica da pesquisa consiste
de sonhos nos quais os fios do raciocínio,
da medição e do cálculo são tecidos.

Albert Szent-Gÿorgyi

O nível de envolvimento e participação de todos nós, que efetivamente assumimos a cidadania do planeta Terra acima de fronteiras e divergências, vem crescendo e se acentuando de forma notável, e agora encontra neste Simpósio sua expressão mais nítida e mais completa. É um evento sem precedentes, que irrompeu como um súbito clarão, mostrando que uma grande transmutação planetária vem-se processando celeremente, modelando uma nova forma de ser e de sentir que logo se disseminará por todos os quadrantes. Nós, que temos o privilégio de aqui estar presentes nestes dias históricos, temos vivido momentos de grande beleza, manifestada no amor dos jovens de todas as raças e tendências; na curiosa agitação dos jornalistas, que documentam nervosamente algo que nunca viram; na serena contemplação dos mais idosos, de olhar fatigado pelo tempo, mas que não deixaram arrefecer no coração a expectativa de um mundo mais humano e de uma redenção das tragédias e horrores que ainda assolam o mundo – e que tantos dos que aqui estão presentes sofreram ou presenciaram.

A síntese que se delineia neste encontro resume a confluência harmoniosa de inúmeros regatos cristalinos que nasceram em cordilheiras distantes, ou nos

* Só uma coisa não há. É o esquecimento. /Deus, que salva o metal, salva a escória /E cifra em sua profética memória /As luas que serão e as que se foram.

muitos campos e planaltos da arte e do saber, das atividades criadoras e construtivas do homem, ao longo de séculos, que agora se reúnem num imenso Amazonas transparente, luminoso e espiritual. O que estamos vendo é a própria humanidade que, ciente de sua grandeza e de sua nova face no novo milênio, intui e desfruta a iminente perspectiva de uma unificação na consciência de Gaia.

Não é fácil comunicar a força positiva que nós – aqui presentes – estamos sentindo até no ar que respiramos para aqueles que em todo o mundo acompanham pela televisão os eventos que se sucedem, tanto no interior deste auditório como nas reuniões paralelas; nos concertos noturnos ao ar livre; nos espetáculos de danças típicas de Gana, da Bulgária, da Mongólia e de outros povos, distantes na geografia, mas tão próximos em nosso sentimento fraterno; nas montagens de teatro que os jovens do Canadá, da Itália ou da Bolívia apresentam no grande parque junto ao mar; nas reuniões espontâneas que se formam em torno dos mestres espirituais do Japão, do Tibete ou dos Estados Unidos. O sentimento que perpassa nos que aqui vieram, em grupos organizados ou individualmente, é de calorosa fraternidade e união, como se uma nova lucidez mais ampla e mais clara libertasse nossos pensamentos e nossos corações das idéias de separação e competição entre indivíduos, grupos, raças, povos e nações.

Para nós, que estudamos a dinâmica do espírito a partir da obra monumental de Carl Gustav Jung, esta integração harmônica da mente planetária em seus estratos acessíveis à consciência é recebida como um estágio esperado da maturação do mundo psíquico, como algo que há muito estava latente e não tardaria em manifestar-se. Nestes dias de comunhão intelectual e afetiva, onde o entrelaçar amoroso de mentes e corações anuncia uma nova primavera espiritual que chega trazendo o florescimento de nobres sentimentos e sínteses admiráveis, estamos vivenciando o nascimento de um encantador ser coletivo que chega – ou retorna – ao nosso planeta para assumir o seu papel na comunidade dos povos e das culturas.

Emergindo ainda hesitante do vasto oceano que Jung denominou inconsciente coletivo, surge um novo leviatã de brancas asas e extraordinários poderes: aquilo que não podemos deixar de receber e acolher carinhosamente como a infante *consciência coletiva* do planeta Terra. Resultante de inumeráveis interações psíquicas que configuram verdadeiras cascatas de sincronicidades interpessoais em todo o mundo, a consciência de Gaia balbucia neste fórum suas primeiras manifestações de alcance universal.

A realização deste Simpósio é causa e conseqüência deste fenômeno, configurando o rito de passagem que assinala o fim da adolescência do nosso planeta. É a transmutação do ser humano individual, que deixa seu ego encapsulado e assume o papel de neurônio consciente de um ser muito mais amplo, na escala do verdadeiro deus que somos, em união. É o arquétipo da Mãe Terra, presença espiritual em todas as etnias ancestrais que, após o prolongado ostracismo das sociedades patriarcais, retorna em forma compreensível e aceitável pelo homem racional contemporâneo, passando a manifestar daqui para a frente o seu poder: consciência e farol a orientar a nossa caminhada individual e coletiva.

Estamos vivendo um evento extremamente singular na existência da Terra, quando vemos completar-se o processo de integração iniciado com o lançamento dos primeiros satélites artificiais que orbitaram altaneiros além da atmosfera, ignorando a divisão do mundo em blocos de poder ou a triste demarcação de fronteiras políticas. Lembro-me agora de uma das minhas primeiras recordações de criança quando, emocionada, vi o telejornal anunciar a chegada à Lua do primeiro artefato criado pelo ser humano, *entre os mares Tranquilitatis, Serenitatis e Vaporum.*

Depois, foram as maravilhosas fotos de corpo inteiro da Terra, mostrando claramente que fronteiras políticas decididamente não mais podem existir. Talvez por isto essas fotos tantas vezes me fizeram chorar. Logo em seguida, vieram as transmissões ao vivo da televisão de longa distância; as redes internacionais de telefonia via satélite, alcançando as aldeias mais remotas. Os grandes jatos intercontinentais, que em poucas horas nos podem transportar a qualquer lugar que desejemos e, finalmente, a Internet.

É muito significativa a coincidência que estamos presenciando, nesta transição de século e de milênio, de três irrupções imensas, de escala planetária, em setores aparentemente distintos.

Primeiro, a fantástica explosão da rede internacional de informática democratizada, que já contava com quase duzentos milhões de usuários interligados no final do ano passado e cuja tendência parece ser a de duplicar a cada dois ou três anos, até integrar virtualmente todos os computadores do mundo. E esta rede vem crescendo sem quaisquer barreiras significativas que obstruam a livre troca de informações e facilidades de processamento, constituindo-se literalmente num único e imenso computador global à disposição de todos. Este sistema colossal, que podemos considerar como uma base "neurológica" da mente de Gaia, vem alterando de forma radical conceitos como os de *fronteira, copyright* e *exclusividade corporativa,* de tal forma que o aparato jurídico internacional mal está tendo tempo para adaptar-se à nova realidade, que se instala com velocidade alucinante e múltiplas conseqüências difíceis de prever e avaliar.

O segundo nível de integração acelerada, que traz consigo a promessa de uma efetiva superação a curto prazo da fome e da miséria que ainda envergonham a humanidade, é a existência de uma massa fenomenal de capitais circulantes ao redor do mundo* em velocidade eletrônica instantânea. Esses capitais, virtualmente anônimos, comportam-se ainda de forma especulativa, numa exacerbação patológica da maximização egoísta dos lucros, trazendo em seu bojo o alto risco de um colapso que pode ocorrer de um dia para o outro, a partir de uma possível situação de pânico descontrolado. Entretanto verificamos, com muita expectativa e grandes esperanças, que a progressiva implantação de eficientes mecanismos de controle – como a recente tributação internacional destinada a investimentos sociais nas regiões carentes – vem apresentando resultados cada vez mais consistentes, não apenas ao refrear a velocidade e o caráter predatório da megaespeculação, como também porque abre uma perspectiva concreta de canalizar recursos fabulosos para a redenção sócioeconômica das massas marginalizadas de todo o mundo.

Em terceiro lugar, constatamos a ocorrência simultânea de idéias e teses afins, semelhantes e complementares, relativas à integração planetária, examinada e estudada sob variados aspectos e diferentes abordagens. Isto já é fato corriqueiro, cada vez mais freqüente em quase todos os países do mundo, sejam esses trabalhos produzidos em instituições oficiais, organizações não-governamentais ou por pesquisadores autônomos. É um fenômeno que evidencia uma acentuação recente das interações interpessoais de características telepáticas e a presença cada vez mais nítida de uma idéia que está no ar, sem que algum indivíduo ou organização possa reivindicar sua paternidade exclusiva. Este Simpósio é o exemplo mais nítido desta tendência.

O processo de integração de Gaia não é algo que tenha surgido de repente, ou que se possa considerar inesperado e surpreendente; antes, é o resultado de uma longa maturação que se vem acentuando desde meados do século 20, atingindo, nestes últimos anos, uma velocidade exponencial. Numa metáfora sideral** é como o clímax do processo de aglutinação que deflagra a ignição de uma estrela que se forma no interior da sua nuvem matriz, onde se acumulam gases, poeira e detritos cósmicos: quando a velocidade da precipitação desses componentes para o centro de atração ultrapassa um certo valor crítico, a temperatura sobe a milhões de graus e o núcleo da nova estrela desperta, entrando em ignição termonuclear. Nesse instante fantástico, ela *nasce* numa grandiosa explosão de luz, beleza e radiação.

---

* Uma estimativa de alguns anos atrás calculava esses capitais sem pátria em cerca de 30 *trilhões* de dólares, aproximadamente cinco vezes o valor do ouro retirado das minas de todo o planeta desde os tempos do rei Salomão.

** Que aprendi ontem à noite, conversando com a cientista brasileira Iris Grandiflora e o professor Axel Swedberg.

Hoje, Gaia vive um episódio similar na sua trajetória evolucionária, em que o processo de fusão da massa imaginária de informação à disposição da humanidade, até então dispersa, promove a irrupção de uma nova etapa distinta de tudo que fomos até agora. Este evento, quando se completar, só encontrará equivalente na ocasião em que a vida surgiu – ou aqui chegou – na Terra infante, há quatro bilhões de anos solares. Ou em alguns raros momentos da evolução planetária, como o início da acumulação de oxigênio molecular na atmosfera, há 2,3 bilhões de anos, permitindo o desenvolvimento das formas superiores de vida. Ou talvez a explosão cambriana, 570 milhões de anos atrás, quando as espécies de estrutura mais complexa diversificaram-se e rapidamente se disseminaram por todo o orbe, depois de eons de dormência nos oceanos primordiais.

Sabemos atualmente que informação pode ser equalizada com neguentropia, comportando-se matematicamente como massa imaginária. As equações que descrevem o comportamento da informação são as mesmas da termodinâmica e, ao conceito de entropia, que prevalece nos sistemas fechados, antepõe-se o de entropia negativa, ou neguentropia, próprio dos sistemas abertos, vivos, capazes de interagir com seu meio ambiente trocando energia, registrando, acumulando e processando informação sob a forma de memória ativa. É no fluir desses sistemas que se formam as *estruturas dissipativas* estudadas por Ilya Prigogine* que, em permanente estado de equilíbrio dinâmico – ou longe-do-equilíbrio, como prefere Prigogine –, absorvem energia e assumem estados de crescente organização interna, reunindo mais informação e dissipando a entropia na sua área de influência imediata. Mais adiante, ao se tornarem consciências, assumem o *status* de subjetividades: seres complexos dotados de uma face física, real, e outra imaginária – ou psíquica – aptos a tomar decisões, colapsar a função de Schrödinger e partir para a conquista do conhecimento.

Os acontecimentos que agora começamos a testemunhar – e deles participar ativamente – prenunciam que a Terra será em breve o Sol neguentrópico do sistema solar. A neguentropia somente aparece a partir de informação concentrada em pequena porção de espaço físico, e em nenhum outro astro

* Este conceito é correlato ao de *estruturas autopoiéticas*, estudado pelos biólogos chilenos Humberto e Francisco Maturana, que as definem como aquelas configurações capazes de substituir periodicamente toda matéria de que são feitas, conservando-se entretanto essencialmente as mesmas. Eric Jantsch desenvolveu a noção mais abrangente de *estruturas auto-organizadoras*, estendendo-a a todo o planeta Terra e ao próprio Universo. A concepção de Gaia como um único superorganismo vivo foi proposta por James Lovelock no seu livro *Gaia: A New Look at Life on Earth* [Gaia: Um Novo Olhar Sobre a Vida na Terra], de 1979.

conhecido existe tal quantidade de informação ativa concentrada, seja em organismos vivos* ou em sistemas artificiais. Entretanto, a face imaginária da Terra ainda está em fase de acréscimo, aglutinação ou coalescência; quando esta se completar, será como se entrasse num processo de ignição psíquica, tornando-se um ser pensante único e acendendo sua presença na comunidade galáctica dos planetas culturados, as "estrelas" inteligentes da vertente imaginária. Se até hoje o nosso planeta tem sido ignorado na comunidade galáctica, é porque até então vivemos uma espécie de "pré-história" em que o pensamento, fragmentado em egos isolados e contraditórios, não se constitui ainda numa consciência planetária unificada e respeitável, embora a presença constatada de um oceânico inconsciente coletivo denuncie sua existência potencial e prenuncie sua eclosão.

*

Com a descoberta do inconsciente coletivo, Jung retomou e desenvolveu antigas intuições, percepções ancestrais da mitologia, da poesia épica e da arte em geral, que confusamente ansiavam por uma expressão inteligível, aceitável pelo crivo da razão e da ciência. O inconsciente coletivo de Jung, inapreensível na sua essencialidade porque incomensuravelmente mais amplo e rico que o limitado e doentio inconsciente biográfico discernido por Freud, foi a primeira manifestação da continuidade intersubjetiva do espírito humano ou, mais amplamente, do *espírito*, na escala cósmica.

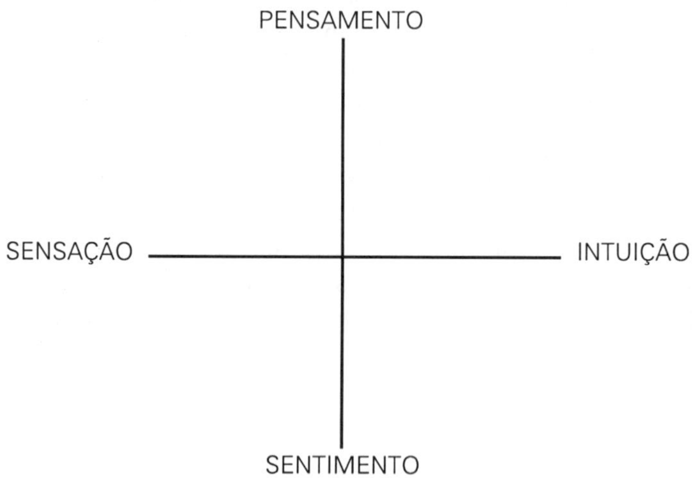

Fig. 1 – Quatérnio das funções da consciência

* O mais alto nível de complexidade na organização da matéria em volume limitado está nos cérebros humanos, de chimpanzés e bonobos, golfinhos e baleias.

Jung não gostava do termo *inconsciente*, que herdou de Freud e usava a contragosto por não ter encontrado outro melhor. A palavra *in-consciente* tem o sério defeito de tomar algo básico, fundamental e imensurável, na categorização do mundo psíquico, nomeando-o pela sua negação, por aquilo que ele não é, como se o *in-consciente* fosse apenas o resíduo, aquilo que sobrou do consciente. Esta deficiência do nome que o designa prejudica sensivelmente a imagem que se faz da profundidade insondável do inconsciente e do seu papel determinante no conjunto da vida psíquica. Entretanto, apesar da seriedade desse problema, Jung não aceitou a alternativa de chamá-lo de supraconsciente, pelo cuidado que sempre teve em não atribuir qualquer valoração relativa aos conceitos de consciente e inconsciente. Este compreensível escrúpulo do mestre não significa, todavia, que consciente e inconsciente sejam equivalentes na constituição do mundo subjetivo. Inegavelmente, pela sua vastidão, que compreende toda a humanidade, e pelo papel determinante que desempenha na vida das pessoas, o inconsciente tem um peso bem maior do que o segmento da psique que chamamos de consciente*.

Em linhas gerais, a geografia do mundo psíquico descoberto e estudado por Jung constitui-se de três camadas, cada uma delas com sua linguagem própria e seus conteúdos peculiares. Na superfície da nossa subjetividade temos o nível do consciente pessoal, ou consciência, que ordinariamente é nucleada em torno do eu pessoal, o *ego*, na terminologia adotada pela psicologia profunda (que inclui as linhas freudiana e junguiana). Na concepção junguiana, a consciência percebe segundo suas quatro funções: pensamento x sentimento e sensação x intuição, que se organizam em dois pares de opostos compondo uma estrutura em quatérnio. (v. fig. 1)

Cada atitude psicológica (introvertida ou extrovertida) caracteriza-se pela predominância de uma dessas funções, ficando duas outras na condição de funções colaterais auxiliares e a quarta – a função inferior, oposta à predominante – atuando como elemento de ligação com o estrato inconsciente, portanto com o mundo simbólico. Dessas combinações resultam oito tipos psicológicos básicos, com suas características peculiares de personalidade.

No nível imediatamente abaixo da consciência fica o inconsciente pessoal, com seu estofo de material esquecido ou reprimido pelo consciente, mas capaz de influir poderosamente na vida pessoal do indivíduo; seus conteúdos principais são os *complexos*, descobertos em 1902 simultaneamente por Freud e Jung,

---

* Lembro-me agora da analogia jocosa, mas expressiva, de um colega que disse ser o estrato consciente "*apenas a espuma do chope*" na vida psíquica.

embora por caminhos inteiramente distintos. Os complexos são aglomerados de material psíquico dotados de grande autonomia em relação ao ego e que se manifestam de forma emocional, quando excitados por alguma circunstância que os desperte. Esta sua desconcertante autonomia em relação ao complexo do ego é a causa principal dos conflitos que criam distúrbios de relacionamento e podem conduzir às neuroses. Para Freud, os complexos são sempre negativos, daí sua concepção do inconsciente como apenas um repositório de desejos reprimidos, frustrações e impulsos primitivos. Mas para Jung nem sempre os complexos têm caráter patológico, podendo assumir também um papel construtivo e uma significação positiva na vida psíquica. Para Jung, os complexos são os principais conteúdos do inconsciente pessoal – a face oculta da personalidade, constituindo-se na intimidade da existência de cada um – fazendo parte da estrutura básica da psique e podendo influir positiva ou negativamente na vida do indivíduo. Se a análise mostrar a presença de complexos atuando negativamente, deve-se proceder à sua dissolução, trazendo-os à luz da consciência.

Num nível mais profundo que o inconsciente pessoal reside a grande descoberta de Jung, que Freud nunca aceitou, culminando esta divergência no rompimento entre os dois, em 1913: é o inconsciente coletivo, que ultrapassa o nível pessoal e não mais pode ser considerado como pertencente a este ou aquele indivíduo. No nível do inconsciente coletivo, o mundo psíquico já não é privativo de ninguém em particular, sendo povoado por conteúdos transpessoais autônomos, comuns à espécie humana como um todo, podendo, no entanto, assumir nuances diferenciadas conforme a cultura onde se manifestem. A esses conteúdos do inconsciente coletivo Jung, a partir de 1927, denominou *arquétipos*, termo que tomou emprestado à filosofia de Platão e ao *Corpus Hermeticum*.

Não é fácil definir o que seja um arquétipo, menos ainda do que caracterizar com nitidez o que seja um complexo. Na verdade, a ciência da psicologia carece ainda de uma terminologia precisa, capaz de expressar inequivocamente o que sejam muitos dos seus conceitos. Não só porque diferentes autores ordinariamente têm acepções distintas para um mesmo termo, como também porque os conteúdos do mundo subjetivo não têm contornos nítidos nem delimitações claras, como acontece com os objetos do mundo físico. Os arquétipos tornam-se difíceis de caracterizar porque eles são, em sua essência, inapreensíveis, diretamente incognoscíveis pela fração consciente da psique. Um arquétipo somente pode ser reconhecido pelos seus efeitos; indiretamente, portanto.

Mas, apesar dessa dificuldade que lhe é inerente, o mundo dos arquétipos tem sido estudado com muita proficiência pelos junguianos, e hoje é possível dizer que conhecemos as principais características dos arquétipos mais importantes, as condições em que revelam a sua presença e a forma peculiar de atuação de cada um deles.

Do mesmo modo que Freud e Jung constataram que o número de complexos do inconsciente pessoal não é ilimitado, identificando como mais freqüentes o complexo de inferioridade – e sua forma disfarçada, o de superioridade –, o complexo de Édipo, o complexo de autoridade e alguns outros, também Jung (e este é um mérito somente dele) verificou que os arquétipos do inconsciente coletivo são igualmente em número limitado e se dispõem segundo uma hierarquia discernível. Enquanto não se manifesta na vida do indivíduo, o arquétipo não pertence à sua esfera psíquica, mas permanece latente num estrato *psicóide* mais primitivo, um nível biológico pré-psíquico. Mas em ocasiões especiais da vida individual, nas situações ditas arquetípicas, esses conteúdos despertam e geram efeitos característicos – imagens e ações arquetípicas – que permitem sua observação indireta, do mesmo modo que um físico registra a presença de uma partícula subatômica pelo rastro que deixa numa câmara de bolhas e no filme fotográfico, ou um astrônomo detecta a presença de um planeta pela alteração gravitacional que provoca na órbita de outro.

Situações arquetípicas são aquelas que já ocorreram muitos milhares de vezes nas inúmeras vivências do homem sobre a Terra, ao longo de milênios, e ocasionalmente repetem-se na vida de um indivíduo. Estar em iminente risco de vida, numa batalha ou numa situação qualquer de grande perigo; partir para uma migração rumo a regiões desconhecidas e sem possibilidade de retorno; a perda repentina ou acidental de pessoas queridas; o nascimento do primeiro filho, há muito esperado; o regresso à casa dos pais ou do cônjuge, depois de anos de ausência e saudades. Situações como estas favorecem comportamentos arquetípicos, e muitas vezes são acompanhadas de fenômenos paranormais de premonições, telepatia ou sincronicidades diversas, sob a forma de coincidências inexplicáveis. Nessas ocasiões, o comportamento individual tende a repetir padrões ancestrais e podem ser identificadas manifestações de arquétipos como o *herói*, o *velho mestre*, o *pai* – ou seu correlato a *mãe*, o *filho pródigo,* etc.

A vida individual da pessoa vulgar é sempre organizada em torno do complexo do *ego*, ou eu individual, que é uma criatura semi-ilusória (porque fragmentária e autocontraditória) residente no inconsciente pessoal e que, no nível dito consciente, identifica-se ao corpo físico. O ego tem necessidades de reconhecimento e afirmação pessoal, vulnerabilidade à vaidade, à mágoa e à depressão. O ego pessoal, que ordinariamente assume o controle do indivíduo, é sempre carente de reforço diante dos demais, o que gera perniciosos mecanismos de defesa, como a justificação compulsiva, o bloqueio às críticas, retaliação e hostilidade. Nas sociedades afluentes, o ego preenche as carências resultantes da sua alienação pela exacerbação do instinto aquisitivo, passando a consumir e exibir os bens materiais que a publicidade associa com o *status* social pretendido*. Outro recurso muito usado pelo ego para compensar sua fragilidade intrínseca é a identificação reptiliana com um grupo maior – político, esportivo, empresarial, etc. – ou com um sistema de crenças. Subjacente ao complexo do ego, mas em permanente e velada interação com ele, permanece observando em silêncio o arquétipo do si mesmo – o *self,* em inglês, ou *Selbst,* no alemão original de Jung.

A interação do ego de superfície com o arquétipo do *self* – mais profundo e mais sábio, porque detentor de um incomensurável conhecimento ancestral – resume grande parte da vida íntima daqueles que procuram o conhecimento e a sabedoria, o auto-desenvolvimento no plano que podemos chamar de gnóstico. Esta inquietação interior, de caráter arquetípico, é a tentativa de cumprir o preceito do oráculo de Delfos ξνωτι σεαυτου – ou conhece-te a ti mesmo. Quando essa busca interior assume a intensidade de uma luta, muitas vezes despercebida até pelos mais íntimos, outros arquétipos dela participam, com especial ênfase: a *sombra*; a *anima* – ou o *animus*, se se tratar de um indivíduo do sexo feminino –; o *pai*, a *mãe*, o *velho sábio* e outros. Quem estiver habilitado a consultar o *I Ching* ou o Tarô de Marselha poderá identificar facilmente a presença desses e de outros arquétipos, numa determinada situação.

Segundo Jung, a tarefa maior de cada um de nós na vida é realizar o que ele chamou de função transcendente, que consiste na harmonização do estrato consciente com o vasto oceano do inconsciente pessoal e coletivo ou, mais simplesmente, em reconhecer e admitir no nível consciente o arquétipo maior do *si mesmo*, colocando arquétipos menores e complexos como o *ego pessoal* e a *persona* (a máscara social), sob o seu domínio e controle. Isto não é uma tarefa fácil, ou realizável por uma simples decisão rotineira. Trata-se, na verdade, de uma declaração de guerra às forças inferiores que nos prendem no *status quo*, de uma profunda decisão vital que envolve toda a energia espiritual e determinação de quem se dispuser a enfrentar o desafio.

O mundo inconsciente revela-se através de símbolos e mitos, que constituem a sua linguagem e aparecem nas lendas, nos devaneios, nas visões involuntárias e nos sonhos**. A batalha interior pela auto-superação e pela conquista da sabedoria – que se resume na procura da fonte interior do conhecimento, da criatividade e da inspiração, que todos possuímos, mas sem acesso fácil a ela – aparece na mitologia de inúmeras formas, desde o mito de Sísifo,

---

* Aldous Huxley dizia que o instinto aquisitivo comporta mais perversões que o instinto sexual.

** Um aforismo da psicologia analítica diz que um mito é um sonho coletivo e um sonho é um mito individual.

que mostra a frustração de uma tarefa inglória sempre reiniciada, até o combate do herói contra o dragão (a *sombra*, significativamente representada por um réptil).

Ou – numa escala épica, mais adequada à representação dessa luta titânica que se processa no mundo subjetivo – a grande batalha de Kurukshetra, do *Mahabharata*, clássico da Índia onde Arjuna, o discípulo, é instado por Krishna (o *self*) a combater e matar todos os seus parentes (representando as forças inferiores que nos retêm o espírito, e que de tão próximas e íntimas mais parecem ser nossos pais, irmãos, tios, etc.).

*

Em 1973, o cientista canadense Paul MacLean publicou um volumoso tratado sobre a evolução e organização do sistema nervoso central, onde mostrou que a noção tradicional de que temos um cérebro é superficial e não reflete a realidade. Na visão de MacLean, que se apóia em rigorosos estudos neurológicos, com a aplicação tópica de eletrodos e o respectivo registro das reações a esses estímulos, é bem mais exato dizer que somos portadores de três cérebros superpostos. Cada um deles resulta do processo evolucionário numa determinada época da filogênese, tendo características próprias e funções diferenciadas, às vezes conflitantes.

Segundo este modelo, a evolução do cérebro processou-se ao longo das eras, por superposição de novas estruturas sobre as que lhes precederam, sem que estas fossem suprimidas ou modificadas, nem na sua configuração física nem nas suas funções*. Abaixo das estruturas mais antigas do cérebro, está situado o chassis neural, que compreende o hipotálamo e seu prolongamento na medula espinhal, responsáveis pelas funções corporais do organismo para a preservação do indivíduo e da espécie: a homeostase, os batimentos cardíacos, a respiração, a circulação sangüínea, a fome, o impulso sexual básico, etc.

A parte mais arcaica do nosso cérebro, montada sobre o chassis neural, surgiu no tempo dos dinossauros e foi denominada complexo reptiliano, ou *complexo-R*, que comanda a agressividade, os comportamentos estereotipados e ritualizados, as noções de territorialidade e a hierarquia social, a atitude de "seguir o líder" e a distinção entre o próprio grupo e os demais, ao separar "nós" dos "outros"**. Todos esses comportamentos são arcaicos e representam a

* É interessante notar que esse tipo de evolução por superposição somente ocorre com o cérebro e suas estruturas correlatas; os demais órgãos evoluem por substituição ou modificação das estruturas obsoletas.

** Carl Sagan certa vez observou que, de um modo geral, essas são as características do comportamento social e político do homem moderno.

porção da psique que herdamos dos dinossauros, continuando viva e atuante em nossas atitudes cotidianas, quando não submetidas à luz de uma consciência clara. Tanto os nacionalismos como o bairrismo, o racismo e a submissão irracional a um líder são comportamentos de natureza reptiliana, datando de centenas de milhões de anos em nossa memória filogenética. Esta descoberta lança uma nova luz sobre a violência com que proprietários rurais reagem aos programas de reforma agrária nos países onde ela ainda é necessária (territorialidade), e a agressividade brutal e inconsciente das torcidas nos estádios de futebol, até em países civilizados, como a Inglaterra (identificação irracional com um grupo).

Com o surgimento e a evolução dos mamíferos, numa escala de dezenas de milhões de anos – uma ordem de grandeza mais próxima de nós – formou-se sobre o complexo-R um sistema novo, com funções que só passaram a existir na escalada evolutiva a partir dos mamíferos. A essa nova estrutura cerebral deu-se o nome de *sistema límbico*. O complexo-R comanda comportamentos rígidos, cuja principal característica é a fria obediência a padrões estabelecidos, sem alternativas imaginosas ou emoções que lhes sejam associadas: é o típico comportamento de um réptil; já o sistema límbico é por excelência a sede da vida afetiva. É com o surgimento do sistema límbico que aparecem os padrões altruísticos, o cuidado com a prole, o afeto conjugal e as emoções de um modo geral, algumas delas associadas ao que chamamos de amor. Quando estimulado por eletrodos, o sistema límbico deflagra fortes reações de exaltação, euforia ou terror, semelhantes aos de algumas psicoses e dos efeitos de substâncias psicotrópicas cuja ação atinja o sistema límbico.

Os sentimentos de afetividade sincera e carinho pelo próximo, ou por toda a humanidade e pela natureza, induzidos pelas chamadas substâncias de poder – de uso ritual em muitas culturas antigas e modernas –, são resultantes da estimulação do sistema límbico. Esse quadro afetivo é provocado, por exemplo, pelo *peiote*, nos cultos indígenas da América do Norte, e pela *ayahuasca*, nos rituais religiosos de algumas seitas de origem andina ou amazônica que hoje se difundem pelo continente sul-americano. Esses sentimentos, entretanto, não devem ser confundidos com o amor (*cáritas* ou αγαπη, e não apenas ερωζ), a plenitude ou a beatitude, que associam e integram conteúdos psíquicos bem mais amplos e estáveis, dos quais os afetos residentes no sistema límbico são manifestações transitórias.

Por sobre essas estruturas mais antigas desenvolveu-se, já com os primatas e numa escala de apenas alguns milhões de anos – portanto, outra ordem de grandeza mais perto de nós – a obra mais elaborada da evolução biológica, o neocórtex. Representando mais de 80% da massa total do cérebro e contendo cerca de dez bilhões de células nervosas ativas, ou neurônios, e cem bilhões de células gliais*, o neocórtex é a unidade central de processamento do nosso computador biológico. Aqui estão sediadas as funções superiores de movimentação e coordenação muscular; da visão, da audição e demais percepções sensoriais e, ainda, a fala, a compreensão, o cálculo, a leitura e a escrita. É no neocórtex que se realiza a maior parte das operações mentais que chamamos de pensamento, raciocínio ou razão. É aí que as percepções dos sentidos são transformadas em sensações e, numa fração de segundo, comparadas com os registros similares da memória para sua classificação, identificação e inserção num contexto que faça sentido.

O cérebro é dividido longitudinalmente em dois hemisférios unidos por uma ponte neural chamada corpo-caloso. Embora esta divisão atinja todos os três níveis que descrevemos, é no neocórtex que se observam as principais distinções funcionais entre os hemisférios. Sim, porque descobriu-se, há poucas décadas, que os dois lados do cérebro têm diferentes funções na vida psíquica. Cuidadosas pesquisas neurológicas mostraram que o hemisfério direito é a sede da criatividade, da estética, da intuição, das idéias originais e "loucas" que surgem sem compromisso com sua viabilidade prática. É o hemisfério artístico e inovador. Mas se o hemisfério direito é a sede da inventividade sem controle, por outro lado, o esquerdo é o seu oposto complementar, ou seja, é nele que residem a ponderação, a análise, o bom senso e a verificação da pertinência e exeqüibilidade do que surge no hemisfério direito. Se o hemisfério direito é loucamente criativo, o esquerdo é ponderadamente analítico, complementando-se ambos numa psique normal.

Obviamente, o bom funcionamento dos dois hemisférios é indispensável para uma vida equilibrada e produtiva. A predominância de um ou de outro produz tipos psicológicos mais "artísticos" ou mais "analíticos". No entanto, se essa predominância for excessiva, a ponto de inibir o funcionamento do outro hemisfério, teremos tipos desequilibrados e até anti-sociais.

Apesar de já terem sido identificadas as regiões onde se processam a maioria das funções mentais, tais como a visão, a fala, o medo, a agressividade, a euforia, etc., nem tudo da vida subjetiva parece ter uma localização definida na estrutura física do cérebro. Particularmente, aquelas que se admite serem as funções centrais da nossa vida psíquica, capazes de conferir a cada um de nós o senso de identidade profunda e individualidade, que nos distinguem como uma

* As células gliais funcionam como uma cola que une o tecido cerebral regulando o fluxo do sangue nas suas diversas regiões. A autopsia de Einstein mostrou que ele tinha no cérebro uma quantidade de células gliais muito superior ao considerado normal.

determinada subjetividade, em constante interação com as demais e com o mundo objetivo onde aparentemente* estamos inseridos.

Duas dessas funções integradoras da psique que, sem receio de errar, podemos chamar de centrais, são a *memória* e a *consciência reflexiva.* Para elas não foi encontrada qualquer região do cérebro que lhes sirva de sede preferencial, ficando evidente que se distribuem por todo o sistema nervoso central, e até mesmo além dos seus limites físicos, como propõem Stanislav Grof e vários outros cientistas. A memória, em particular, foi objeto de exaustivos estudos por Karl Lashley, os quais, ao serem desenvolvidos mais tarde por Karl Pribram, deram origem à teoria do cérebro holográfico, comentada ontem à tarde por Sir Philip Quarks.

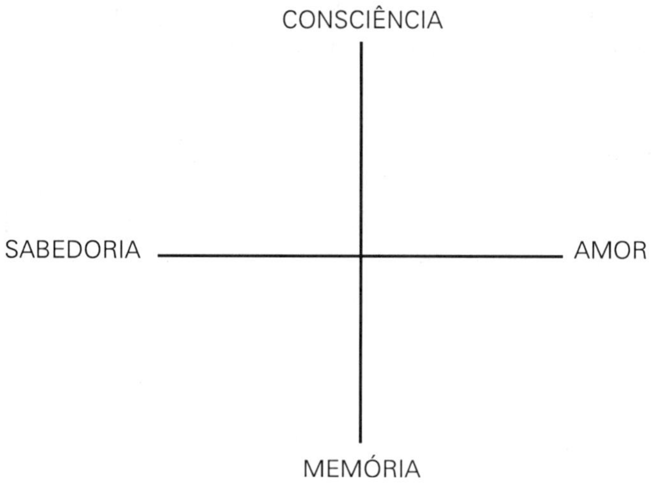

Fig. 2 – Quatérnio da estrutura central do espírito individualizado

As outras funções centrais da psique, também capazes de unir e integrar uma subjetividade individual, e para as quais também não foi possível determinar qualquer localização específica nos órgãos do sistema nervoso central, são o *amor* e o *conhecimento*, entendidos como amor/*cáritas* e conhecimento/sabedoria. Este par, ao se combinar com o outro, constituído pela *memória* e a *consciência reflexiva*, formam outro quatérnio de pares complementares que representa, da forma mais aproximada que nos foi possível conceber racionalmente,

* Se uso o restritivo *aparentemente*, isto já é conseqüência do que aprendi neste Simpósio com o Prof. Adam Newman e Sir Philip Quarks.

o que podemos identificar como a estrutura da alma individualizada numa subjetividade. (v. fig. 2)

O eixo formado pela consciência reflexiva e a memória ancestral, a meu ver, constitui-se na corda-dorsal da alma, que permanece íntegra depois da morte física do corpo. A memória, como registro ativo de toda informação a que a subjetividade teve acesso ao longo de suas encarnações e permanências no estado intermediário (cf. *Bardo Thödol*), é a própria identidade desse espírito individualizado, que se integra no pólo da consciência, localizado na extremidade superior desse eixo. É o grau de desenvolvimento desta consciência, como núcleo individual integrador da memória ancestral, que manifesta o grau desse espírito na escala macroevolucionária.

Se, numa metáfora poética, entendermos nossa alma individual como uma entidade alada, podemos conceber *amor* e *sabedoria* – que formam o outro eixo coordenado – como as asas que lhe sustentam o vôo, na imensurável jornada da ignorância para a Divindade. Quanto mais desenvolvidas forem as asas desse pássaro, ou desse anjo, mais alto e mais seguro será o seu vôo pelas dimensões imaginárias do tempo*.

Nem *consciência*, nem *memória*, nem *amor*, nem *sabedoria* – que, como vimos, constituem a própria essência da psique – podem ser localizados fisicamente nas estruturas do sistema nervoso central, que apenas opera funções auxiliares, como um equipamento de *hardware* a serviço da alma. Tudo o mais é perecível e descartável, desaparecendo com a morte do corpo. Embora o espírito desencarnado também veja e perceba o seu ambiente, não o faz através de sentidos, como os do corpo físico, mas de uma forma direta pouco compreensível para nós.

Nas experiências de retorno da morte, estudadas pelo Dr. Raymond A. Moody Jr., Drª Elisabeth Kubler-Ross, Kenneth Ring e vários outros médicos, estão registrados os inúmeros depoimentos de pacientes de hospital ou vítimas de acidentes que foram declarados clinicamente mortos, com a paralisação completa das funções vitais, e alguns minutos depois reagiram aos esforços para ressuscitá-los, voltando à vida.

---

* No Antigo Egito, a alma imortal, destinada a uma existência eterna na glória celestial, era denominada *ba* e sua imagem é a de um pássaro com cabeça humana que saía do corpo com a morte. Em muitas pinturas murais e papiros, a alma *ba* de um morto recente é representada como um pássaro de cabeça humana adejando sobre o seu cadáver. Na mitologia grega, Psiquê, a alma, era representada por uma menina alada como uma borboleta. Isto, porque na concepção popular da Grécia a alma era uma borboleta que saía do corpo no momento da morte. Platão, no seu *Fedro*, também coloca asas na alma humana. No cristianismo, por sua vez, o Santo Espírito é representado por uma pomba branca.

Esses fenômenos, que hoje são fatos reconhecidos pela ciência médica, dão uma idéia razoavelmente clara do que seja a experiência do morrer, com provas conclusivas de que o que os pacientes descrevem não são delírios ou ilusões, mas situações realmente "vivenciadas". Se ainda permanece obscuro o que sucede ao núcleo subjetivo horas ou dias depois da morte física, os acontecimentos que ocorrem nos cinco ou mais minutos após o desenlace já são bem conhecidos da ciência, uma vez que os depoimentos de quem passou por essa experiência e voltou para narrar o sucedido são muito semelhantes e, significativamente, reproduzem com alguma aproximação o que o livro tibetano do mortos, o *Bardo Thödol*, diz a respeito desses momentos cruciais.

Não nos estenderemos sobre a descrição desses fenômenos, que estão nos livros do Dr. Moody e em diversos outros de publicação mais recente. O que nos interessa destacar é a menção que todos fazem à existência de um "ser de luz", que recepciona o recém-chegado no fim de um túnel escuro, o que mimetiza singularmente a experiência do nascimento. Outro fato importante, na morte – que dá suporte à proposta apresentada pelo venerando professor Kether Weisskopf –, é o desaparecimento do tempo linear como uma necessidade para que uma longa história seja compreendida; isto é comprovado pela recapitulação instantânea de toda a vida do morto "como num filme", que não consome tempo para ser visto integralmente, sem que se perca qualquer detalhe.

Além de outros aspectos, que se repetem com pequenas variações em todas as narrativas, registramos a freqüente menção ao destaque que é dado por esse ser de luz – cuja feição varia, conforme a religião ou a cultura do morto – à busca do conhecimento/sabedoria e ao aperfeiçoamento do amor/*cáritas* como os deveres maiores da alma encarnada. Em nenhum dos depoimentos houve qualquer menção a julgamentos, punições ou constrangimentos de qualquer natureza ao neo-desencarnado, nem a qualquer coisa que sequer se parecesse com um inferno, um purgatório ou o "céu" da tradição judaico-cristã, do Islã e de algumas outras crenças.

No seu livro póstumo de caráter autobiográfico *Memories, Dreams, Reflections**, Jung admitiu reconhecer publicamente algo de que ele há muito tinha conhecimento com relativa familiaridade: a sobrevivência da psique após a morte física e a existência de subjetividades incorpóreas, que eventualmente podem comunicar-se com os seres humanos. Ele mesmo manteve durante muitos anos um relacionamento freqüente com um ser desencarnado a quem chamava de Filemon. Quanto à reencarnação, Jung deixou claro que não descartava essa possibilidade, embora não compreendesse bem o seu mecanismo.

* Memórias, Sonhos e Reflexões.

O próprio Jung, em diversas oportunidades, insinuou de forma não muito clara que se identificava com Basilides, um sábio gnóstico que teria vivido em Alexandria nos primórdios do cristianismo. O seu obscuro texto gnóstico *Septem Sermones ad Mortuos** lhe teria sido inspirado pelo espírito de Basilides, ou então escrito por ele próprio, se admitirmos a sugestão nunca desmentida de que Jung seria uma reencarnação de Basilides.

A reencarnação, que hoje vem sendo sistematicamente estudada por cientistas de instituições respeitáveis, especialmente nos Estados Unidos, é algo ainda pouco conhecido apesar dos grandes avanços nas pesquisas mais recentes. Obviamente, trata-se de um tema sujeito a distorções, pelo fato de ser objeto de crenças e doutrinas religiosas, o que obscurece e perturba uma isenta compreensão científica do que efetivamente ocorre. Depois do famoso *Twenty Cases Suggestive of Reincarnation***, publicado por Ian Stevenson, em 1974, a bibliografia científica tem se ampliado, paralelamente à multiplicação dos centros de pesquisa sobre o tema em muitas universidades e instituições privadas não vinculadas a religiões.

A sobrevivência da consciência após a morte, a existência de espíritos desencarnados capazes de se comunicar conosco e a reencarnação do espírito individual são hoje temas científicos respeitáveis. A grande quantidade de casos registrados e estudados com rigor torna uma leviandade a sua negação por parte de próceres do velho paradigma, revelando neles uma deliberada cegueira para os fatos, incompatível com a isenção e seriedade que a ciência requer dos seus praticantes.

*

Mas, nesta altura das minhas considerações, faço uma pausa para observar que precisamos ser interativos e que nada pode ser compreendido apenas pelo intelecto; cada fato e cada informação também são apreciados pelo sentimento e, portanto, valorados pelo tribunal íntimo da nossa avaliação ética. A esta altura da minha exposição, portanto, sinto a necessidade de fazer uma pergunta muito séria, que nos colocará face a face, sem as barreiras da distância, dos microfones e das câmaras de vídeo: *quem é você, que me olha, me escuta ou me lê?*

Se lhe parece fácil responder a esta interrogação simplesmente declinando o seu nome, profissão, nacionalidade e endereço, ou apresentando seus

* Sete Sermões aos Mortos

** Vinte Casos que Sugerem a Reencarnação

documentos, seu *curriculum vitae* – e talvez a conta bancária –, ou o testemunho dos que "lhe conhecem", então você não apenas nada está aceitando do que eu tenho dito, como também suspeito que bem pouco esteja compreendendo do sentido profundo deste Simpósio.

Pelo que tenho visto, nestes belos dias que aqui temos vivido e nas claras noites de luar, tão ricas em contatos com os grupos informais que se reúnem de improviso e rapidamente formam amizades que desde logo parecem tão antigas; por tudo isto que estamos ensinando e aprendendo nesta jornada inesquecível, eu, sinceramente, não creio que haja uma só pessoa aqui presente com uma tal insensibilidade. Mas este Simpósio não se limita apenas a este hotel, ou ao belo parque litorâneo onde se realizam os eventos paralelos, nem a esta ilha tropical onde a natureza e a humanidade se mesclam em variadas composições e nuances de prosperidade e pobreza. Pela magia da integração de Gaia, este encontro estende-se por todo o planeta Terra, graças à televisão e à teleinformática interativa. E a pergunta que agora faço, eu a faço a todos os que estiverem em contato com minha imagem e meu discurso, agora ou mais adiante, quando a informação ativa que aqui elaboramos tornar-se memória magnética, codificação digital ou a tradicional e eficiente palavra impressa, fácil de ser acessada a qualquer momento que se queira.

Agora ou depois, aqui ou em qualquer lugar, *quem é você, que me olha, que me escuta ou que me lê*?

Silêncio. O silêncio é a melhor resposta. A mais sincera e verdadeira. Mas é indispensável que este silêncio atinja os três níveis do preceito oriental, para que dele possa emergir uma íntima e intraduzível resposta.

Primeiro, o silêncio da palavra: *calar*. Depois, o silêncio do pensamento: paralisar o pensamento loquaz, que continua "falando" quando nos calamos. Finalmente, o silêncio do desejo: sentir-nos em plenitude, sem que nada nos falte para o preenchimento de qualquer carência.

Trata-se de uma proposta de natureza religiosa? Não. Trata-se de uma técnica simples para acessar o inconsciente, a fonte interior do conhecimento e da inspiração. Cientificamente, é a paralisação das ondas beta do cérebro – de 50 a 14 hertz – associadas com o pensamento discursivo, aquele radiozinho que não pára de falar quando estamos calados, produzindo um ruído indesejável que não nos permite escutar os níveis mais profundos do ser e do conhecer, inadequadamente rotulados de inconsciente pessoal e coletivo.

Abaixo das ondas beta, que aparecem em vales profundos e picos agudos nervosamente agitados no eletroencefalograma, fica o nível alfa, que sugere as ondas de alto-mar, longas e tranqüilas, associadas com o devaneio e os estados mentais de paz interior. São ondas geradas na potência média de 20 microvolts e cuja freqüência fica entre 7 e 14 hertz; correspondem ao estado em que mergulhamos suavemente antes de adormecer e logo depois de acordar, se permanecermos algum tempo com os olhos fechados. É no estado alfa que ocorre a maior parte dos fenômenos de telepatia, precognição e relacionamentos transpessoais. Outros estados mentais ainda mais tranqüilos e profundos existem em freqüências abaixo de 7Hz: são os estados theta (7 a 4Hz) e delta (abaixo de 4Hz), correspondentes ao sono sem sonhos e ao coma profundo, que somente são acessíveis conscientemente aos mestres no controle da mente. Nestes dois últimos estados é que se realizam as experiências ditas *fora do corpo*, *viagem astral*, *consciência cósmica* e outras, em que o centro psíquico se desprende do seu suporte físico.

Essas ondas eletromagnéticas cerebrais de baixa freqüência, conhecidas como ondas ELF* têm a propriedade de se propagar sem perda de energia e até amplificarem-se em ressonância com o campo eletromagnético da Terra – que resulta da interação do campo magnético do núcleo de ferro-níquel com os íons de gás rarefeito da atmosfera superior e do espaço interplanetário. Esse campo eletromagnético configura-se como um belíssimo ser de plasma ionizado que envolve a Terra numa estrutura assimétrica, inadequadamente chamada de ionosfera**. A superfície da Terra e a interface inferior da ionosfera atuam como as placas carregadas de um condensador gigante, que produz um campo eletrostático variável de centenas a milhares de gauss, pulsando em freqüências que vão de 25 ciclos por segundo até 1 a cada 10 segundos (de 25Hz a 0,1Hz). Observe-se que se trata da mesma faixa de freqüências geradas pelo cérebro humano. Uma coincidência como esta deve ser investigada com muito cuidado, porque somente um tolo poderia considerá-la um "simples acaso".

De 14 a 50 hertz fica a faixa beta, das nervosas e rápidas pulsações associadas ao nosso pensamento discursivo cotidiano, próprio do nível que consideramos consciente; desta faixa, somente as ondas um pouco mais "calmas", que vão até 25 hertz, são capazes de alguma ressonância com o campo eletromagnético de Gaia. Sabe-se que a ressonância ocorre com maior intensidade nas

* Iniciais de *Extra Low Frequencies* [Frequências extra-baixas].

** A denominação *ionosfera* é remanescente da época em que se supunha que esse envoltório fosse aproximadamente esférico. Recomendo aos interessados neste tema que procurem os bons livros ilustrados de astronomia para ver a representação gráfica do imenso "corpo" de plasma do nosso planeta vivo, que tem uma "cabeça" voltada para o Sol e uma enorme "cauda" de milhões de quilômetros na direção oposta. Considero impossível que uma pessoa de sensibilidade, ao ver essa maravilhosa configuração, não a associe de imediato com uma "alma" da Terra, uma imagem semimaterial da Anima planetária. A melhor apresentação gráfica que conheço dessa imagem está no *Cambridge Atlas of Astronomy* [Atlas Cambridge de Astronomia] cuja primeira edição saiu em 1985.

ondas alfa, em torno de 10Hz, e nas regiões mais abaixo, theta e delta, embora ainda haja muito o que se investigar nessa faixa espectral das ondas ELF, tanto no cérebro quanto no envoltório eletromagnético da Terra.

A interação eletromagnética e a ressonância entre as mentes individuais e o planeta como um todo explicam os fenômenos de natureza telepática, principalmente o que sucede quando uma descoberta científica é feita simultaneamente por pesquisadores separados por milhares de quilômetros. Seguramente, essa ressonância pode explicar também o surgimento da escrita em diversos pontos do planeta, em torno de 3500 anos a.C., e outras coincidências curiosas, como a invenção simultânea do signo para representar o número zero em Sumatra e no Camboja, no ano 683, registrada por J. Needham e mencionada pelo Prof. Mahavajra em sua palestra. Outra dessas coincidências reveladoras foi a intuição, pelo grego Heráclito, de uma filosofia similar ao Taoismo, exatamente na época em que ela surgia na China. A meu ver, as ondas ELF têm um papel central na base física do inconsciente coletivo, assim como terá na formação da nova consciência de Gaia.

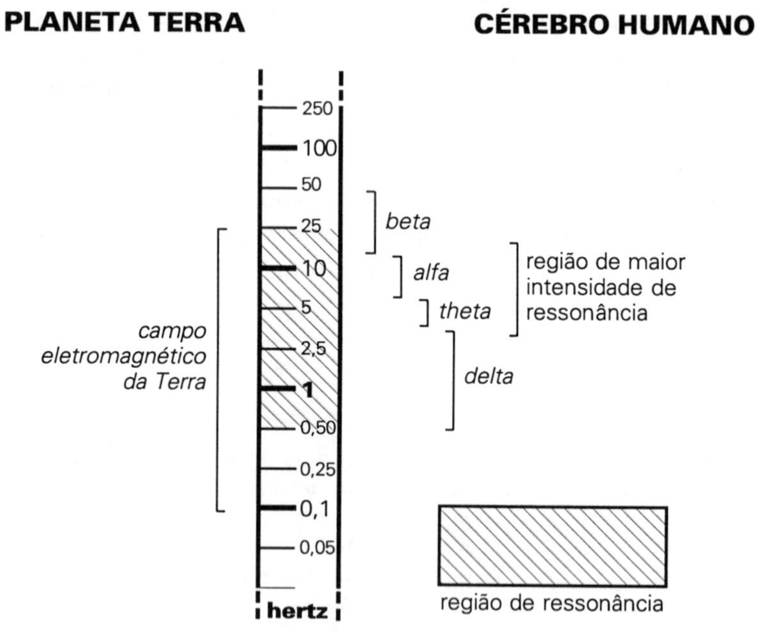

Fig. 3 – Conexão eletromagnética entre o cérebro humano e a Terra

Além da telepatia de longa distância e dos vários fenômenos inadequadamente chamados de paranormais, como a precognição ou a visão e audição a distância, que já foram submetidos com sucesso a testes experimentais, também outros mais misteriosos e insólitos têm sido progressivamente transferidos do mundo nebuloso da superstição e da fraude para o âmbito da ciência, como objetos de investigação criteriosa em instituições sérias e respeitáveis. Os estudos do Dr. Moody Jr. e da Drª Kubler Ross sobre a experiência da morte, as investigações de Stanislav Grof, Patrick Drouot, Helen Wambach e Joel Whitton, nos campos da psicologia transpessoal e da reencarnação, e também as extensivas pesquisas desenvolvidas na Rússia e no Casaquistão sobre a paranormalidade vêm se unir às teorias de Karl Pribram, de David Bohm e de nossos companheiros de Simpósio, mostrando claramente os caminhos convergentes que a ciência vem tomando para uma redefinição da realidade e da psique, neste momento crucial da história.

As experiências fora do corpo, as viagens astrais, a consciência cósmica e a levitação são fenômenos que certamente se tornarão comuns no futuro, mas ainda se constituem num privilégio dos poucos que dedicaram anos de suas vidas ao próprio aperfeiçoamento ético e ao rigoroso treinamento diário de sua mente.

É muito importante observar que o desenvolvimento de uma sólida e espontânea base ética, emergente do conhecimento/sabedoria, é o indispensável pré-requisito para que essas práticas psíquicas não venham a trazer grandes perigos ao imprudente que a elas se dedicar com objetivos egoísticos, ou de prejudicar a outros. Este é o ponto que distingue a magia branca da magia negra, mas não pretendo estender-me sobre esse difícil e controvertido tema porque estou informada de que a eminente professora Daisy Bell Woomere o fará, no próximo sábado.

*

Estamos às vésperas de um grande salto evolucionário na longa trajetória do planeta Terra, mas muitos de nós não sabemos ainda distinguir com um mínimo de clareza o que somos em essência. Não apenas as redes eletrônicas de comunicação e teleinformática democratizada estão atingindo o nível crítico em que passarão a se constituir no sistema nervoso de Gaia, como também, no plano mais sutil das interações mentais, algo de muito profundo e muito amplo está para acontecer. No entanto, pelo menos até a abertura deste Simpósio, dos quase sete bilhões de seres humanos, bem poucos tinham suas mentes e seus corações ligados nesta expectativa e nesta esperança.

É doloroso constatar que o indivíduo vulgar – seja ele um rude ignorante; um pedante letrado ou um bem informado leitor das notícias políticas e econômicas; seja ele um favelado pobre que luta pela sobrevivência ou um rico industrial ávido de lucros; seja ele um lavrador preso ao seu pedaço de chão, um membro do crime organizado internacional ou alguma estrela do *jet set*, freqüentadora das colunas mundanas da imprensa –, é triste reconhecer, dizíamos, que na grande maioria, os habitantes do nosso planeta são profundamente ignorantes da sua dimensão espiritual e cósmica, agindo como predadores da natureza e exploradores ou agressores dos seus semelhantes. São criaturas que se debatem na obscuridade da indigência material ou moral, num mundo de competição e egoísmo que alimentam distorções cármicas de longo alcance. Essas pessoas ainda não estão em condições de serem chamadas de *cidadãos do planeta Terra* nem de participar conscientemente da construção do novo mundo que está surgindo. Que ocorrerá com elas? Como absorvê-las, influenciá-las, esclarecê-las, cooptá-las?

Não vai ser fácil. Mas a ética de base científica que vem se estruturando, a progressiva queda dos velhos paradigmas e os novos *insights* que a ciência tem conquistado – em conseqüência da interpenetração sinérgica dos diferentes campos do conhecimento humano – seguramente vêm em nosso auxílio para facilitar a árdua tarefa que nos cabe.

Esta é uma tarefa que compete a mim, a Você – que me ouve, que me escuta ou que me lê – e a todo aquele que souber. Porque os arautos deste resplandecente amanhecer serão os que *sentirem* e os que *souberem*. E a nossa jornada começa no dia seguinte ao encerramento deste Simpósio.

Referências bibliográficas

Asimov, Isaac. *The Human Brain,* The American Library of World Literature, Nova York, 1966.

Audouze, Jean e Israël, Guy, eds. *The Cambridge Atlas of Astronomy,* Press Syndicate of the University of Cambridge, Nova York, 1985.

Aurobindo, Sri. *The Future Evolution of Man,* Sri Aurobindo Ashram, Pondicherry, 1974.

Becker, Robert O. e Selden, Gary. *The Body Electric – Electromagnetism and the Foundation of Life,* Quill -William Morrow, Nova York, 1985.

Budge, E.A. Wallis, comp. ed. transl. *The Egyptian Book of the Dead – The Papyrus of Ani,* Unabridged edition of the 1895 original publication of the British Museum, Dover Publications, Inc., Nova York, 1967.

Evans-Wentz, W.Y., comp. ed. *The Tibetan Book of the Dead – The Bardo Thödol* (c/ Comentário Psicológico de C.G. Jung e Introdução do Lama Anagarika Govinda), Oxford University Press, Londres, 1976.

Franz, Marie-Louise. *Jung's Typology.* C.G. Jung Institute, Zurique, 1971.

________. *Alchemical Active Imagination.* © Marie-Louise von Franz, 1979.

________. *Alchemy – An Introduction to the Symbolism and Psychology.* © Marie-Louise von Franz, 1980.

________. *Traum und Tod.* Kösel-Verlag GmbH & Co., Munique, 1984.

Wilber, Ken. *The Spectrum of Consciousness.* The Theosophical Publishing House, Wheaton 1977.

Grof, Stanislaw e Grof, Christina. *The Stormy Search for the Self,* Jeremy P. Tarcher, Inc., 1990.

________ . *Beyond the Brain – Birth, Death and Transcendence in Psychoterapy,* University of New York, Albany, 1985.

________ . *The Holotropic Mind,* © Stanislav Grof, 1992

Harner, Michael. *The Way of the Shaman,* Harper & Row, Nova York, 1980.

Hoeller, Stephen A. *The Gnostic Jung and the Seven Sermons to the Dead,* The Theosophical Publishing House, Wheaton, 1982.

Hoffmann, Albert e Schultes, Richard Evans. *Plants of the Gods,* Alfred van der Marck, Nova York, 1979.

Jacobi, Jolande. *Komplex, Archetypus, Symbol in der Psychologie C.G. Jungs,* Rascher & Cie. A.G., Zurique, 1957.

Jung, C.G. *Die Beziehungen Zwischen dem Ich und dem Unbewussten,* Rascher & Cie. A.G., Zurique, 1933.

________ . *Psychologische Typen.* Rasche Verlag, Zurique, 1960.

________ . *Memories, Dreams, Reflections,* Routledge and Kegan Paul, Londres, 1963.

_________ . *Freud und die Psychoanalyse,* Walter-Verlag A.G., Olten, Zurique, 1971.

_________ . *Die Dynamik des Unbewussten,* Walter-Verlag A.G., Olten, Zurique, 1971.

_________ . *Mysterium Coniunctionis – Untersuchungen uber die Trennung und Zusammensetzung der Seelischen Gegensätze in der Alchemie,* Walter-Verlag A.G., Olten, Zurique, 1971.

Klimo, Jon. *Channeling,* Jeremy P. Tarcher, 1987.

Krishnamurti, J. e Bohm, David. *The Future of Humanity,* Krishnamurti Foundation Trust Ltd., Hampshire, 1986.

Kubler-Ross, Elisabeth. *On Children and Death.* MacMillan, Nova York, 1983.

Lashley, K.S. *Brain Mechanisms and Intelligence.* University of Chicago Press, Chicago, 1929.

Luna, Luis Eduardo e Amaringo, Pablo. *Ayahuasca Visions; The Religious Iconography of a Peruvian Shaman.* North Atlantic Books, Berkeley, 1991.

Mc Kenna, Terence. *Food of the Gods.* Bantam Books, 1992.

_________, *True Hallucinations.* HarperCollins Publishers, Inc., São Francisco.

MacLean, Paul D. *Triune Concept of Brain and Behaviour.* University of Toronto Press, Toronto, 1973.

Moles, Abraham. *Theorie de l'Information et Perception Esthétique.* Flammarion, Paris, 1960.

Moody Jr., Raymond A. *Life after Life* © Raymond A. Moody Jr., 1975.

_________, *Reflections on Life after Life* © Raymond A. Moody Jr., 1977.

Ostrander, Sheila e Schroeder, Lynn. *Psychic Discoveries Behind the Iron Curtain.* © Sheila Ostrander e Lynn Schroeder, 1970.

Peat, F. David. *Synchronicity: The Bridge between Matter and Mind.* Bantam Books, Nova York, 1988.

Prabhupada, A.C. Bhaktivedanta Swami. *Bhaghavad-Gita as it Is.* The Bhaktivedanta Book Trust, 1985.

Prigogine, Ilya e Stengers, Isabelle. *Order out of Chaos – Man's New Dialogue with Nature.* Bantam Books, Nova York, 1984.

Richardson, Alan. *An Introduction to the Mystical Qabalah.* The Aquarian Press, 1981.

Russel, Peter. *The Awakening Earth – The Global Brain.* Jeremy Tarcher, Los Angeles, 1983.

Sagan, Carl. *Broca's Brain.* Random House, Nova York, 1974.

Stevenson, Ian. *Twenty Cases Suggestive of Reincarnation.* University Press of Virginia, Charlottesville, 1974.

Thesenga, Donovan e Pierrakos, Eva. *Fear no Evil.* © The Pathwork Foundation, Inc., Pathwork Press, Madison, 1993.

Yogananda, Paramahansa. *Autobiography of a Yogi.* Self-Realization Fellowship, 1973.

Zohar, Danah. *The Quantum Self.* Bloomsbury Publishing Ltd., 1990.

O Senhor é sutil.
Mas não é malicioso...
Nem tolo

Pe. Giordano Rosso, S.J.
Universidade "La Sapienza", Roma, Itália

A religião

O surgimento das três maiores religiões institucionalizadas do Ocidente – judaísmo, cristianismo e islamismo – representou uma ruptura com antigas práticas, disseminadas por quase todas as culturas do passado e também presentes na maioria das outras culturas da atualidade: o acesso de todos que aspirem à transcendência, isto é, ao contato pessoal com o Divino.

Isto se processava, e ainda se processa, através da ingestão ritual de substâncias naturais, geralmente extraídas do mundo vegetal, capazes de agir sobre a percepção e alterar profundamente a consciência. Sempre resultantes de uma bem sedimentada tradição, essas substâncias de poder são administradas sob a orientação de sacerdotes ou instrutores qualificados, em ocasiões rituais apropriadas.

A experiência da transcendência é, assim, facultada a todos, ou pelo menos aos mais credenciados, e a Divindade é percebida e vivenciada diretamente, muito além de uma simples crença. No Oriente, as grandes religiões desenvolveram métodos para atingir a transcendência sem a necessidade desses coadjuvantes químicos. A disseminação desses métodos pode ser uma solução para o problema das drogas.

A meditação começa nos limites da realidade objetiva, no ponto mais avançado da percepção e do conhecimento racional. Como resultado da penetração meditativa e do alargamento da visão científico-natural, uma nova e aprofundada consciência da realidade deve ser desenvolvida, tornando-se cada vez mais um bem pertencente a toda a humanidade. Isto poderia ser a base de uma nova religiosidade não mais baseada em dogmas, mas na própria percepção.

Albert Hofmann

We are such stuff
As dreams are made on; and our little life
*Is rounded with a sleep.**

William Shakespeare

Por tudo o que tenho visto na fantástica experiência deste singular Simpósio, este é um momento de grandes convulsões no perfil imaginário da psique terrestre. Algo de muito sério está acontecendo. No plano individual dos que estão presentes, o clima de inovação, criatividade e tranqüila revolução que aqui se instalou tem provocado atitudes inesperadas, corajosas e insólitas, de despojamento e desafio às instituições, às normas e aos costumes do convívio formal e do que se espera de doutos professores e respeitáveis membros de instituições centenárias.

O diversificado público aqui presente vem crescendo a cada dia, em conseqüência do que se tem visto na televisão, e já lota a maioria dos hotéis e pousadas. Entretanto, o comportamento das pessoas de todas as idades, etnias e procedências é de expectativa e respeito, e em todos os lugares o clima é de uma

* Nós somos da essência / de que os sonhos são feitos; / e nossa pouca vida / é envolvida pelo sono.

só harmonia. É uma beleza, e eu não estou imune ao que se passa. Estou vivendo também a minha revolução íntima e o que pretendo comunicar hoje poderá ter o esquisito sabor de algo inesperado e insólito.

Como vocês sabem, sou um clérigo da Igreja de Roma e lecionei, durante muitos anos, Religião Comparada e Filosofia na Universidade que tem o pretensioso nome de *"La Sapienza"**. Talvez em decorrência da minha facilidade com as línguas orientais, o Vaticano tenha me distinguido como articulador diplomático com lamas, monges e dignitários das religiões do Oriente, particularmente da Índia, Tibete e Japão. Isto muito contribuiu para diversificar minha cultura, desenvolver-me a tolerância e abrir uma larga receptividade a outras formas de relacionamento com o mundo espiritual. Paralelamente a essas atividades, o grande interesse que sempre tive pela busca pessoal do conhecimento, onde quer que ele se encontre, levou-me ao estudo das ciências ocidental/materialista e oriental/contemplativa, deixando-me em condições de melhor absorver as deliciosas proposições que têm emergido neste nosso encontro, dentro e fora das palestras oficiais. Não só estou em contato com as inesperadas propostas e teses dos amáveis conferencistas, como tenho-me encontrado com cientistas, mestres e xamãs e seus simpáticos discípulos, que se reúnem ao luar nas praias mais distantes para belas noitadas de música e canto, altos ensinamentos ou simples confraternização.

Talvez um dos aspectos mais cativantes desses encontros seja a diluição das hierarquias e das formalidades sociais, o que me tem permitido encontrar grandes nomes da ciência e da religião sentados numa roda de jovens ao lado de alguma fogueira, conversando amistosamente com anônimos interessados de todas as procedências. Pode ser apenas uma impressão minha, mas até as dificuldades com a língua não parecem estar sendo obstáculo para fecundos diálogos; as pessoas estão se entendendo com facilidade, principalmente em inglês e espanhol, os idiomas que mais se tem falado aqui.

O outro fato que acho necessário destacar é a inexistência do uso de drogas entre os participantes, o que não parece ser resultado de repressão ou controle policial. Embora atentas ao problema, as autoridades já se reportaram à surpreendente queda para um nível próximo a zero no tráfico e no uso desses modificadores artificiais da consciência, que nunca estariam ausentes de um evento como este, se não fosse o caráter por si só encantador do que aqui está sucedendo. Mas como este país está solidamente estruturado para o turismo internacional, os inúmeros hotéis e pousadas onde ficam os que não estão aqui

---

* A Sabedoria.

por causa do Simpósio têm registrado os níveis usuais no consumo de bebidas alcoólicas e tabaco, as drogas oficiais da sociedade moderna. É curioso constatar que os participantes do Simpósio não utilizam também essas drogas, ficando aparente uma distinção entre estes e os turistas comuns, que observam admirados algo de estranho que está ocorrendo com os demais. Mas tenho observado a adesão de muitos nativos e turistas que não vieram para o Simpósio aos grupos que se formam em torno de cientistas ou líderes espirituais do Oriente e do Ocidente. Há um fascínio no ar e mesmo os que estão aqui por outras razões sentem a presença forte de um campo de forças indefinível, que atrai todos aqueles que tenham dentro de si um mínimo de abertura para uma forma nova e sadia de ver a si próprio, o mundo e as coisas.

Considero muito interessante o fenômeno da ausência da marijuana e do haxixe, que têm sido companheiros habituais dos grupos de jovens em reuniões como esta. Há décadas que o uso ilegal dessas substâncias generalizou-se de tal forma, nos festivais de rock, que passou a ser uma prática usual das polícias locais afrouxar a sua força repressiva nessas ocasiões, para não criar situações difíceis envolvendo grande número de pessoas. Mas aqui a situação é surpreendentemente distinta. Não só o uso de drogas inexiste entre os participantes do Simpósio, como também as ocorrências policiais envolvendo alguma forma de violência diminuíram muito em toda a ilha, de uma semana para cá.

Há uma força mágica no ar. E, pelo que tenho visto, não se trata de uma renúncia coletiva à prática generalizada do uso de substâncias naturais ou artificiais para modificar a consciência cotidiana. Não é que as pessoas tenham finalmente se conformado em conviver permanentemente com sua consciência de uso diário, tendo-se convencido do caráter prejudicial das drogas. Pelo contrário, o que me parece mais plausível é admitir que todos estão alterando seu estado de consciência de uma forma espontânea, induzida naturalmente pelo ambiente de paz e pelos temas tratados, pela visão de mundo decisivamente construtiva que aqui se tem disseminado e pelas forças espirituais que circulam entre as pessoas como anjos invisíveis. Simplesmente não há necessidade de indutores químicos para que todos se sintam bem, felizes e otimistas, mentalmente flexíveis, positivos e confiantes. Tenho visto alguns conferencistas propor idéias de difícil assimilação (porque implicam abandono de princípios arraigados), que são compreendidas e aceitas com grande facilidade, o que sugere uma *forma mentis* bem mais livre de condicionamentos do que a familiar consciência de vigília do homem ocidental. O que está acontecendo é realmente algo inédito, que precisa ser estudado com carinho pelos próprios cientistas e mestres espirituais aqui presentes.

É fato sabido e reconhecido que quase todas as culturas, de todas as épocas, conviveram com substâncias de poder capazes de conduzir a estados alterados de consciência, em suas práticas rituais de encontro com o sagrado. Creio que as únicas exceções são os esquimós (talvez por não disporem de flora capaz de supri-los) e as grandes religiões formais do Ocidente: o judaísmo, o cristianismo[1] e o islamismo.

Nas civilizações da Antiguidade que delinearam as bases da nossa cultura, tanto no Egito como na Grécia Clássica, entre os celtas e persas ou na Índia, o acesso ao sagrado constituía-se no próprio cerne da estrutura social. No Egito, a classe sacerdotal e a alta hierarquia do conhecimento erudito e do poder político empregaram durante mais de três mil anos o *khat*, extraído do arbusto *Catha edulis*, rico em alcalóides do grupo da efedrina. Na Índia, a milenar cultura védica e a extraordinária literatura sagrada que lhe sucedeu muito devem ao uso ritual do *soma* – preparado a partir do cogumelo *Amanita muscaria* – para estimular os centros energéticos do corpo e permitir a transcendência. Isto, antes de serem desenvolvidas e difundidas as práticas do yoga e da meditação, que conduzem ao mesmo resultado sem necessidade de apoio farmacobotânico. Nos cultos órficos da Grécia, que eram a face esotérica da religião grega, e nos mistérios de Elêusis – o caminho iniciático para o conhecimento sagrado – o emprego de substâncias psicoativas foi parte essencial de seus rituais. Os iniciados bebiam um líquido chamado *kykeon,* em cuja composição entravam a menta e o meimendro negro (*Hyosciamus niger*)[2]. Ainda hoje, quem visita a gruta do oráculo de Delfos (no mesmo lugar onde Apolo matou Píton, a serpente primordial) pode aspirar os gases que vêm do seu interior e ter uma breve experiência de acesso ao inconsciente, onde reside a memória ancestral da humanidade. Também foi assim nos cultos pré-colombianos das Américas, nas civilizações que a cobiça e a ignorância impiedosamente destruíram, que se valiam de cogumelos, cactos e infusões diversas para obter acesso aos níveis de consciência necessários a uma experiência direta de contato com os deuses e os antepassados. Seus remanescentes ainda fazem uso ritual dessas substâncias, geralmente em cultos formalizados e com amparo legal.

A triste herança que ficou para a civilização cristã ocidental de toda essa rica tradição, em que a experiência pessoal do sagrado era o essencial, foram a bebida alcoólica e o fumo de tabaco. São simulacros grosseiros, que decididamente não mostram qualquer semelhança com uma prática de natureza religiosa, nem satisfazem à necessidade básica de transcendência que todo ser humano traz dentro de si.

Além disso, de todas as substâncias psicoativas empregadas pelas diversas culturas do mundo, o álcool etílico é certamente a mais rude, como indutora de estados alterados de consciência. Seus efeitos são opostos ao que se busca no uso das substâncias sagradas. Mas, como no Ocidente (e também no Oriente capitalista-ocidentalizado) vivemos o culto inferior dos valores materiais, do lucro e dos prazeres efêmeros da vida mundana, o álcool tornou-se a droga por excelência da religião profana de Mammon. Do operário ao presidente da empresa, o fim de semana, que começa na chamada *happy hour* da tarde de sexta-feira, é a ocasião de trocar o trabalho alienado por uma embriaguez ainda mais frustrante, onde se bebe do mais refinado uísque à cerveja barata e à popular aguardente de botequim, em busca de uma tola euforia ou de uma excitação vulgar. E quantos acidentes, crimes e tragédias têm o álcool como cúmplice! Como vemos, cada civilização tem a experiência religiosa que merece... ou que procura.

O que torna possível que essas dolorosas distorções permaneçam, na fase atual que a civilização atravessa, é o fato historicamente chocante de que estamos praticando uma *egonomia*, e não uma economia, como sempre aconteceu nas culturas harmonizadas com a natureza.

Ainda está por ser realizado um estudo sério e extensivo sobre os malefícios que o uso e o abuso das bebidas alcoólicas têm trazido ao homem contemporâneo. O seu potencial destruidor é tremendo e os detentores do poder de alguma forma sabem disto: na Amazônia, quando pretende liquidar uma população indígena para tomar-lhes as terras, o homem branco sabe que, além das doenças que introduz, o álcool é um eficaz aliado para a degradação moral dos nativos e a eficiente consumação do genocídio.

Entretanto, mesmo diante desses fatos inegáveis, dificilmente alguém ousaria propor a proibição da venda e fabricação das bebidas alcoólicas. Todos estão lembrados do que ocorreu durante a Lei Seca, nos Estados Unidos dos anos 30, quando essa proibição deflagrou uma onda de criminalidade sem precedentes, e em vez de resolver o problema, só fez agravá-lo, com a proliferação das destilarias clandestinas transformando em contraventores e criminosos cidadãos que, em outras circunstâncias, não teriam comportamentos anti-sociais.

A indústria das bebidas alcoólicas e suas respectivas redes de distribuição em bares, clubes, hotéis e serviços correlatos movimentam em todo o mundo mais de 500 bilhões de dólares anualmente, representando uma força política suficientemente poderosa para bloquear as denúncias da sua natureza perniciosa e inibir as iniciativas que visem a abalar seu papel de destruidor de mentes, vidas e famílias, em todos os níveis sociais.

O álcool não se reconhece como droga, embora – as estatísticas o provam! – seja a pior delas. O seu poder econômico tem sido capaz de fomentar e financiar uma histeria mundial antidrogas (as outras), onde a legítima necessidade social de se coibir o uso irresponsável dessas substâncias é encarada sob o ponto de vista policial-repressivo. Isto radicaliza a contenda, acirra as contradições e reforça o tráfico, inclusive no aspecto estratégico-militar, tornando a perspectiva de uma vitória sobre as drogas cada vez mais fantasiosa e distante. No submundo criado por esta loucura, o gangsterismo é incentivado e a criminalidade se infiltra nos diversos níveis sociais, onde traficantes inescrupulosos, vítimas inocentes e honestos pesquisadores são penalizados indistintamente numa só caça às bruxas.

Estupidamente, estamos presenciando em todo o mundo uma situação diante das outras drogas equivalente à que se criou em face do álcool durante a Lei Seca, nos Estados Unidos de 1930, com todas as suas seqüelas, distorções e conseqüências absurdas, só que desta vez em escala muito maior. A meu ver, isto precisa ser entendido como um equívoco de proporções colossais, embora haja, evidentemente, quem o promova e incentive para consolidar e ampliar sua faixa de poder, retroalimentando assim a máquina desvairada da qual todos acabam sendo vítimas. É preciso entender que o problema do alcoolismo oficial e o problema das drogas clandestinas constituem-se em duas instâncias da mesma situação, cuja origem e essência são uma só.

Do ponto de vista antropológico ou psicossocial, o álcool etílico não passa de um substituto tristemente falsificado (e nesta qualificação incluo os mais nobres e caros destilados) para as substâncias de poder de uso ritual, tradicionalmente usadas em contextos sagrados de outras culturas e que, no mundo contemporâneo (em que o sagrado não mais encontra lugar), são aviltadas pelo uso profano, com riscos seriíssimos para seus imprudentes usuários.

Além das substâncias de poder tradicionais, capazes de induzir estados superiores de consciência – quando em uso ritual, com apoio doutrinário e a orientação de instrutores – a pesquisa química tem criado drogas que atuam sobre o sistema nervoso central provocando diferentes estados psíquicos de transcendência e pseudotranscendência. Essas drogas devem ser objeto de estudos aprofundados, focalizando especialmente o lado subjetivo/espiritual das experiências que provocam, em contraposição ao seu potencial destruidor. Mas isto somente será possível quando houver um armistício na guerra irracional que estamos presenciando, uma pausa na onda de histeria que se espalhou desde a época do macartismo – que caçou bruxas, comunistas, e interessados em drogas, como as maiores ameaças ao *sistema*. Este mesmo *sistema* movido a álcool, em que todos padecem alegremente suas angústias e horrores.

Numa tentativa de resolver esta questão, que não será justo deixar prosseguir sem solução ao longo do século 21, apresento aqui uma proposta que me parece sensata e realista.

Proposta sobre o problema das drogas

Para romper o círculo vicioso em que nos envolvemos, para sairmos deste inquietante impasse em que se transformou a política de combate às drogas, proponho uma solução a ser implementada pela ONU, que pode ser resumida nos seguintes pontos:

1) Distinguir claramente, por uma comissão internacional de cientistas imparciais estudiosos do tema, as drogas decididamente prejudiciais das que somente fazem mal se forem objeto de abuso. Entre as primeiras, ficam com certeza a heroína, a morfina, o ópio, o tabaco e, provavelmente, a cocaína, que criam uma dependência escravizante, liquidando inapelavelmente os infelizes usuários que delas não conseguirem libertar-se. Entre as do segundo grupo ficam possivelmente a marijuana, o LSD, o álcool, o haxixe e outras que a pesquisa indicar.

2) As substâncias do primeiro grupo devem ter sua produção e distribuição criminalizada, como, aliás, já sucede com a maioria delas. As do segundo grupo serão regulamentadas caso a caso e liberadas, além de taxadas e fiscalizadas. Sua liberação deve ser acompanhada de permanente e intensiva campanha pela mídia, informando o público de todos os perigos decorrentes do seu abuso (vai ser preciso definir com clareza em que consiste o abuso de cada uma delas). As taxas arrecadadas reverterão a um fundo internacional administrado pela ONU que financiará as pesquisas e as campanhas publicitárias de esclarecimento.

3) A comissão internacional sugerida acima deve ser permanente e vinculada à Organização Mundial da Saúde. Seus membros serão renovados periodicamente e terão a atribuição de emitir parecer sobre a classificação e regulamentação do uso das substâncias psicotrópicas existentes no mundo, e também das que forem sendo descobertas na natureza ou sintetizadas nos laboratórios. A regulamentação será atribuição de cada país, mas seguindo o modelo da ONU. É imprescindível que se faça um Tratado Internacional explicitando os compromissos dos países membros.

4) Vinculada à UNESCO, uma segunda comissão ecumênica de mestres, líderes espirituais e sacerdotes das religiões não exclusivistas, deverá examinar e emitir parecer sobre o valor terapêutico/espiritual da gama de experiências que cada substância provocar, no contexto das diversas filosofias, religiões e seitas organizadas que delas fizerem uso. Ressalvada a liberdade de culto, será necessário atentar particularmente para o nível de seriedade e respeito, o contexto ritual e a base doutrinária adotados em cada caso.

5) As duas comissões acima indicadas elaborarão conjuntamente um Estatuto Internacional dos Estados Alterados de Consciência, contendo diretrizes, recomendações e modelos para que cada país faça sua própria legislação. A criminalização das drogas proibidas e a liberação regulamentada das demais será a tônica do Estatuto, mas convém observar que a constatação do uso de qualquer psicotrópico associado a atos danosos infligidos a terceiros deve ser considerado agravante.

A nossa proposta fundamenta-se no reconhecimento de que:

a) A guerra que hoje está sendo travada com os produtores e distribuidores ilegais de drogas está virtualmente perdida e vem obtendo resultados opostos aos pretendidos; caímos num círculo vicioso que deve ser rompido.

b) Se o tráfico de drogas movimenta valores tão elevados é porque existe uma demanda considerável a ser suprida, representando um enorme mercado consumidor em todo o mundo. Ignorar isto é inadmissível ingenuidade ou grosseira hipocrisia, porque esse mercado dissemina-se por todos os níveis de renda e cultura.

c) Cada ser humano tem dentro de si um impulso natural para a transcendência, que precisa ser entendido como um direito que a sociedade deve propiciar, junto com os outros direitos humanos fundamentais, como alimentação, trabalho, habitação, saúde, educação, livre trânsito, manifestação do pensamento, opção sexual, etc.

d) Todo ser humano é responsável pelo seu próprio destino e se, mesmo devidamente informado e esclarecido, insistir em permanecer com práticas que o podem destruir, não é lícito a quem quer que seja impedir que ele cumpra sua sina, desde que não cause dano ou prejuízo a outras pessoas.

e) A prática do esclarecimento e da educação já mostrou sua eficácia nos casos do tabaco e da aids, cuja incidência estatística vem-se reduzindo onde a população é melhor informada, mas persiste elevada nos bolsões de ignorância do mundo.

*

Entendo que o essencial para o espírito é a experiência transcendente, o contato efetivo e pessoal com as forças positivas que permitam a expansão da consciência e elevem o ser humano para mais próximo da Natureza Divina. Nesse sentido, o uso de substâncias auxiliares para expandir a consciência deve ser visto como uma necessidade transitória, que poderá ser aos poucos abandonado quando melhor se difundirem os métodos naturais para atingir esses estados[3]. Se a taxação proposta para a produção e comercialização dessas substâncias for aumentando ao longo dos anos, não só o seu uso será progressivamente desestimulado, como também os métodos naturais para a mesma finalidade poderão ter sua divulgação mais eficazmente financiada com esses mesmos recursos. Obviamente, as instituições, os cursos e *workshops* sobre essas técnicas naturais devem não só estar isentos de impostos e taxas, como também ser estimulados pelo poder público.

São muitos os métodos naturais para se obterem estados alterados de consciência capazes de provocar fenômenos hoje chamados de paranormais e, eventualmente, conduzir a estados transcendentes. São técnicas que prescindem do emprego de coadjuvantes químicos e que, quando usados corretamente, proporcionam resultados superiores aos obtidos com o uso de substâncias auxiliares[4]. Alguns desses métodos são o produto milenar de antigas práticas preservadas em tradições religiosas; outros são o resultado de pesquisas mais recentes.

Entre aquelas ligadas a alguma religião ou *corpus* doutrinário, destacam-se as técnicas orientais, particularmente a meditação, no budismo mahayana e Zen. A necessidade de treinar a mente no sentido de uma percepção mais clara, está no próprio coração do budismo, e isto é obtido pela focalização concentrada da atenção no aqui e no agora. Mas esta focalização não pode ser objeto de uma simples decisão momentânea, porque exige uma preparação prévia, treino e a orientação de um mestre para que seja realizada da forma correta. São empregadas diversas técnicas de respiração, oração ou recursos de choque induzidos pelo mestre – no caso do Zen-budismo – capazes de provocar uma iluminação, ou *satori*, quando o discípulo está preparado.

No Ocidente essas técnicas não são recomendadas pelas religiões formais, embora o jejum, a oração prolongada, o silêncio votivo e até a flagelação sejam usadas em diversas seitas e ordens monásticas, e certamente conduzam a estados mentais mais propícios a um contato com o mundo espiritual. O misticismo cristão, a cabala judaica e o sufismo (entre os árabes) são portadores de um conhecimento profundo da psique humana e enfatizam a experiência pessoal de contato com o Divino. Entretanto, a maioria dessas práticas não tem o endosso oficial das altas hierarquias nem um apoio científico-filosófico que lhes esclareça o sentido profundo. Diz um mestre budista:

> O mundo moderno anseia visivelmente por um método novo, não-dogmático, científico e prático de compreensão das verdades perenes que cada um, instintivamente, sabe que existem, mas percebe que lhe são ocultadas de sua compreensão direta e pessoal pela religião dogmática e organizada. Assim sendo, até a palavra *religião* passa a adquirir nas mentes de algumas pessoas uma conotação pejorativa, o que é lamentável, porque elas então se afastam desesperançadas da religião, quando só a religião – em seu verdadeiro sentido – pode dar-lhes o que procuram[5].

As técnicas naturais para a expansão da consciência desenvolvidas fora de um contexto religioso têm sido muito aperfeiçoadas e difundidas, recentemente. As mais eficientes dentre elas utilizam técnicas respiratórias semelhantes às da meditação budista, com ou sem o auxílio de música, bloqueio sensorial, audição de sons adequados, posturas e movimentos corporais, etc. Os cursos privados que divulgam essas técnicas não têm origem nas religiões formais, e alguns dos seus líderes mais destacados chegaram a declarar que iniciaram suas pesquisas como céticos e ateus. Entretanto, dificilmente encontraremos hoje um grupo ou instituição dedicada às técnicas de expansão da consciência que não assuma alguma forma de espiritualidade ou concepção holística do Cosmos, integração com a natureza e o planeta Terra, etc.

Existe hoje uma significativa parcela da cultura ocidental que reage ao dogmatismo religioso e ao materialismo capitalista, adotando crenças anímicas ou práticas oraculares e mágicas, além de superstições variadas. São geralmente grupos remanescentes ou herdeiros da subcultura hippie, que floresceu nos anos 60 e 70, murchando depois por não ter corpo doutrinário ou programa consistentes[6]. Esse segmento cultural, que até poucos anos identificava-se como o culto de uma nova era, passou por um processo de metamorfose e convergência, buscando superar os defeitos de sua origem fragmentária e da nucleação dos seus adeptos em torno de mestres ou gurus, que podem ser confiáveis e sérios ou aproveitadores e mistificadores.

Evidentemente, no meio dessa variedade de indivíduos curiosos, mas desinformados, havia homens de ciência com diferentes níveis de conhecimento e honestidade de propósitos que, individualmente ou em grupos, pesquisaram e desenvolveram sistemas compreensivos e técnicas para o aperfeiçoamento da mente que permitissem vivenciar experiências transpessoais e fenômenos paranormais diversos.

Os resultados obtidos são impressionantes. Recomendo a todos tomar conhecimento do que se tem feito no que se chama de psicologia transpessoal. Neste florescente ramo da nova psicologia, o rigor científico é estritamente respeitado nas pesquisas e práticas, nas quais é rotineiro e empírico o reconhecimento de que aquilo que chamamos de mente, ou consciência, não se limita a qualquer indivíduo em particular e muito menos ao seu corpo físico. Valendo-se das técnicas desenvolvidas por Dr. Stanislav Grof, por exemplo, inúmeros indivíduos de muitos países têm tido experiências pessoais decididamente fantásticas, se olhadas sob o ponto de vista da psicologia freudiano-materialista. Vivenciar experiências fora do corpo, penetrar na subjetividade de outra pessoa e perceber claramente o que ela está sentindo, comunicação intersubjetiva não-verbal e a longa distância têm ocorrido sob controle entre os que se dedicam a essa técnica, que o Dr. Grof denomina respiração holotrópica. Outras experiências ainda mais insólitas, pelos padrões vigentes, são o vivenciar a subjetividade de outras espécies vivas, tanto animais como vegetais. Outras, ainda, estendem o sentimento e a percepção direta aos níveis planetário, solar, galáctico, cósmico e Divino, já em plena transcendência de natureza mística.

Curiosamente, chegou-se ao verdadeiro misticismo (não confundir com a praga generalizada da mistificação, ou com as perigosas práticas da magia negra) pelos caminhos da ciência, do mesmo modo que o mundo subjetivo chegou à ciência através da teoria e da experimentação da física moderna. E é à luz deste novo misticismo científico que as doutrinas religiosas do Ocidente e do Oriente devem ser reavaliadas.

*

A principal diferença entre as religiões ocidentais e orientais reside em suas concepções distintas sobre o que seja o ser humano e o destino da alma após a morte física. Trata-se de posicionamentos fundamentais que influenciam, e até determinam, toda uma perspectiva de vida para seus adeptos: aquilo que cada um deve fazer da sua vida depende de como ele concebe a si próprio em face do mundo e de Deus.

Para o judaísmo e o cristianismo, o espírito humano vive apenas uma vida na Terra; é vítima de um pecado original cometido por seus ancestrais; deve obedecer às leis de comportamento promulgadas por uma divindade onipotente a quem deve temer; acreditar obrigatoriamente em vários dogmas, mesmo que não os compreenda; fugir do pecado; arrepender-se dos seus erros e desobediências e fazer penitências. Procedendo de acordo com essas leis e cumprindo as penalidades merecidas, poderá obter a salvação eterna, que foi trazida aos homens pela única encarnação do Deus Pai: Jesus Cristo, seu filho *unigênito*, ou um outro messias que ainda não chegou – no caso dos judeus, que não aceitam Cristo como Salvador. Na religião do Islã também se vem ao mundo uma só vez para seguir fiel e literalmente os ensinamentos do Profeta registrados no Livro Sagrado; declarar freqüentemente submissão à grandeza e ao poder de Deus; orar várias vezes ao dia e combater numa guerra santa, declarada ou não, contra os infiéis, ou seja, contra todos aqueles que não adotem o mesmo elenco de crenças e práticas religiosas. Após a morte, o crente poderá gozar as delícias de um paraíso (especialmente se morrer combatendo contra os infiéis), ou então padecerá a danação eterna dos que não seguirem a Lei.

Contudo, esse conjunto de crenças oficialmente adotadas pelas três maiores religiões do Ocidente não significa que, entre seus filiados, não haja quem tenha outra atitude sobre a unicidade ou pluralidade da vida encarnada. Pelo contrário, grandes segmentos daqueles que são formalmente católicos, por exemplo, são ligados a doutrinas derivadas do espiritismo e de religiões nativas, que admitem a reencarnação e mantêm algum tipo de relacionamento com entidades incorpóreas.

Por outro lado, nas religiões do Leste, as concepções do que sejam o ser humano e o espírito diferem bastante das doutrinas das três religiões ocidentais mencionadas. Seus ensinamentos, mitos e rituais visam a algo bem distinto de uma salvação para uma só vida, que se constituiria na única oportunidade para decidir o destino eterno de cada um. Antes de tudo, adotam a noção básica de que o espírito imortal encarna inúmeras vezes para se aperfeiçoar, numa longa trajetória que vem dos primórdios da ignorância para a beatífica integração com a Divindade. Nas muitas religiões da Índia (com a evidente exceção do islamismo), e particularmente no budismo e no taoísmo, a vida do indivíduo é apenas um capítulo de um drama muito mais longo, do qual ele somente terá uma visão de conjunto quando atingir o refinado grau de evolução espiritual que lhe permita recordar toda a sua história, que se estende por incontáveis milênios.

São, portanto, a visão uniencarnacionista e a visão pluriencarnacionista, duas cepas doutrinárias distintas desde as raízes, porque partem de concepções diferentes do que é o ser humano e quais são suas responsabilidades enquanto ser consciente e encarnado.

A concepção uniencarnacionista não admite que a alma tenha uma história pregressa, anterior ao nascimento. O espírito é criado ao mesmo tempo que o corpo e vem ao mundo para cumprir a Lei até o momento da morte[7]. Depois desta, ele é submetido a um julgamento pelos seus atos e recebe uma sentença perpétua, para ser cumprida durante toda a eternidade: a salvação, que lhe dará acesso a uma existência de delícias ou beatitude junto ao Senhor, ou a danação eterna, que o condenará às labaredas do inferno para todo o sempre. O espírito vive uma só vez e a oportunidade para candidatar-se à salvação ou à danação é única: a morte é o fim e, depois dela, não haverá outra chance, como em nossos liceus e universidades. No afã de seguir a Lei, de cumprir as escrituras sagradas, não há estímulo para o desenvolvimento de uma verdadeira aprendizagem espiritual, já que seguir as escrituras será suficiente para a salvação. Também não há espaço para se pensar em cosmologias alternativas àquela ensinada pelos superiores religiosos, que freqüentemente vêm embaladas como dogmas[8], dos quais discordar é um pecado grave. Conseqüentemente, estudar a natureza e o mundo são atividades supérfluas ou heréticas, a não ser para finalidades práticas; a busca de um conhecimento mais aberto e profundo que vincule o homem à natureza, ao planeta Terra e ao Cosmos, por exemplo, é um desvio doutrinário que as altas hierarquias não endossam. Deus, o mundo e o homem são entidades separadas, que não se permite confundir sem o risco de incorrer numa heresia.

A concepção pluriencarnacionista introduz na vida espiritual a idéia de evolução, que a ciência natural já admitiu nos níveis biológico, geológico e, mais recentemente, cosmológico. Cabe observar, no entanto, que somente a partir do século 19, com Spencer e Wallace/Darwin, é que a ciência consolidou o evolucionismo como explicação legítima do mundo e das coisas, após uma sucessão de entreveros ainda não inteiramente resolvidos com os dogmas oficiais e os preconceitos vigentes.

No Oriente hinduísta, budista e taoísta, o conhecimento da impermanência e do fluir das coisas em seu processo de mutação para formas mais complexas é anterior aos *insights* do pré-socrático Heráclito, que foi quem primeiro intuiu essa idéia no mundo ocidental. Antecipando-se ao evolucionismo filosófico e científico, a idéia de evolução do espírito é uma proposição central do budismo e ajusta-se bem ao novo paradigma da ciência holística contemporânea, que engloba a parcela subjetiva do Ser. Nesta concepção, Deus, o mundo e o homem estão unidos num só Ser, uno e inefável, que passou a manifestar-se na multiplicidade aparente das coisas. Atualmente parecem estar separados, mas isto é apenas uma ilusão passageira que se desvanecerá à medida que prosseguir a caminhada evolucionária e a expansão da consciência de cada um de nós. Desse modo, todos os seres sencientes voltarão, mais cedo ou mais tarde, a integrar-se com a Divindade de onde vieram.

Tanto no budismo (usemo-lo como paradigma das religiões pluriencarnacionistas) como na ciência holística, admite-se que a percepção e compreensão do mundo efetua-se segundo diferentes padrões, cada um deles vinculado no nível de consciência operado pelo cognoscente. Cada patamar de consciência do homem tem alcance e poder de discernimento diferentes, que se traduzem no padrão de relacionamento que o cognoscente mantém com o objeto conhecido: o universo de discurso onde ele está inserido. Até certo ponto, esses padrões de consciência podem ser avaliados e estudados objetivamente, porque são dotados de uma expressão física de natureza eletromagnética, aparente no encefalograma e nos mapeamentos do cérebro obtidos por *scanners* e computadores.

A crescente sensibilidade e precisão dos instrumentos à disposição da ciência têm permitido desvendar segredos muito íntimos do mundo natural, gerando uma tecnologia que está sempre a nos surpreender com seus fantásticos produtos. Aliados a um aparato teórico extremamente eficiente para finalidades práticas – a física quântica –, os técnicos do final do século 20 nos brindaram com aparelhos, equipamentos e sistemas capazes de realizar tarefas e façanhas que há bem pouco tempo seriam inacreditáveis. Mas é forçoso reconhecer que estas maravilhas restringem-se ao campo das coisas práticas, deixando sem solução as questões maiores da vida, da infelicidade e do mal, porque a ciência racional nada diz do sofrimento, da dor moral ou do significado da existência, já que ela não foi concebida para investigar esses temas.

A física quântica é hoje a maior conquista teórica da ciência ocidental, e encarar a necessidade de compreender suas conseqüências é uma tarefa a que nenhum cientista responsável pode furtar-se, nem que qualquer pessoa que pretenda situar-se no tempo presente da aventura humana possa deixar de lado. Ao demarcar limites para o conhecimento racional do mundo, a ciência contemporânea coloca-se diante do desafio de irromper por outros caminhos que lhe permitam prosseguir na jornada fáustica do ser humano sobre a Terra.

Ao que tudo indica, o ponto de inflexão a que chegamos nesta virada de milênio consiste na passagem das pesquisas sobre o mundo dito objetivo – que parecem estar encontrando sua exaustão – para a vastidão do mundo subjetivo, através da ponte criada entre ambos pela física moderna e seus desdobramentos (David Bohm, Karl Pribram, Quarks/Newman, etc.). Porque foi nos experimentos mais rigorosos da física que a consciência e a subjetividade do cientista se imiscuíram, deixando claro que são um componente essencial do experimento e da própria formatação da "realidade" investigada.

Por mais incrível que isto possa parecer, para quem sempre acreditou na existência de uma realidade dotada de existência independente de quem a observa, alheia aos seres sencientes que nela estiverem inseridos, a própria ciência racional das teorias mais precisas e dos experimentos mais rigorosos já mostrou que essa realidade objetiva não existe desse modo. A nova concepção do que seja a realidade exige uma interação com a subjetividade que a observa ou vivencia: a realidade não é objetiva, mas consensual; as coisas físicas e mentais são, portanto, destituídas de uma realidade intrínseca, mas existem num nível relativo, convencional, que no entanto é suficiente para que elas interajam com outras entidades, comportando-se como se tivessem uma existência independente.

A psicologia junguiana e os estados meditativos mais profundos, particularmente no budismo tibetano, já mostraram que aquilo que denominamos eu, o eu pessoal de cada um, que na terminologia de Jung chama-se ego, é algo que não tem existência intrínseca, após um exame mais rigoroso. Da mesma forma, a realidade objetiva, que sempre foi o objeto de estudo da ciência natural, também desvaneceu-se sob os olhares atônitos dos cientistas.

Então, devemos concluir que nada existe e que tudo que vemos e vivemos não passa de uma alucinação de algum ser misterioso? Não é bem assim. A conclusão provisória a que uma mente racional pode chegar é que, tanto os objetos ditos reais como as entidades psíquicas, ou imaginárias, têm *status* ontológicos equivalentes: nenhum é mais real do que o outro; nenhum é mais imaginário do que o outro. E o que os traz à tona da existência consensual é o processo de interação entre uma subjetividade e os objetos residentes num estado ontológico potencial.

A física nos oferece evidências experimentais que podem ser interpretadas de diferentes maneiras. O realismo nos assegura que as entidades físicas existem independentemente da mente; o idealismo filosófico sustenta que elas são da mesma natureza da mente. A visão centrista, que emerge da concepção budista, rejeita ambas as posições ao declarar que a própria dicotomia entre fenômenos físicos e mentais tem uma existência apenas convencional, consensual. O que deflagra a nossa experiência vivencial, construindo o universo participativo em que vivemos, é a interação entre essas entidades (reais e imaginárias), cuja essência última é inapreensível pela razão. Essa interação consiste basicamente no lançamento de uma estrutura verbal e lingüística sobre aquilo que se nos apresenta como realidade.

Se tudo que acreditamos existir depende da designação mental e verbal que lhe impomos, segue-se que diferentes culturas, ou uma mesma cultura em diferentes épocas de sua história – e até mesmo diferentes indivíduos –, podem habitar em realidades convencionais distintas. Para mim, esta interpretação da realidade ficou bem mais nítida quando tomei conhecimento, neste Simpósio, da *teoria da consistência relacional* de Quarks/Newman, que reformula a interpretação da teoria quântica proposta por Hugh Everett – dos inúmeros universos que se desdobrariam a partir das possibilidades admitidas pela função de Schrödinger –, vinculando a efetiva atualização tão-somente daqueles Cosmos que estiverem centrados numa subjetividade qualquer que os perceba, que lhes sirva de núcleo e que lhes dê sentido.

A esta altura, convém lembrar Shakespeare: "Somos feitos do mesmo material dos sonhos, e a nossa vida breve é rodeada pelo sono." Ou Jorge Luis Borges – o Tirésias de nossos dias – que, dotado dessa lucidez extraordinária que somente os cegos têm, deixou-nos a informação de que "Tiempo es la sustancia de que somos hechos"*.

Assim como algumas religiões protegem aquilo que consideram ser suas verdades com uma carapaça de dogmas, também a ciência natural, desde que passou a se constituir num ramo pretensamente independente do saber, envolveu-se num véu de ceticismo, vestiu a armadura do método científico experimental e passou a defender-se da ignorância, da superstição, da religião e até do mito, seu pai, e da sua mãe, a filosofia, brandindo contra todos o gládio da

---

* Tempo é a substância de que somos feitos.

razão lógica. Sem distinguir claramente quem eram seus inimigos de quem eram seus progenitores, a ciência a todos combateu, possuída pela *hybris* que lhe dizia ser ela o caminho único para o conhecimento, e que este poderia excluir a sabedoria, tida como supérflua. Como a *hybris* conduz ao fim trágico do seu portador, também a humanidade já esteve à beira da tragédia atômica como conseqüência da visão cientificista a serviço da política e do poder.

A ciência natural trouxe para o homem um acervo extraordinário de realizações, que nunca poderia ser produzido sem seus critérios e métodos rigorosos. Mas a soberba que instilou em seus praticantes menos capazes para os vôos mais altos do espírito – a grande massa dos tecnólogos e cientistas menores – levou-os a um doloroso estado de alienação, a uma perda das suas raízes espirituais e cósmicas, a um desespero existencial que se espalhou na cultura do Ocidente e vem cobrando seu tributo de sofrimento generalizado há muitas gerações.

Hoje, é indispensável rever os pontos falhos que comprometem a visão exclusivista que a ciência tem do mundo, reconsiderar os excessos cometidos no alijamento da filosofia e do mito, e explicitar uma definição mais clara do que sejam as tolices – e os crimes! – inaceitáveis de algumas religiões e seitas, com vista a uma depuração e futura reintegração com a ciência. Porque somente uma apreensão integrada do conhecimento, proveniente de diferentes fontes, poderá transformá-lo alquimicamente no ouro da sabedoria.

*

Eu mesmo estou passando por um processo alquímico de transmutação que atinge todos os níveis que já pude alcançar com minha consciência. Do que está sucedendo comigo e que parece encontrar sua consumação neste incrível colóquio que estamos desfrutando juntos – eu, vocês e o mundo –, nem tudo pode ser reduzido a conceitos e palavras. Mas prometi a vocês uma decisão pessoal importante e chegou o momento de lhes revelar a que estava me referindo.

Trata-se da minha disposição de renunciar aos vínculos com a religião a que sempre pertenci formalmente, a Igreja de Roma. Muitos anos de minha vida transcorreram, até que a coragem e a oportunidade viessem a reunir-se neste Simpósio. Agora, permito-me declarar, com a necessária ênfase, aquilo que há muito já sentia na minha intimidade: que vejo a Igreja Católica como uma adúltera encanecida que, enquanto se dizia esposa de Jesus Cristo, comprazeu-se ao longo dos séculos no leito abominável de Mamon, o deus do ouro corrupto e da plutocracia.

O que agora assumo a responsabilidade de manifestar é o tranqüilo resultado de profundas ponderações e elevadas experiências espirituais que tive a graça de vivenciar recentemente, vale dizer, nestes últimos anos de contato com lamas e mestres de muitas correntes espirituais do Oriente e da América nativa. É a consumação de um lento amadurecimento que resulta nesta expressão de incontida sinceridade e ousadia, uma vez que já não posso conviver com algo que não mais condiz com o estágio de compreensão do mundo, da ciência e das coisas do espírito em que me encontro agora. *Dubitando ad veritatem pervenimus** como concluiu Cícero. Para mim, chegou o momento em que não posso mais continuar mantendo aparências pelas quais tenho aversão.

Já não posso conviver com o remorso de pertencer a uma organização que se diz religiosa e tantos crimes cometeu ao longo da história, desde o massacre de milhares e milhares de inocentes até a cumplicidade com o extermínio de civilizações inteiras. Já não posso compactuar com uma igreja que gerou em seu ventre o monstro da Inquisição – cujo pai jamais poderia ter sido Jesus Cristo – e sempre esteve associada ao poder opressor dos tiranos de todos os calibres, em todas as épocas e lugares, renegando pelos seus atos a doutrina de amor de Jesus, em nome de quem foi constituída.

Hoje, sabemos que a Igreja de Roma foi criada para ocupar o vácuo de poder mundial que estava se formando pela decadência do Império Romano. As pesquisas históricas mostram que isto foi conseguido à custa de solertes manobras políticas, perseguições e assassinatos de herméticos, neoplatônicos e gnósticos, todos eles rotulados de hereges, estes, sim, os verdadeiros detentores de um conhecimento espiritual autêntico, profundo e seminal. Já não posso me considerar membro de uma corrente filosófica e teológica que refuta sistematicamente as maiores conquistas do conhecimento, valendo-se do rude princípio de autoridade, que ousa negar a prerrogativa maior do espírito humano: a liberdade de decidir e avaliar o que lhe é oferecido, perante o tribunal da sua própria consciência individual. É, para mim, impossível compactuar com um poder despótico que persegue e mata os mais inovadores gênios da ciência e eleva à categoria de "santos" alguns monstros morais cujo mérito mais destacado foi fazer o jogo do poder temporal e assegurar a hegemonia política da Igreja[9].

Meu antepassado Giordano Bruno, em 1600, na alvorada do conhecimento científico, sustentou as suas convicções diante do despotismo e da ignorância, vindo a morrer nas chamas de uma fogueira numa praça de Roma, cidade-sede das abominações que se cometeram e cometem ainda em nome de Cristo. Como seu descendente direto, venho ampliar a coragem da sua posição,

* É duvidando que chegamos à verdade.

reafirmando meu desprezo por uma doutrina mentirosa, desafiando abertamente o Vaticano e o papa, a Igreja e sua hierarquia, e as próprias fornalhas do inferno, cuja realidade nego com a força plena da minha convicção, manifestada neste ato consciente.

Não me estou vinculando formalmente a nenhuma outra igreja ou organização religiosa. Reservo-me, entretanto, o direito de expressar a minha profunda simpatia pela visão pluriencarnacionista do espírito, que julgo mais ajustada ao novo paradigma da ciência e às revelações da minha própria meditação, parecendo-me ser a que oferece uma ética consistente com a evolução do conhecimento e a lenta conquista individual da sabedoria. Desde meados do ano passado, decidi *aposentar* o uso que fazia da minha mente especulativa para investigar as questões filosóficas mais profundas. Tenho desenvolvido a prática da meditação nos moldes do budismo tibetano e os resultados que tenho obtido não podem ser expressos em palavras, porque são vivências cotidianas da dimensão transcendental do Ser, além dos conceitos e das dualidades exigidas pelo entendimento racional.

Quero ter o merecimento de despertar em breve a minha iluminação plena, para dedicar-me com maior intensidade a auxiliar a todos os que de mim se aproximarem na sua caminhada em busca da Divindade, que reside velada no íntimo do coração de cada um. Estou certo de que meu procedimento está de acordo com o fluir natural das coisas, e que as decisões drásticas que estou tomando correspondem a um movimento autêntico do meu momento espiritual. Se faço o que estou fazendo não é movido por rancores, aversão pessoal ou hostilidade a quem quer que seja. Muito pelo contrário, sinto meu coração pleno de amor por meus superiores, colegas e discípulos, por todos aqueles que interagiram comigo ao longo de minha vida. Espero que o meu exemplo possa auxiliá-los no caminho da libertação, que é o caminho da verdade e da sinceridade de propósitos destituída de vaidade e egoísmo. "*Conhecereis a verdade, e a verdade vos libertará*" será doravante o meu lema pessoal.

Espero confiante que esta minha resolução (que, a meu ver, coaduna-se perfeitamente com o propósito e a significação deste Simpósio) sirva para deflagrar outras eclosões de sinceridade visceral naqueles (sei que são muitos) que vivem o conflito íntimo de manter as aparências, porque é de gestos assim que o mundo está necessitado neste início de milênio, para que um novo patamar possa realmente ser conquistado na caminhada espiritual da humanidade em direção à harmonia, à paz e a uma verdadeira fraternidade.

Para finalizar, quero informar a todos que me vêem e me ouvem *urbi et orbi* que o destino da minha ligação formal à Igreja e à Ordem dos Jesuítas será decidido pelas suas autoridades constituídas conforme as disposições do direito canônico, mas a minha vinculação com a Universidade "La Sapienza", de Roma, onde permaneci durante anos tendo de ensinar coisas nas quais não acreditava, já foi decidida por mim e está encerrada a partir da conclusão do presente período letivo. Na véspera de tomar o avião para vir ao Simpósio, tive a satisfação de receber uma resposta favorável à solicitação que fiz para lecionar na *Universidad Nacional del Qozqo*, uma das mais antigas da América, na cidade que foi a capital pré-colombiana do Império Inca[10].

Ali passarei a residir e trabalhar, procurando resgatar uma dívida de consciência com os remanescentes da cultura inca, que permanece viva nas aldeias e nos vales entre os cumes nevados dos Andes, com seu modo singelo e saudável de viver, suas vestimentas coloridas, sua medicina sábia e natural, sua língua original e sua música maravilhosa, até que as forças espirituais que me animam e conduzem indiquem um novo caminho e novas tarefas a cumprir.

Notas

1. É verdade que o vinho tem o poder de alterar a consciência cotidiana e é usado ritualmente na missa, mas isso é restrito ao sacerdote e em dose muito pequena para exercer qualquer efeito psicoquímico significativo. Seu uso na missa é estritamente simbólico, prática cuja significação profana pode ser uma reminiscência de outras, mais antigas e mais eficazes. Não vejo como incompatíveis uma interpretação antropológica das raízes desse ritual e sua excelsa instituição sacramental por Jesus Cristo, na última ceia. São visões complementares que trazem maior compreensão do rito, e não devem ser vistas como um conflito a nos atormentar.

2. Clemente de Alexandria revela que a senha para a mútua identificação dos iniciados nos mistérios de Elêusis era o seguinte diálogo: "– Eu jejuei. / – Eu bebi o kykeon. / – Eu o retirei do peito, trabalhei-o e coloquei no cesto. / – E do cesto recoloquei-o outra vez no peito".

3. A futura substituição dos psicotrópicos químicos por técnicas naturais que prescindam deles é uma necessidade real, uma vez que quase todos eles têm um perigoso efeito inibidor do sistema imunológico, a defesa natural do organismo. Um dos desenvolvimentos mais promissores da medicina preventiva e curativa é o reforço do sistema imunológico do indivíduo, o que não é obtido pela administração de novos medicamentos e drogas (*lato sensu*) mas, ao contrário, pela supressão destes, que em sua grande maioria são imuno-depressores.

4. Isto é fato constatado, e não apenas *wishful thinking*. O biólogo Andrew Weil, diplomado *cum laude* pela Universidade de Harvard, registra em seu livro *The Natural Mind* [A Mente Natural] que "Vemos usuários de drogas desistir delas pela meditação, mas não meditadores de longa data desistir da meditação pelo ácido. Esta observação apoia a afirmativa de que as sensações que se podem obter pela meditação são melhores do que as que se obtém por meio das drogas".

5. Cf. *The Practice of Recollection* [A Prática da Recordação], do monge budista Bhikkhu Mangalo.

6. O movimento *hippie* foi um fenômeno tipicamente norte-americano, nascido da repulsa jovem à guerra do Vietnã. A sua difusão pelo mundo muito deve ao movimento de fuga à convocação. A rejeição à guerra foi projetada numa repulsa geral à sociedade e na negação do seu sistema de valores, mas isto revelou-se frágil e inconsistente, uma vez que todos esses jovens continuaram dependentes do sistema para sobreviver, ainda que como vagabundos. A tônica dos esforços *hippies* centrou-se na idéia de acabar a

guerra na Ásia; quando ela terminou, o movimento ficou sem bandeira, os fugitivos voltaram para casa e tudo voltou a ser absorvido pelo velho sistema. Mas este não mais voltaria a ser o mesmo de antes.

7. Convém observar que esta concepção do que seja o espírito coincide com os interesses de qualquer déspota do poder econômico ou político, que alegremente a endossariam. E, se não fosse pela palavra *espírito* (pela qual têm aversão), também os que se dizem materialistas estariam de acordo com ela. Por exemplo, essa visão ajusta-se perfeitamente às concepções de Freud, desde que se qualifique convenientemente o que se entende por *lei*.

8. Existem exceções, de padres da Igreja de Roma que também foram cientistas e que estudaram alternativas para alguns pontos doutrinários, como o Abade Lemaitre e o jesuíta Teilhard de Chardin, que propuseram cosmologias inovadoras. Reconheço neles uma grande habilidade diplomática para driblar as hierarquias superiores da Igreja. Mas isto ocorreu já no século 20; se fosse no tempo de Giordano Bruno, eles certamente iriam acabar numa fogueira.

9. Não cabe aqui fazer um inventário dos santos da Igreja de Roma a quem o epíteto de *monstros morais* estaria perfeitamente ajustado. São muitos. Mas lembro e quero citar o caso de Santa Irene, rainha de Constantinopla, que sabendo que o seu filho, herdeiro do trono, tinha ligações com a seita dos iconoclastas, mandou cegá-lo com um ferro em brasa para impossibilitá-lo de assumir o poder, livrando assim o Império Romano do Oriente de cair em mãos daquela seita, considerada herética. Por este *ato de profunda piedade cristã* e por ter restaurado o culto das imagens, foi canonizada, quando morreu.

10. A cidade peruana de Cuzco foi a capital dos incas com o nome de *Qozqo*, que na língua quíchua, significa "umbigo do mundo" ou "centro do mundo", como também o foram Jerusalém e Roma na tradição judaico-cristã, ou Alexandria, na tradição gnóstica. Ao saber desse significado, os padres espanhóis passaram a escrever Cuzco, que em algumas regiões da Espanha quer dizer "cão". Ao tomar consciência da vileza dessa manobra, os seus atuais habitantes conseguiram do governo peruano, há poucos anos, oficializar a grafia *Qozqo*, resgatando seu antigo significado.

Referências bibliográficas

Avens, Roberts. *Imagination Is Reality,* Spring Publications, Dalas, s/ data.

Bailly, J.C. e Guimard, J.P., ed. coord. *Essai sur l'Experience Hallucinogéne,* Editions Pierre Belfond, 1969.

Barron, Frank; Jarvik, Murray E. e Burnel Jr., Sterling. Hallucinogen Drugs, in *Psychobiology,* Scientific American Publications, 1966.

Cashman, John. *The LSD Story,* Fawcett Publications, Inc., 1966.

Chardin, Teilhard de. *Le Phénomene Humain,* Editions du Seuil, Paris, 1955.

Chaudhuri, Haridas. *Integral Yoga,* © Haridas Chaudhuri, 1965.

Cohen, Sidney. *The Beyond Within: The LSD Story,* Atheneum Publishers, New York, 1964.

Edinger, Edward F. *The Christian Archetype,* © Edward F. Edinger, 1987.

Grof, Stanislav. *The Holotropic Mind: The Three Levels of Human Consciousness and how they Shape our Lives,* © Stanislav Grof, M.D. 1992.

__________, e Grof, Christina. *The Stormy Search of the Self – A Guide to Personal Growth through Transformational Crisis,* Jeremy P. Tarcher, Inc., 1990.

Hoeller, Stephen A. *Jung and the Lost Gospels – Insights into the Dead Sea Scrolls and the Nag Hammadi Library,* © Stephen A. Hoeller, 1989.

Huxley, Aldous. *The Doors of Perception,* e *Heaven and Hell,* Harper & Row, Publishers, Inc., Nova York, 1954.

Jaffé, Aniela. *Aufsätze zur Psychologie C.G. Jungs,* Daimon Verlag, Zurique, 1982.

Jung, C.G. *Psychologie und Religion – Zur Psychologie Westlicher und Östlicher Religion,* Walter Verlag, AG, Olten, 1971.

Laborit, Henri. *Dieu ne Joue pas aux Dés,* Éditions Grasset & Fasquelle, s/ data.

Leary, Timothy. *Flashbacks – An Autobiography,* © Timothy Leary, 1983.

Le Shan, Lawrence. *How to Meditate,* © Lawrence Le Shan, 1974.

Louria, Donald B. *The Drug Scene,* Corgi Books, Londres, 1968.

Maheshi Yogi, Maharishi. *The Science of Being and the Art of Living,* Allied Publishers Private Limited, 1963.

Mangalo, Bhikkhu. *The Practice of Recollection,* The Buddhist Society, 1970.

Moacanin, Radmila. *Jung's Psychology and Tibetan Buddhism,* Wisdom Publications, 1986.

Neel, Alexandra David. *Initiations Lamaïques – Des Theories, des Pratiques, des Hommes,* © Alexandra David Neel.

Pagels, Elaine. *The Gnostic Gospels,* © Elaine Pagels, 1979.

Reich, Charles. *The Greening of America,* © Charles A. Reich, 1970.

Richardson, Alan. *An Introduction to the Mystical Qabalah,* The Aquarian Press, 1983.

Rojo, Hugo Boero e Rojo, Sonia de Boero. *El Imperio del Sol,* Hispania, La Paz, 1990.

Shafer, Raymond P., et al. *Marihuana – A Signal of Misunderstanding. The Official Report of the National Commision on Marihuana and Drug Abuse,* The New American Library, Inc., Chicago, 1972.

Suzuki, Daisetz Teitaro. *An Introduction to Zen Buddhism.* Hutchinson & Co. Publishers Ltd., Londres, 1948.

Watts, Alan. W. *The Wisdom of Insecurity.* Pantheon Books Inc., 1951.

Weil, Andrew. *The Natural Mind.* © Andrew Weil, 1972, 1986.

Yates, Frances A. *Giordano Bruno and the Hermetic Tradition.* Routledge & Kegan Paul, Londres, 1964.

Zimmer, Heinrich, comp. Joseph Campbell. *Philosophies of India,* Bollingen Foundation, 1951.

Comunicação 9

As muitas faces de Gaia: sua família e suas crias

Stella S. Teluryan

Universidade Nacional Al-Farabi, Alma Ata, Casaquistão

A Terra

A civilização dominante, na Terra, está convencida de que é proprietária do planeta e da natureza como um todo, agindo de maneira irresponsável e predatória, numa perspectiva incrivelmente míope do que seja sua própria existência, como coletividade e como indivíduos. Os seres humanos vêm sistematicamente destruindo o seu meio ambiente, extinguindo as outras espécies – algumas delas dotadas de vida espiritual superior – e até mesmo oprimindo e subjugando seus próprios semelhantes, para a mera satisfação dos desejos de minorias poderosas e ignorantes. Visto por extraterrenos, o quadro que o planeta Terra apresenta pode ser bastante diferenciado, conforme a capacidade de percepção desses visitantes do espaço. Mas, o que poderiam ser esses extraterrenos? Qual a sua natureza e constituição? E o que os motivaria, num contato conosco? Os cientistas da Terra têm programas de escuta interestelar para detectar eventuais mensagens de outros seres sencientes do Cosmos. Contudo, pergunta-se: como conceituar o que poderia ser um extraterreno, se os terrestres têm-se mostrado tão ignorantes do que sejam, realmente, eles próprios?

O ovo eletrônico é a Terra.

Marshall McLuhan

O olho com que vejo Deus é o
mesmo olho com que Deus me vê.

Meister Eckhart

Há mais coisas entre
o Céu e a Terra, Horácio,
do que as sonhadas pela tua filosofia.

William Shakespeare

Lynn Margulis, importante bióloga dos Estados Unidos, observou que os primitivos organismos anaeróbios, que povoaram os mares terrestres na era arqueozóica, na verdade não desapareceram quando o oxigênio liberado pela fotossíntese começou a acumular-se na atmosfera, há dois bilhões de anos, tornando-a tóxica para eles. Deixando os mares rasos e a superfície das águas em contato com o ar, passaram a residir nas profundezas dos pântanos e nos intestinos dos animais, onde o venenoso oxigênio não os podia alcançar, vivendo aí até hoje, sem maiores necessidades de evoluir ou adaptar-se.

Jocosamente, ela considera a possibilidade de que os organismos superiores sejam apenas artefatos biológicos criados pelos nossos ancestrais anaeróbios para sobreviver, num meio ambiente que se tornou hostil. Cada um de nós seria, nesse enfoque, apenas um hábitat desenvolvido por veneráveis criaturas, muito mais antigas, para assegurar sua sobrevivência.

Há alguns anos, o cientista britânico Richard Dawkins propôs, em seu livro *The Selfish Gene** a tese singular de que nós, seres humanos, e os demais

* O Gene Egoísta.

indivíduos de outras espécies, não somos as criaturas que por excelência se poderia considerar os verdadeiros usuários deste planeta. Examinando os processos evolutivos nas inúmeras linhagens vivas e, mais particularmente, os portadores de informação genética através das gerações – os genes –, Dawkins julgou constatar que cada indivíduo seria apenas o veículo transitório e perecível utilizado pelos genes para se perpetuar e evoluir.

Estes, sim, seriam os permanentes habitantes da Terra, existentes desde que a vida aqui se instalou, bilhões de anos atrás. Cada um de nós, indivíduos de qualquer espécie viva, sem disso se dar conta, seria o portador provisório de um imortal pacote de registros genéticos que, ao passar de geração em geração, iria acumulando informações sob a forma de impressões do meio ambiente e do seu nicho ecológico, até que o salto de uma mutação viesse a criar uma nova espécie e substituir o veículo obsoleto por outro mais adequado à sua interminável viagem nas trilhas da evolução.

Numa outra perspectiva bem distinta temos a visão junguiana, que propõe a preexistência dos arquétipos sobre os indivíduos, como entidades de natureza psíquica que se valeriam dos seres humanos para indiretamente manifestar sua presença transpessoal, como centros dinâmicos dotados de consistência interna e autonomia. Habitando a vertente imaginária do ser – o mundo subjetivo, que reside em campos dimensionais fora do espaço e do tempo linear onde estamos fisicamente inseridos –, os arquétipos estudados pela psicologia analítica são atualmente reconhecidos como fatos psíquicos incontestáveis.

São inúmeras as situações individuais e coletivas em que sua presença é claramente percebida, apesar de nunca o serem diretamente, em face de seu caráter não físico. Numa elasticidade de interpretação que se compatibiliza com as crenças de muitas culturas antigas e modernas, os arquétipos são análogos aos deuses, ou espíritos coletivos ancestrais. Os arquétipos preexistem ao ser humano individual e exercem sobre ele seus poderes, adquiridos ao longo de muitos milênios. Sobrepõem-se à consciência e à vontade de cada um, nas muitas situações em que assumem o lugar ordinariamente ocupado pelo efêmero complexo do ego. Neste sentido, não é uma impertinência supor que os verdadeiros senhores da Terra são os arquétipos, seres psíquicos virtualmente imortais que nos antecederam e nos sucederão, e que utilizam os seres humanos para ocasionalmente se manifestar.

Nigel Calder, em seu magnífico livro *Timescale** faz a judiciosa observação que, para pesquisadores extraterrenos que acompanhassem visualmente a evolução dos seres vivos na Terra, os verdadeiros senhores deste planeta seriam evidentemente as gramíneas – capim, trigo, arroz ou cana de açúcar – que, progressiva e ao que tudo indica conscientemente, parecem vir dominando de forma racional espaços cada vez mais amplos do planeta, utilizando para seus fins o trabalho escravo de outras espécies, inclusive os humanos. Calder mostra claramente que as configurações terrestres mais óbvias para um observador do espaço, e que para eles poderiam ter uma origem inteligente, são as enormes áreas verdes plantadas, muitas delas delimitadas por improváveis linhas retas e cantos a 90 graus.

Um exame mais cuidadoso dessas áreas verdes mostrará que a aparente passividade das plantas é ilusória: as gramíneas domesticaram primeiro uma raça de escravos bípedes, fazendo-os difundir suas espécies mais adaptáveis pelas regiões mais adequadas, conquistando para elas novas áreas, derrubando florestas e implantando sistemas de irrigação. Para maximizar o aproveitamento de energia pelas gramíneas, elas induziram seus escravos a domesticar quadrúpedes produtores de esterco altamente nutritivo e, mais adiante, processar material fóssil para movimentar equipamentos mecânicos destinados ao seu serviço e a produzir fertilizantes mais eficientes. Segundo Nigel Calder, agora as gramíneas estão pacientemente esperando seu transplantio para outros planetas, tendo já sugestionado seus escravos humanos a desenvolver as técnicas necessárias para isto.

Entretanto, para outra classe de extraterrenos, capazes de um estudo mais aprofundado da Terra além da apreciação puramente visual do exemplo precedente, o diagnóstico que fariam poderia ser outro. A primeira constatação seria de ordem global: o terceiro planeta é diferente dos demais, no Sistema Solar, e também muito distinto da grande maioria dos astros e planetas extra-solares, porque a Terra é viva. E não apenas viva, mas intensamente viva, num acentuado contraste com inúmeros planetas de outros sistemas estelares que também abrigam formas vivas, mas não têm a riqueza e a exuberância apresentadas pela Terra, caracterizando-a, não como um lugar capaz de sustentar a vida, mas como sendo ela própria uma maravilhosa criatura viva. Feminina, com certeza, porque tem sido fertilizada pela ação externa do Sol e do sêmen sideral[1], ao longo de muitos eons.

---

* Escala do Tempo.

Numa rápida avaliação, veriam que este planeta tem suas funções permanentemente reguladas num processo de homeostase, ou auto-regulação, como apenas os seres vivos podem fazer. Sua atmosfera não está em equilíbrio químico, o que denunciaria uma estagnação inorgânica, morta. Pelo contrário, mantém uma proporção entre seus gases componentes que não permaneceria constante por muito tempo, se não houvesse uma intensa atividade biológica para sustentá-la nessa mistura ideal para as interações da vida. Para esses extraterrenos, a entidade viva seria claramente o próprio planeta, e cada uma dos milhões de espécies aqui existentes teria funções sistêmicas a desempenhar no superorganismo planetário, que estaria em equilíbrio dinâmico e encontraria seu vetor evolutivo como a resultante dessa exuberante diversidade, relativamente rara entre os planetas onde a vida pode se estabelecer.

A excepcional quantidade de água, os oceanos e suas correntes superficiais e profundas regulando a temperatura em níveis ideais, o ciclo das chuvas e sua distribuição pelos ventos, tudo contribui para a sustentação das florestas, da fauna terrestre e marinha e de todos os órgãos e sistemas do planeta em seu funcionamento coordenado. Os níveis exatos de radiação solar devidamente filtrados pela atmosfera construíram, ao longo das eras, um superorganismo perfeito em sua excepcional diversificação biológica, levando consigo em sua viagem pelo Cosmos uma família imensa de milhões de diferentes espécies, desempenhando cada uma delas o seu papel na complexa fisiologia da deusa. Porque, sem dúvida, ela é uma deusa. Uma deusa soberana, ciente da sua beleza, flutuando no Cosmos envolvida em seu maravilhoso manto azul e branco.

Contudo, um exame mais acurado por parte desses perspicazes extraterrenos mostraria perturbações recentes numa serena harmonia, habituada há dezenas de milhões de anos a uma tranqüila estabilidade, com suaves transições em suas comunidades vivas, em seus padrões de clima e em todo o ecossistema planetário.

O sinal mais claro de que ultimamente algo não está funcionando bem é o progressivo e rápido desaparecimento do oxigênio triatômico na atmosfera superior, uma película protetora que bloqueia as radiações solares mais curtas que as do espectro luminoso e têm ação agressiva e destruidora sobre as células vivas que formam os organismos terrestres. Desde há dois bilhões de anos que a vida terrestre vem sendo defendida pelo oxigênio triatômico da atmosfera superior, que formou uma camada capaz de filtrar essa radiação penetrante e mortal para as células vivas. E, há menos de trinta anos, esse escudo vem sendo rapidamente dilapidado, a partir das regiões polares, por moléculas de cloro resultantes da dissociação de outras moléculas que até bem pouco tempo não existiam na atmosfera do planeta.

Outro sinal que ficou muito evidente, há quatro ou cinco décadas, foi um crescimento rápido dos níveis de radioatividade em pontos localizados da superfície terrestre e no organismo de muitos seres vivos. Isótopos radioativos de estrôncio, césio, iodo e outros, raros ou inexistentes na natureza do planeta, passaram a contaminar animais e plantas do hemisfério norte, o que, até então, nunca havia acontecido. Esta tendência, entretanto, estabilizou-se e parece voltar aos níveis normais, apesar de surtos ocasionais tardios em algumas ilhas oceânicas do hemisfério sul e suas proximidades.

Mais um ponto que despertaria o interesse dos pesquisadores extraterrenos seria o desaparecimento, até quase a extinção, de algumas das maiores e mais importantes espécies vivas do planeta: os mamíferos marinhos gigantes com estrutura cerebral de alta complexidade, capazes de se comunicar a longas distâncias através de linguagem sonora, portadores de inteligência, sentimentos delicados e intensa atividade mental e afetiva, qualidades que os colocam entre as poucas espécies terrestres dotadas de vida espiritual superior, reconhecível por qualquer outro ser senciente do universo. O desaparecimento dessas espécies psiquicamente evoluídas resultaria em lamentável retrocesso no desenvolvimento espiritual do planeta como um todo.

Outro aspecto que certamente chamaria a atenção seria o crescimento constante da população dos mamíferos bípedes, que recentemente conquistaram a tecnologia do silício, em contraste com a rápida extinção de inúmeras espécies da micro e macrofauna responsáveis por sensíveis equilíbrios de ecossistemas locais, passando, ultimamente, essa redução na biodiversidade a ameaçar sistemas mais globais. Essa mesma classe de bípedes tem promovido, com sua tecnologia mal aplicada, muitas formas diferentes de rápida alteração ambiental, desde a destruição de grande parte do recobrimento verde por espécies vegetais de porte, até a saturação do espectro eletromagnético por ondas moduladas de rádio e a crescente dispersão de incontáveis detritos sólidos em órbitas baixas, pouco acima da atmosfera. Esses fragmentos, de todos os tamanhos, constituem-se num lixo espacial que, em pouco tempo, tornarão as tímidas incursões desses bípedes para fora da atmosfera uma aventura muito arriscada – pensarão os extraterrenos –, "uma vez que sistemas de proteção eficientes contra esses projéteis espaciais ainda estão fora do alcance das suas técnicas".

Desequilíbrios deste tipo contrastam claramente com os ritmos suaves de transformação que o planeta adotou desde o desaparecimento dos grandes sáurios, provocado pelo último dos asteróides que se precipitou sobre o planeta, há 67 milhões de anos.

Trata-se claramente da ação unilateral dos mamíferos bípedes que estão promovendo alterações drásticas em sutis mecanismos ecológicos, finamente ajustados pela natureza ao longo de milhões de anos, que em alguns casos podem tornar-se irreversíveis. Provavelmente, poderão inferir esses extraterrenos, o desenvolvimento incompleto da consciência desses mamíferos somente lhes permite enxergar problemas de curto prazo, incapazes que são de ver as conseqüências de suas ações em períodos mais prolongados. Pesquisas mais cuidadosas sobre o comportamento social desses bípedes mostram que a grande maioria deles sofre de carências consideráveis em nutrição, saúde e acesso a facilidades tecnológicas, mostrando que essa espécie explora predatoriamente não apenas o meio ambiente e outras formas de vida, como também agride a si própria, grupos contra outros grupos, tanto localizados em regiões distintas como até entre os habitantes de um mesmo local.

Mas podemos imaginar que esses extraterrenos sejam ainda mais perspicazes, e que estejam aptos a detectar e traduzir as transmissões eletromagnéticas moduladas dos terrestres, sintonizar e registrar suas comunicações e penetrar com maior profundidade nas diversas manifestações de suas diferentes culturas. Ao captar, processar e analisar a estonteante algaravia que satura os canais disponíveis para veicular informação, uma constatação que logo saltaria à sua compreensão seria o enorme volume de transmissões em singular contraste com a pouca relevância do material veiculado, e o caráter seriamente nocivo de grande parte dos seus conteúdos.

Ao lado de conquistas tecnológicas significativas, especialmente no armazenamento, processamento e transmissão de informações e dados pela microeletrônica do silício e pela fotônica dos diodos óticos, os terrestres evidenciam uma consternadora ignorância sobre eles mesmos, sobre o significado da sua existência e sobre a responsabilidade que têm no movimento universal da evolução cósmica. Enquanto vastos segmentos sócioculturais dos terrestres parecem sofrer intensamente enormes carências de todos os tipos, desde alimentares até informativas e espirituais, outros grupos e indivíduos preparam cegamente seu próprio sofrimento futuro ao permitir – e até promover – essas carências em seus semelhantes, como se ambos não fossem partes de um mesmo ser plural, que se automutila pela percepção obtusa da sua própria natureza.

Provavelmente saltará à percepção desses extraterrestres que, paralelamente ao desenvolvimento tecnológico alcançado por alguns segmentos da humanidade e colocado à disposição da maioria existe, em grande parte dos terráqueos, um culto mórbido do isolacionismo individual, das ambições imediatistas, do desfrutar de ridículos e efêmeros prazeres sensoriais e do grosseiro sentimento de superioridade e poder sobre os demais, comprovando um absurdo desconhecimento da ligação intersubjetiva entre todas as formas vivas e das inevitáveis conseqüências pessoais dos abusos que cometem contra seus semelhantes.

Para esses observadores alienígenas, ficará claro que a espécie dominante do planeta Terra tem seus indivíduos socialmente distribuídos segundo um espectro que varia de dominantes a dominados, num estágio rude de desenvolvimento espiritual entre os seres inteligentes do universo. Na Terra, cada indivíduo das faixas dominantes supõe-se isolado dos demais e da natureza, julgando-se no direito de explorar a todos e a tudo que lhe rodeia, não hesitando em matar e destruir para a tola satisfação de suas ambições miúdas, durante o curto período em que permanecem encarnados num corpo físico. Para estes, a face espiritual e subjetiva do ser individual e coletivo, apesar de vivenciada por todos e de constituir-se na própria essência do existir, é curiosamente ignorada ou desprezada, como se somente conseguissem enxergar até o limite da vida encarnada de cada um, apesar das evidências em contrário.

De uma forma peculiar, a ciência terrestre parece ter como finalidade principal a geração de tecnologia que, por sua vez, é freqüentemente utilizada para fins irrelevantes ou prejudiciais, quando não totalmente irresponsáveis e criminosos, conforme os desejos dos grupos dominantes de algum dos muitos retalhos políticos em que o planeta foi artificialmente dividido. Algumas vezes, entretanto, quando cedem às pressões dos grupos mais conscientes sobre a vida, a verdadeira natureza e o caráter sagrado da existência, a tecnologia e a pesquisa científica podem ficar a serviço de causas edificantes ou nobres. Ao que tudo indica, pensarão esses observadores, o planeta Terra está num dilema entre a conscientização dos segmentos detentores de poder ou a tomada do poder pelos grupos conscientes, porque a situação atual é instável e perigosa para os seres humanos e para o próprio ser planetário.

O problema central, poderiam entender os analistas extraterrenos, é que os grupos produtores de ciência ainda persistem numa visão parcial e distorcida do que seja a totalidade cósmica, ao negar sua própria face transcendente. Com isto, permanecem cúmplices dos grupos detentores de poder, aos quais ambicionam pertencer, quando deles já não fazem parte, perifericamente. Desse modo, concluiriam os analistas, o ponto fulcral da questão terrestre consiste em mudar o paradigma geral da ciência, unindo-a – ou melhor, *re-unindo-a* – com as filosofias e visões de mundo que já existem em seu planeta e reconhecem o mundo espiritual e a dimensão cósmica do ser psíquico como uma verdade inquestionável. É possível que, num exame apurado do material informativo que lograram captar, os nossos hipotéticos observadores já tenham detectado um crescente movimento transformador entre os profissionais da ciência, constatando a existência de um número significativo de cientistas que se recusam a ser meros produtores passivos de tecnologia, ou apenas procurar entender a face física da totalidade, tomando a sombra pelos seres reais – como na metáfora de um certo Platão, sábio terráqueo que viveu há dois milênios. Entre esses grupos de cientistas aparecem, em número crescente, indivíduos que superaram as limitações do egocentrismo e, assumindo o Ser cósmico que neles habita, começam a trabalhar pela próxima etapa da longa história do seu planeta natal, construindo uma consciência global que não mais admitirá as vergonhosas mazelas que o impedem de ser reconhecido como legítimo participante da comunidade galáctica.

Certamente não escaparia à observação dos visitantes do espaço que, há algum tempo, grupos de terrestres têm-se dedicado à procura de sinais do que chamam de "inteligências extraterrenas", como extensão e complemento das pesquisas sobre a existência de vida fora do seu planeta. Assim como ficariam óbvias, para eles, as distorções que essas pesquisas apresentam, em decorrência da limitada compreensão dos terrestres sobre o significado do que sejam *vida, inteligência* e *existência.* Inevitavelmente, a idéia que os cientistas têm de si fica projetada naquilo que procuram e na imagem que fazem do que poderiam encontrar, mesmo que muitos deles declarem a necessidade de abandonar o que chamam de idéias antropomórficas.

Vamos admitir que os astrocríticos conseguissem acesso a um texto que teve alguma repercussão na época em que foi publicado e cujo autor foi um dos líderes da SETI* como a maioria dos terrestres denomina a busca da inteligência extraterrena. Refiro-me ao livro *The Cosmic Connection*** do destacado biólogo e astrônomo americano Carl Sagan, falecido em 1996. Em seu capítulo 35, encontramos o seguinte trecho, que nos dá uma idéia de como ele imaginava que seriam os habitantes mais evoluídos do universo:

> É possível especular sobre o futuro distante das civilizações avançadas. Podemos imaginar tais sociedades em excelente harmonia com seu ambiente, sua biologia e os caprichos da sua política, de tal forma que eles desfrutem durações de vida extraordinariamente longas. Haverá muito tempo que terão estabelecido comunicações com muitas outras civilizações. A difusão de conhecimentos, técnicas e pontos de vista ocorrerá à velocidade da luz. Com o tempo, as diversas culturas da Galáxia, compreendendo um grande número de diferentes organismos baseados em diferentes bioquímicas e diferentes culturas de origem serão homogeneizadas, tal como as diferentes culturas da Terra estão em processo de homogeneização.

* *Search for Extra-Terrestrial Intelligence* (Busca da Inteligência Extraterrena).

** A Conexão Cósmica.

Alguns conceitos contidos no texto acima revelam a projeção para outros mundos de valores próprios, não apenas da Terra ou dos humanos, como também da faixa cultural do seu autor e, até mesmo, da época em que foram escritos.

Vejamos inicialmente o conceito de civilizações avançadas. Entende-se como civilização uma cultura que se organizou em cidades, ou algo que se lhe assemelhe – a palavra vem do latim *civitas*, que significa cidade –, o que implica o conceito de divisão de funções entre diferentes indivíduos e classes sociais, num determinado espaço físico suprido de sistemas coletivos de serviços em rede. A qualificação de avançadas, por sua vez, sugere um desenvolvimento histórico ao longo do tempo linear, adequado a uma comparação com a civilização terrestre, implicando a suposição de alguma coerência ou semelhança entre as trajetórias e objetivos de ambas as culturas. Admite-se, portanto, que nas culturas alienígenas haveria algo como um progresso, ou seja, a superação sucessiva de estágios anteriores pelo surgimento do novo, o que pode ser algo de estranho ou incompreensível para outras culturas, como é estranho a golfinhos e baleias, na própria Terra.

Ao vislumbrar sociedades em harmonia com seu meio ambiente, sua biologia e as oscilações da sua política, Sagan projeta sua própria concepção de indivíduos separados que se organizam numa sociedade, também separados de um meio ambiente com quem devem se harmonizar, deixando aflorar a noção de política, que é algo que somente pode existir entre indivíduos com diferentes interesses, remetendo à existência de um poder administrativo, exercido em algum espaço que sugira – mais uma vez – o que se entende como cidade. A palavra política vem do grego *polis*, que também quer dizer cidade: em seu sentido original, política significa a arte de gerir ou governar a cidade.

Como resultado dessa vislumbrada harmonia que, na verdade, é uma projeção do que o autor considera desejável no contexto social e histórico de que participa, surge o produto que mais lhe parece o grande prêmio a conquistar, partindo dos pressupostos que adotou: um tempo de vida extraordinariamente longo, revelando a excessiva valoração conferida pelo cientista ao curto período em que ele mesmo se encontrava encarnado. Outras metas que os supostos extraterrenos de Sagan teriam atingido, tais como as "comunicações com muitas outras civilizações" e a "difusão de conhecimentos, técnicas e pontos de vista" são igualmente reveladoras das suas próprias aspirações, condicionadas pela carência de conhecimento espiritual num cientista que – como muitos dos seus colegas – tinha medo da morte e se sentia efêmero e solitário num universo distante e indiferente[2]. Do ponto de vista psicológico, é esta carência, essa necessidade de preenchimento que, pela análise do texto recortado, levava-o a procurar em seres hipotéticos do espaço cósmico mais conhecimentos, mais técnicas e um meio qualquer de prorrogar o fim, que lhe parecia definitivo com a morte física.

Ainda no texto citado, emerge a expectativa de uma homogeneização cultural do Cosmos, equivalente – segundo o autor – ao que já vem acontecendo no planeta Terra. Nessa colocação revela-se uma deficiência de perspectiva com relação às conseqüências negativas que resultariam de uma homogeneização cultural, seja na Terra ou na Galáxia, como projeta o cientista. É interessante observar como é difícil evitar as distorções decorrentes do centramento cultural, até mesmo num dos cientistas que mais deveriam estar imunes a isto, como de resto transparece em outras partes da sua obra. Sendo, como eu, um biólogo de formação, o Prof. Sagan sabia que nada seria mais prejudicial ao ecossistema global do que uma redução acentuada na sua biodiversidade – uma forma de homogeneização – porque é da diversificação das espécies que provêm o equilíbrio e a riqueza da vida na Terra. Se isto é verdadeiro para a biologia, como não admiti-lo, e com muito mais razão, para a cultura e o espírito? Um processo de homogeneização, tanto na biologia como na cultura, é equivalente a um grave empobrecimento, uma atrofia ou degeneração do sistema global. Pelo menos na época em que esse livro foi escrito, o cientista não atinou com a importância de preservar uma grande variedade de culturas diferenciadas[3] como condição essencial para o equilíbrio do conjunto e expressão da riqueza de interações que a vida e o espírito manifestam na Terra e, ao que tudo indica, na Galáxia e no Cosmos.

Mais adiante, entretanto, o Prof. Sagan assumia a defesa veemente dos golfinhos e baleias como seres dotados de uma inteligência superior, capazes de elaborar uma cultura não tecnológica, mas rica de expressão e vivências afetivas. Ele destacou as longas "canções" das baleias pelo seu conteúdo extraordinariamente vasto – embora ininteligível pelos humanos – calculado entre um e dez milhões de bits de informação por canção de meia hora, o que seria equivalente à *Odisséia* de Homero ou aos grandes épicos da humanidade. E expressava sua indignação diante do assassinato sistemático desses seres sencientes e gentis, que na época ainda era praticado por muitos países e hoje, felizmente, está abolido e qualificado como crime. O Prof. Sagan considerava, de forma muito pertinente, as baleias e golfinhos, com suas linguagens articuladas que certamente expressam ricas vivências interiores, como um exemplo das potenciais dificuldades que teremos de superar para compreender um extraterreno, cujas diferenças de nós, humanos, seguramente seriam muitíssimo maiores que as que temos de nossos irmãos do mar. Neste momento, não resisto ao desejo de citar um outro trecho do mesmo livro, que revela a face do Prof. Sagan que mais estimei e sempre admirei:

> Os cetáceos têm uma importante lição para nos dar. O ensinamento não é para baleias e golfinhos, mas para nós mesmos. Há evidências, pelo menos moderadamente convincentes, de que existe na Terra outra classe de seres inteligentes, além de nós. Eles têm-se comportado de forma benigna e, em muitas situações, demonstram seu afeto pelos seres humanos. Mas nós sistematicamente os assassinamos. Existe um monstruoso e bárbaro tráfico das carcaças e fluidos vitais das baleias. Seu óleo é extraído para fabricar batons, lubrificantes industriais e outros produtos, mesmo que isto represente apenas uma expressão econômica marginal, porque existem outros eficientes lubrificantes alternativos. Porque, então, até recentemente, tem havido tão poucos protestos contra esta barbárie, tão pouca compaixão pelas baleias?

Quero deixar aqui registrado o grande respeito que tenho pela memória do Prof. Carl Sagan, que muito me honrou com a sua amizade. Reconheço nele uma das maiores autoridades científicas do século passado, não só como pesquisador e mestre, como também por seu enorme esforço de muitos anos pela democratização da ciência, sem limitações nem fronteiras. Quando o mundo estava ainda tristemente dividido em dois blocos políticos que se hostilizavam, foi o Prof. Sagan um dos mais dedicados construtores de pontes para unir essas duas partes e promover uma paz duradoura através da ciência. Se me vali de um texto de sua autoria, que nem sequer foi dos últimos e que talvez não mais reflita sua visão final do tema – refiro-me ao primeiro texto citado –, é porque ele condensa num curto trecho muitos dos preconceitos antropomórficos a que, sem se dar conta, estão sujeitos os investigadores de todas as épocas, inclusive os mais competentes e talentosos.

*

A Universidade onde tenho a satisfação de lecionar foi pioneira, desde meados do século 20, nos estudos sistemáticos sobre as relações entre a consciência e o corpo físico, os campos eletromagnéticos associados à vida e os inúmeros fenômenos agrupados sob o nome genérico de *parapsicológicos*, que aos poucos vêm migrando da área da superstição e do folclore para o âmbito do conhecimento científico. Na mesma época em que o Prof. J.B. Rhine, da Universidade de Duke, nos Estados Unidos, realizava seus estudos estatísticos sobre a percepção extrasensorial (estudos que desconhecíamos, na então União Soviética), no outro lado do mundo o nosso Instituto de Biologia já estava mapeando o corpo de plasma biológico e determinando seus pontos de contato com o corpo físico. Atualmente, as investigações sobre novas aplicações da acupuntura chinesa e suas variantes, especialmente com o auxílio das técnicas Kirlian de biofotografia, têm-se desenvolvido para direções altamente promissoras e surpreendentes que não se podia prever há cerca de uma década. Muitos sensitivos provenientes da Comunidade de Estados Independentes fazem parte de nosso núcleo de pesquisas, e progressos altamente significativos estão sendo obtidos, especialmente no estudo das relações do corpo material com o corpo de bioplasma e aquilo que apropriadamente só se pode chamar de *espírito*. O momento exato em que a alma individual encarna num corpo de bebê, por exemplo, já foi determinado como o instante em que a respiração pulmonar tem início, do mesmo modo que a morte física (contudo, não irrevogável) corresponde à derradeira expiração, quando começam a se separar os diversos corpos que compõem o ser humano encarnado[4].

Hoje, as pesquisas que estão sendo realizadas no Casaquistão e alguns países da CEI orientam-se para os aspectos decididamente não físicos da totalidade, num crescente intercâmbio com os grupos mais avançados de pesquisadores do Ocidente. Vida e morte, corpo de bioplasma e espírito, sonhos e alucinações induzidas, transcendência e realidades alternativas são tópicos que muito se desenvolveram no Casaquistão, na Rússia e na Ucrânia, paradoxalmente nações onde a perniciosa tolice do materialismo dialético quase chegou a ser uma religião oficial do estado comunista. Depois da independência, a economia tumultuada da fase de transição não permitiu um fácil intercâmbio com as nações do mundo, como aspiram muitos de nós, cientistas que, apesar das dificuldades ainda por superar, resolveram permanecer nas universidades e institutos dos países que compunham a antiga União Soviética. Mas já se registra um volume crescente de traduções nos dois sentidos, e nossa participação em congressos e conferências internacionais é incomparavelmente superior ao que se registrava até doze ou quinze anos atrás. Foi nessa época, logo depois da independência, que meu país conseguiu realizar o Primeiro Congresso Mundial para a Concórdia Espiritual, nas condições adversas de então. Isso foi no mesmo ano da Conferência Mundial do Rio de Janeiro, sobre o Planeta Terra, embora com alcance e divulgação bem menor.

Na minha perspectiva, para alcançarmos uma liberdade maior dos preconceitos impostos pelo antropomorfismo na SETI precisamos, antes de mais nada, superar a nossa própria visão limitada do que seja o ser humano e a vida que, como este Simpósio tem revelado de forma evidente, não se restringe à sua face física, assim como a existência de cada um de nós não se limita a uma ilha solitária de carne e sangue que desaparece para sempre com a morte do corpo.

A partir do momento em que se admite a continuidade do espírito individualizado, que em sua essência íntima percorre uma sucessão imensa de encarnações entremeadas por permanências no estado intermediário – o *bardo* dos tibetanos –, altera-se substancialmente não apenas a concepção do que seja cada um de nós, como também, obviamente, do que pode vir a ser um extraterreno[5]. No estado intermediário, a significação de tempo e espaço é muito diferente daquela a que estamos habituados em nossa vida cotidiana; as noções de distância (no tempo e no espaço) perdem toda a importância que lhes atribuímos e as concepções relativas a passado, futuro, individualidade, evolução e muitas outras categorias que fundamentam nossa visão de mundo ficam subvertidas. Se isto é verdadeiro para nós, terrestres e humanos, certamente pode ser também verdadeiro para terrestres não-humanos, e quase certamente para extraterrestres evoluídos.

As pesquisas mais radicais que estão sendo realizadas em Alma-Ata infelizmente não podem ser ainda publicadas, porque as bases fatuais e a metodologia em que se apoiam exigem uma completa reformulação conceitual do conhecimento anterior sobre os temas envolvidos. Estamos trabalhando na mesma linha que o Ocidente vem desbravando, porém num estágio mais avançado, que tornaria qualquer tentativa antecipada de divulgação demasiado chocante para a comunidade científica mais conservadora. Além de estarem ainda em elaboração, as questões levantadas e as novas propostas exigem uma linguagem própria para sua expressão, e ainda não chegamos sequer a um consenso quanto à terminologia a ser adotada.

Entretanto, o Conselho Diretivo do Instituto de Biologia da nossa Universidade, com a participação da Academia Nacional de Ciências, decidiu promover no próximo verão um encontro reservado, para o qual serão convidados nominalmente de quinze a vinte cientistas do Ocidente, onde serão discutidas as primeiras conclusões dessas pesquisas. Como, pela sua própria natureza, essas descobertas não se prestam a qualquer uso militar, à exploração lucrativa ou dominação político-social, esperamos que desse encontro resultem apenas benefícios para a humanidade.

*

Quanto aos extraterrenos, como poderemos fazer uma idéia do que sejam, se nos despojarmos de mais uma batelada de preconceitos antropomórficos, uma vez que dificilmente nos poderíamos libertar de todos eles? À luz da reformulação que as nossas concepções mais recentes têm sofrido com relação ao que sejamos nós mesmos, seria inadmissível que as nossas hipóteses sobre a natureza dos extraterrenos não incorporassem também essas novas perspectivas.

Se admitirmos que o universo físico é apenas uma face de uma totalidade que somente pode ser compreendida em sua duplicidade físico-psíquica, e que também as subjetividades que o povoam expressam-se nessa dupla manifestação, parece-me certo que aquilo que concebermos como um possível extraterreno também deve possuir esta mesma dualidade, a não ser que os imaginemos como seres unicamente espirituais. Mas, nesse caso, não poderiam ser classificados de extraterrenos, porque seres exclusivamente espirituais são destituídos de extensão, não têm as dimensões do espaço como *locus* existencial específico e, portanto, não podem estar sediados em astros do universo físico. Habitando apenas as dimensões da ordem tempo, como foi colocado pelo Prof. Weisskopf neste mesmo auditório, os seres estritamente espirituais não podem ser referidos ao espaço tridimensional, a não ser ocasionalmente, como projeções.

E então, entre os seres oriundos de uma base física num astro qualquer, e que disponham de algo como corpos materiais, quais são as alternativas que podemos imaginar?

Os que mais poderão assemelhar-se a nós provavelmente estarão entre os seres que também tenham corpos materiais de constituição bioquímica. As bioquímicas não baseadas no carbono e na água têm-se mostrado altamente implausíveis para sustentar alguma forma de vida, nas pesquisas até hoje realizadas, porque, mesmo variando experimentalmente as condições de temperatura, pressão, *input* energético e fluido de imersão, não se chegou, entre as alternativas possíveis, a qualquer combinação que sequer se aproximasse da imensa riqueza combinatória da química do carbono em meio aquoso. Assim, é possível concluir provisoriamente que, se alguma vida existir, baseada na química de macromoléculas, esta será a química do carbono e da água, mesmo que as configurações físicas resultantes dos processos evolucionários venham a ser muito diferentes das que encontramos na Terra.

Seria esta dedução também uma distorção antropomórfica? Acredito que não, porque as curvas de estabilidade das macromoléculas baseadas em outras químicas, como a do silício ou da amônia, revelaram-se muito pobres, no amplo espectro de condições ambientais estudado experimentalmente, o que praticamente as exclui como alternativas químicas para alguma forma de vida orgânica.

Entretanto, aquilo que se poderia constituir num suporte material às ricas interações que caracterizam os sistemas vivos pode ser algo distinto de um organismo baseado em reações químicas. Atualmente, sabemos que a noção mais ampla do que seja a vida diz respeito mais a processos do que a estruturas, mais a padrões energéticos em interação do que à base material que lhe sirva de apoio. A microeletrônica do silício, por exemplo, apesar de ser uma criação artificial dos terráqueos pode, pelo menos em princípio, reproduzir ou mimetizar memória, pensamentos, afetos e, talvez, consciência e amor, numa projeção não muito ousada, tendo em vista os rumos das pesquisas atuais. Se atingirem todo esse leque de possibilidades, os artefatos baseados nessa tecnologia poderão servir de suporte material para alguma forma de subjetividade, ou seja, algo como espíritos imateriais que os utilizem para se expressar. Segundo o biólogo Lyall Watson, que durante muitos anos dedicou-se a pesquisar temas insólitos, isto já está ocorrendo ocasionalmente, fora do controle dos técnicos[6]. Se a capacidade para configurar padrões dinâmicos de energia de alta complexidade, tornando-se veículo de informação em grande escala, é a condição essencial para que um suporte físico possa servir de contrapartida material a seres da vertente imaginária, então não há por que excluir os computadores dessa qualificação. Obviamente, os equipamentos eletrofotônicos que forem projetados especificamente para essa função estarão muito mais aptos para isto do que os computadores atuais. As pesquisas que temos realizado no Casaquistão e outros países têm mostrado que a contrapartida imaginária de um ser vivo aparece quando ele, além de estar vivo, desenvolve também uma consciência, o que explicaremos em seguida.

Quanto às formas de vida que não estejam apoiadas sobre uma base bioquímica, as hipóteses abrem-se num leque sobre o qual somente é possível especular. Inicialmente, teríamos de conceituar o que podemos entender como *vida*, neste sentido amplo e abrangente que agora passamos a adotar. A conceituação do que seja a vida pode variar tanto quantos sejam os especialistas que consultemos. Assim, teremos os enfoques da bioquímica, da fisiologia, da genética, do metabolismo, da termodinâmica, etc., mas, na perspectiva que estamos assumindo, interessa-nos destacar apenas o critério termodinâmico – a troca de energia e informação[7] do sistema com seu ambiente –, acrescentando-lhe mais uma outra condição.

Do nosso ponto de vista, entenderemos como *vivo*, em seu sentido mais abrangente, todo sistema físico espacialmente localizado, mas termodinamicamente aberto, capaz de dissipar a entropia e apto a processar cumulativamente informação sobre si próprio e seu meio ambiente, em grau suficiente para tomar decisões. Em seus estágios mais primitivos, esses sistemas tomam decisões elementares apenas como reação a estímulos, o que não implica a presença de uma consciência. Mas, a partir de certo nível crítico de complexidade interna, eles passam a ser capazes de colapsar a função de onda quântica (equação de Schrödinger)[8], o que caracteriza o estágio onde surge, em sua forma embrionária, aquilo que legitimamente podemos qualificar de consciência. Entretanto, o que chamamos de consciência também se distribui segundo um espectro imensamente amplo, talvez tão extenso quanto o espectro eletromagnético, mas sua característica essencial é a capacidade de colapsar a função de Schrödinger nas suas proximidades, tornando reais possibilidades apenas potenciais.

Examinemos mais de perto esse conceito, para verificar sua extensão, o que nele se inclui e o que fica excluído. Um cristal é vivo? Uma rede cristalina pode mudar sua configuração quando submetida a estímulos mecânicos, mas não tomará decisões, porque essa alteração será sempre para a alternativa mais provável. E um vírus? Não é fácil responder, porque, em algumas condições, um vírus parece reagir a mudanças ambientais de forma automática, mecânica, enquanto em outras parece optar entre alternativas; estudos mais meticulosos ainda estão por ser feitos sobre esse tema. Mas uma ameba e uma bactéria reagem aos estímulos ambientais de forma não mecânica e, dentre algumas alternativas possíveis, claramente *optam* por uma delas, portanto decidem. Para o enfoque que estou adotando, esta é a fronteira inicial da vida: a capacidade de tomar uma decisão, ainda que elementar.

E um computador decide? Essa resposta depende dos circuitos lógicos em que esteja programado. Certamente existem inúmeros programas que foram concebidos para tomar decisões, mas estas seguem os fluxos inexoráveis da lógica ali embutida, até mesmo nos programas concebidos para jogar xadrez ou propósitos equivalentes. Como este é um tema que não domino, deixo a resposta para os especialistas, mas estou certa de que, se não existirem ainda programas que permitam decisões baseadas na "experiência" ou na "intuição" do computador, fora da rigidez lógico-determinista, isto será corriqueiro no futuro próximo.

O surgimento de uma consciência nos sistemas vivos é um tema fascinante, mas muito rico, cuja discussão fica impossível no espaço e no tempo desta palestra. Pretendo desenvolvê-lo num trabalho que apresentarei no encontro de Alma-Ata, no próximo ano. Por enquanto, vamos estender nossas especulações ao espaço exterior e dar asas à imaginação, como propõe a brasileira Iris Grandiflora, para examinar o que poderia ser qualificado de *vivo*, ou *consciente*, no universo conhecido.

Fora do âmbito das bioquímicas, que outros suportes materiais e energéticos podem atender à condição de complexidade necessária ao aporte de informação em nível suficiente para caracterizar um ser vivo, segundo nosso critério? Para essa especulação, deixemos de lado os estágios mais primitivos em que esses seres sejam apenas capazes de tomar decisões, focalizando nossa atenção nos níveis superiores, dotados de consciência. A partir dessa postura, nosso interesse tende a se concentrar no aspecto psíquico dessas entidades hipotéticas, nas possíveis características da sua inteligência, consciência e interações de natureza psicológica.

Alguns cientistas de renome têm dedicado parte do seu tempo ao livre exercício da literatura de ficção, o que é uma excelente prática, porque lhes permite especular sem os compromissos das proposições acadêmicas formais. Outros autores, não sendo exatamente cientistas, imaginam mundos fantásticos, mas dotados de uma coerência interna que os torna sugestivos e fascinantes também para os profissionais da ciência.

O grande astrofísico Fred Hoyle, em seu livro *The Black Cloud**, imaginou um tipo de vida que teria evoluído no espaço interestelar, em nuvens de poeira cósmica nutridas pela luz das estrelas nelas contidas. Essas formas vivas teriam dimensões imensas em relação à nossa escala, não seriam parceladas em indivíduos separados e, segundo o autor, estariam num estágio consciente. Jean Schneider, do Observatório Meudon, propôs uma forma de vida baseada em redes cristalinas capazes de crescer e se reproduzir no interior sólido de planetas, alimentadas pela energia mecânica proveniente de choques e vibrações sísmicas. Dificilmente uma tal forma de vida poderia atingir níveis de complexidade capazes de suportar pensamento e consciência, porque teria limitações quanto ao ambiente onde estaria inserida, que não poderia ser muito diversificado por não se tratar de um meio fluido, onde a variedade de interações poderia ser bem maior e mais facilitada.

Frank Drake e Freeman Dyson imaginaram uma forma de vida ainda mais bizarra, porque estaria baseada na interação nuclear que une prótons e nêutrons nos núcleos atômicos, sem qualquer relação com as forças eletromagnéticas envolvidas nos processos químicos. Essa forma de vida poderia existir na superfície dos pulsares, onde a força nuclear pode configurar estruturas relativamente estáveis formadas por núcleos atômicos compactamente unidos, que assumiriam o papel de indivíduos, que interagiriam segundo padrões menos estáveis de proporções muito maiores. O mais esquisito dessa proposta é que o tempo gasto na existência inteira de um desses indivíduos seria da ordem de bilionésimos de segundos, o que permitiria que toda uma trajetória evolucionária de inúmeras gerações ocorresse num lapso de apenas um milionésimo de segundo. Por mais extravagante que essa idéia possa parecer, ela decorre de cálculos bem fundamentados, e a diversidade e riqueza dos padrões de interação possíveis permite supor que eles teriam um nível de complexidade suficiente para suportar alguma forma de consciência, permitindo-lhes servir de apoio físico a entidades espirituais.

Desenvolvendo essa mesma linha de especulação, permitimo-nos imaginar uma versão bem menos ousada que a proposta de Drake/Dyson. Nesta proposta, seres de plasma eletromagnético poderiam habitar a superfície ou o interior de estrelas como nosso Sol, em ambientes onde a temperatura ideal para seu conforto esteja na faixa de milhares, ou até milhões de graus. Sabemos que objetos de plasma em alta temperatura podem ser confinados em campos eletromagnéticos definindo algo como "bolhas", onde o espaço interno tenha

* A Nuvem Negra.

autonomia em face do ambiente, embora sejam capazes de com ele interagir. Dependendo das condições de temperatura, pressão e elementos químicos dispersos no ambiente, as configurações eletromagnéticas assumidas por esses indivíduos de plasma podem chegar a níveis de complexidade compatíveis com uma vida psíquica e social. Podemos supor que seriam capazes de tomar decisões e colapsar a função de Schrödinger, em interações tais com seu ambiente próximo e remoto que a nossa fantasia mais exacerbada estaria longe de poder imaginar. Atuando como suportes para a vertente espiritual e interagindo intensamente com seu meio imediato e distante, esses habitantes do Sol – e das demais estrelas – seriam para nós algo como deuses, e não há por que supor que seu nível de consciência não nos alcance e influencie através das ondas de rádio e do vento solar. Seriam as manchas solares apenas fenômenos exclusivamente físicos, nada mais que remoinhos inconscientes de matéria e plasma, cuja única finalidade seria intrigar os astrônomos e perturbar nossas transmissões de rádio e TV? Atualmente, com os avanços da ciência em direção à face psíquica da vida, à compreensão do planeta Terra como ser espiritual e às possibilidades infinitas que a matéria organizada oferece como base física para a vertente subjetiva do Cosmos, considero uma suposição como esta uma inadmissível ingenuidade. Se as estrelas forem, na verdade, fervilhantes hábitats de criaturas conscientes de plasma, que poderiam estar organizadas como indivíduos ou formar configurações coletivas de natureza inapreensível para nossa parca imaginação, não há porque deixar de admitir também um megapsiquismo para o nível galáctico e, *a fortiori*, para aquilo que chamamos de universo – que é apenas o segmento visível da totalidade real-imaginária do Cosmos.

A esta altura, ficamos em face de um sério problema semântico para organizar nosso pensamento e nossas especulações num território totalmente estranho, para cujos conteúdos não há palavras disponíveis e onde os conceitos usuais perdem seu significado. Procuramos atribuir à palavra *vida* sua expressão mais ampla e destituída de conotações locais, ao estabelecer como básica sua característica termodinâmica de dissipar a entropia associada à capacidade de tomar decisões, ainda que elementares. Procuramos caracterizar uma *subjetividade* como a entidade quântica capaz de colapsar funções de onda nas suas proximidades, o que a converte numa base material para um ser psíquico estável. Procuramos ver, em todas as regiões do universo onde a matéria seja capaz de se organizar em entidades de complexidade suficientemente grande, a presença da vertente psíquico-subjetiva nos níveis que lhes sejam compatíveis. Mas isto não é suficiente: estamos apenas abrindo as picadas por onde a ciência deste milênio que agora se inicia deverá trilhar. Reconhecer a Terra, a Vida e o Espírito Imortal como objetos de reverência são condições preliminares para o salto epistemológico que hoje se apresenta como o maior desafio para nós, crias de Gaia e criaturas de um Cosmos vivo e consciente, que é o nosso berço e o nosso destino.

Se quisermos estender as nossas especulações às inúmeras possibilidades de organização psíquica das entidades que povoam o Cosmos, encontraremos na literatura de ficção alguns exemplos muito bons. O argentino Jorge Luis Borges tem textos admiráveis, onde ele propõe mundos fantásticos em que a organização cósmica é vista de forma diferente da que estamos habituados, deixando seu recado de que o espírito não se submete às injunções da lógica. Contos como "A biblioteca de Babel", "O jardim dos caminhos que se bifurcam" ou "Tlön, Uqbar, Orbis Tertius" são belos exercícios mentais de como Cosmos alternativos poderiam ser concebidos; mas tenho para mim que este excelente autor inspirou-se num inglês que o antecedeu em alguns anos. O escritor Olaf Stapledon publicou, ainda em 1937, um livro extraordinário ao qual não tive acesso direto, denominado *The Star Maker** onde ele imagina inesperadas e fascinantes estruturas para Cosmos alternativos – mas que talvez sejam apenas visões alternativas do nosso próprio Cosmos. Dessas visões tomei conhecimento através de um trecho desse livro publicado como uma nota no tratado de cosmologia do Prof. Edward Harrison, da Universidade de Massachussets em Amherst, e, como não tive oportunidade nem facilidades para colher a devida autorização, republicarei esses trechos de forma irregular, contando com a boa vontade e compreensão dos proprietários do *copyright* para comigo, que resido em uma região onde as comunicações e o intercâmbio com o resto do mundo precisam ainda melhorar[9]. Segue-se a citação, para concluir esta palestra com um estimulante toque literário:

> Minha atenção torturada e fatigada em vão era constrangida a seguir as criações cada vez mais sutis que, de acordo com meu sonho, o Starmaker concebia. Cosmos após Cosmos brotavam da sua fervilhante imaginação, cada um com seu espírito próprio, infinitamente diversificados e, em sua forma definitiva, cada um mais desperto que o seu precedente e menos compreensível para mim.
>
> Algumas vezes o Starmaker criava um Cosmos destituído de qualquer natureza física, ou objetiva. Suas criaturas não tinham qualquer influência umas sobre as outras. Mas, sob o estímulo direto do Starmaker, cada criatura concebia um mundo físico ilusório, mas confiável e útil, de sua própria autoria, povoado com fantasias de sua própria imaginação. Esses mundos subjetivos eram compatibilizados pelo Starmaker de uma forma perfeitamente sistemática.

* O Fazedor de Estrelas.

Mas, ao atingir sua maturidade, o Starmaker quis criar tão completa e definitivamente quanto lhe fosse possível, para esgotar as potencialidades dos seus recursos, concebendo mundos de sutileza cada vez maior e de crescente diversidade harmoniosa.

Quando seus propósitos começaram a ficar mais claros, pareciam incluir o desejo de criar universos que, cada um deles, contivesse sua própria conquista de consciência e expressão. Para cada uma de suas criaturas, a conquista da percepção e da consciência seriam o equivalente a instrumentos pelos quais o próprio Starmaker trabalhava, rumo a uma lucidez cada vez mais límpida, Cosmos após Cosmos.

Algumas vezes o Starmaker lançava criações que, na verdade, eram grupos de universos articulados: sistemas físicos diferentes, de muitas naturezas distintas, cada um deles assumindo um hábitat peculiar e uma forma física particular, mas trazendo em suas transmigrações pálidas e mal interpretadas memórias de suas existências anteriores.

Esse princípio de transmigração outras vezes era empregado de formas diferentes. Mesmo criações que não eram sistematicamente interligadas podiam conter criaturas que ecoavam, de uma forma vaga, mas obsessiva, as experiências ou o temperamento de suas contrapartidas residentes em algum outro Cosmos.

Em algumas de suas criações, cada ser tinha a percepção sensorial do universo físico de muitos pontos de vista espaciais diferentes, ou até mesmo de todos os pontos de vista possíveis. Neste último caso, a percepção de todas as mentes era a mesma, quanto ao alcance espacial, mas variava de mente para mente quanto à perspicácia e à acuidade. Isto dependia do grau e da configuração dessas mentes particulares. Algumas vezes, esses seres tinham não apenas a percepção onipresente, mas também volição onipresente. Eles podiam agir em qualquer região do espaço, mas variavam em precisão e vigor, conforme o seu grau de desenvolvimento mental. De certa forma, eles eram espíritos desencarnados digladiando-se acima do universo físico como jogadores de xadrez, ou como deuses gregos por sobre a planície de Tróia.

Em um Cosmos de inconcebível complexidade, quando uma criatura estava em face de diversos cursos de ação ela tomava todos eles, criando assim muitas seqüências temporais paralelas e diferentes histórias para o universo. Uma vez que em todas as seqüências evolucionárias existiam inumeráveis criaturas e cada uma delas estava constantemente em face de inumeráveis cursos de ação distintos, e como as combinações entre esses cursos eram também inumeráveis, nesse Cosmos ramificava-se uma infinidade de infinidades de diferentes universos, a partir de cada momento da seqüência temporal.

Finalmente – assim me fizeram saber o meu sonho e o meu mito –, o Starmaker criou seu Cosmos derradeiro, mais elaborado e mais sutil, para o qual os outros eram apenas esboços, tentativas e ensaios. Sobre esta criação final o que posso dizer é que ela englobava em sua trama orgânica a essência de todos os Cosmos precedentes, e muito mais. Era como o último movimento de uma sinfonia, que pode incluir na expressão dos seus temas a essência dos movimentos anteriores, e ainda muito mais. Num grande esforço da minha inteligência, que já desfalecia, procurei captar alguma coisa sobre a forma desse Cosmos definitivo.

Hesitante, mesclando admiração e protesto, eu vislumbrei as sutilezas finais de mundos, corpos e espíritos da vastíssima comunidade de incontáveis e diversificados seres individuais despertando para o autoconhecimento pleno e mútua compreensão. Mas, enquanto me esforçava para escutar mais nitidamente a música dos espíritos, nesses incontáveis mundos, eu captava os ecos não apenas de inefáveis alegrias, mas também de aflições inconsoláveis[10].

Notas

1. Este tema foi desenvolvido pelo Prof. Axel Svedberg em sua conferência *Quem responde pela Terra?*, apresentada neste Simpósio na segunda-feira passada.

2. Há alguns anos, causou controvérsias uma afirmação do conhecido físico e cosmólogo americano Steve Weinberg, que declarou em seu *best seller The First Three Minutes* [Os Três Primeiros Minutos]: "Quanto mais o Universo parece compreensível, mais ele parece sem sentido". Também aqui parece-me evidente que o cientista projeta no Cosmos a sua própria incompreensão do que ele mesmo é.

3. Quando defendo a pluralidade de culturas como expressão de riqueza da vida espiritual no planeta, não estou com isso advogando a irrestrita manifestação de todos os traços culturais de muitos povos da Terra, onde permanecem ainda costumes bizarros e inacreditáveis, como a prática regular do infanticídio ou a mutilação sexual de milhões de meninas – que na puberdade têm seus clitóris e pequenos lábios extirpados e a entrada da sua vagina parcialmente suturada para que nunca possam ter prazer sexual e sofram terrivelmente no intercurso e no parto. A persistência dessas práticas arrepiantes neste início de milênio mostra como é longo o caminho que a humanidade ainda tem para percorrer, e a enormidade da distância que separa a visão de mundo de cientistas como Carl Sagan de centenas de milhões de outros terrestres que não pensam como ele.

4. O duplo significado da palavra grega *pneuma* – alento e alma – fica reforçado por esta descoberta, que vincula com mais ênfase a vida humana à atmosfera terrestre, também no plano espiritual.

5. Estas considerações suscitam questões curiosas para cada tipo de extraterreno imaginado, tais como: que relação têm as faces objetiva e subjetiva do ser entre os extraterrenos? Extraterrestres têm ciclos de vida encarnada e desencarnada? E polaridade sexual? Haverá sucessão de gerações entre extraterrenos? E seleção genética? Extraterrestres são seres individuais ou vastos aglomerados coletivos? Haverá arquétipos entre os extraterrenos? Quais? Alguns desses arquétipos seriam equivalentes aos que reconhecemos na Terra? Arquétipos são configurações psíquicas vinculadas à Terra, ou a transcendem? Que relação mantêm os extraterrenos com seu micro e macroambiente, nos níveis planetário, estelar e galáctico? Questões como estas podem influenciar decisivamente as pesquisas da SETI e a interpretação dos fenômenos do tipo OVNI, que atualmente são colocados no âmbito da psiquiatria – particularmente os chamados casos de *abdução*, cada vez mais freqüentes, em que pessoas declaram ter sido seqüestradas por extraterrenos e depois devolvidas com ou sem traumas psicológicos.

6. Em 1990, Lyall Watson publicou um livro corajoso e muito bem documentado sobre fatos de tal forma estranhos e difíceis de inserir nos quadros teóricos da ciência convencional que bem poucos cientistas zelosos de sua reputação seriam capazes de reconhecer ou admitir. Entretanto, Lyall Watson é um dos biólogos mais conceituados entre seus pares e *The Nature of Things* [A Natureza das Coisas] é um livro extraordinário, um verdadeiro catálogo do insólito, indispensável para quem pretenda situar-se adequadamente no panorama científico do novo milênio. Entre os fatos que ele relaciona e comprova estão os casos de computadores que têm servido de veículo para a manifestação de entidades desencarnadas, inteiramente à revelia da ação ou da vontade de seus usuários. Conforme o resultado de suas investigações junto aos engenheiros das próprias fábricas – cujas diretorias se esquivam a prestar declarações e oficialmente negam tudo –, este é um dos segredos mais bem guardados do setor de informática.

7. Nunca é demais lembrar que os fluxos de informação são regidos pelas mesmas equações da termodinâmica, e que o conceito de *ruído* é equivalente ao de *entropia*. Desse modo, um posicionamento teórico que tem encontrado um número crescente de adeptos é aquele que considera o *bit* de informação como o componente elementar da face imaginária do Cosmos e *informação* como massa imaginária – porque subjetiva e vinculada às dimensões do tempo. É possível, inclusive, uma interpretação cosmológica que sugere ser a informação – na qualidade de *massa imaginária* – a tão procurada *matéria escura* que permearia todo o Universo, explicaria o comportamento gravitacional das galáxias e reduziria sua velocidade de dispersão até um futuro estado de equilíbrio, talvez ponto de partida para nova contração.

8. Recomendo consultar as conferências de Sir Philip Quarks e do Prof. Adam Newman, apresentadas neste Simpósio, na quarta-feira passada.

9. Não me foi possível conseguir contato com os proprietários do *copyright* desse texto fascinante, e nem sequer consegui saber quem são, atualmente. Methuen & Co., citada como tal no livro do Prof. Harrison, parece ter-se retirado do mercado, pelo menos nos Estados Unidos, onde nem mesmo a Biblioteca do Congresso foi capaz de me dar orientações precisas sobre essa editora. Como reconheço que esta publicação é irregular, só me resta recomendar enfaticamente a leitura desse livro e desse autor, procurando assim compensar o eventual prejuízo de não ter obtido a autorização legal para sua publicação.

10. Examinando os cosmos de Stapledon, encontraremos neles premonições de teorias científicas surgidas muito depois, entre elas a interpretação dos paradoxos quânticos pelo americano Hugh Everett, a chamada *hipótese dos universos paralelos*, ou *dos muitos mundos*, e sua versão mais recente, apresentada neste Simpósio pelos seus autores, Quarks e Newman. Outra hipótese muito plausível é que não tenha havido premonição alguma e que, assim como provavelmente sucedeu com Borges, também esses cientistas tenham conhecido a obra de Stapledon e nela se inspirado.

Referências bibliográficas

Asimov, Isaac. *Extraterrestrial Civilizations,* Crown Publishers, Inc., Nova York, 1979.

Barrow, John D. e Tippler, Frank. *The Anthropic Cosmological Principle,* Oxford University Press, 1986.

Borges, Jorge Luis. *Ficciones,* Emecé Editores, Buenos Aires, 1969.

Calder, Nigel. *Timescale: An Atlas of the Fourth Dimension,* The Viking Press, Nova York, 1983.

Dawkins, Richard. *The Selfish Gene,* Oxford University Press, Oxford, 1976.

________. *River out of Eden,* Basic Books, Nova York, 1995.

Ehrensvärd, Gösta. *Före – Efter.* © Gösta Ehrensvärd, Lund, 1971.

Goldenberg, José *S.O.S. Planeta Terra,* Editora Brasiliense, São Paulo, 1990.

Greenstein, George. *The Symbiotic Universe,* William Morrow and Company, Inc., Nova York, 1988.

Harrison, Edward R. *Cosmology – The Science of the Universe,* Press Syndicate of the University of Cambridge, Nova York, 1981.

Jung, C.G. *Ein Moderner Mythus: Von Dingen, die am Himmel gesehen werden,* Walter-Verlag, AG Olten, 1974.

Liebmann, Hans. *Ein Planet Wird Unbewohnbar,* R. Piper & Co. Verlag, München, 1973.

Lightman, Alan e Brawer, Roberta. *Origins – The Lives of Modern Cosmologists,* Harvard University Press, Cambridge, Massachussets, 1990.

Lovelock, J.E. *Gaia – A New Look at Life on Earth,* Oxford University Press, 1987.

Regis Jr., Edward, coord. *Extraterrestrials – Science and Alien Intelligence,* Cambridge University Press, 1985.

Sagan, Carl. *The Cosmic Connection*, Hodder and Stoughton Limited, Londres, 1974.

_________ e Thornton Page, ed. *UFO's – A Scientific Debate,* Cornell University Press, 1972.

Stapledon, Olaf. *The Star Maker.* 1937. Republicado em *Last and First Men and Star Maker,* Dover Publications, Nova York, 1968.

Toynbee, Arnold. *Mankind and Mother Earth,* Oxford University Press, Nova York, 1976.

Watson, Lyall. *Supernature,* Hodder & Stoughton, Londres, 1974.

_________ . *The Nature of Things – The Secret Life of Inanimate Objects,* © Lyall Watson, 1990.

Wiener, Norbert. *God and Golem, Inc.* Cambridge, M.I.T. Press, Massachussets, 1964.

COMUNICAÇÃO 10

Tabus e fobias da ciência do século 20

Jean-François Valjean Arouet, M.D.
Universidade de Toulouse, França

A ciência

Nos últimos anos do século 20, surgiram e rapidamente se espalharam a suspeita e a constatação de que muito do que sempre se tinha considerado como prática científica isenta e imparcial, objetiva e precisa, não era bem assim. Um crescente volume de críticas e denúncias mostrou que grande parte do que se considera como ciência, ou científico, consiste no exercício de uma devoção muito semelhante à que se encontra nas seitas religiosas, que se multiplicam em torno dos inúmeros profetas que surgem com freqüência. Conectadas ou não a interesses político-econômicos imediatos, três correntes ditas científicas dominaram o século passado, em torno de profetas surgidos no século anterior: o darwinismo, a psicanálise freudiana e o marxismo. Em nome da devoção a essas seitas, ou motivados por uma inércia cultural vinculada ao paradigma materialista, cientistas e intelectuais competentes desorientaram-se, entregando-se a procedimentos incompatíveis com a isenção que a ciência sempre alegou possuir.
Este tipo de situação, em que muitos pesquisadores e trabalhadores da ciência se envolvem, fica mais grave quando os interesses financeiros ou políticos interferem.

Saber que se sabe o que se sabe e que não se sabe o que não se sabe: eis a sabedoria.

Chen Ling (poeta chinês do século 3)

O processo de investigar a natureza começou com a primeira pergunta: "Por quê?" *Depois veio o método. O primeiro curioso notou qualquer coisa e tornou-se um observador. Voltou a olhar, para certificar-se, e tornou-se um inquiridor. Inferiu conclusões dos fatos observados e tornou-se um teórico. Em seguida, pôs à prova suas teorias em face de novos fatos – tornou-se então um cientista pesquisador.*

Lyall Watson

O que tenho presenciado nestes dias singulares e noites tão intensas, onde as pessoas parecem ter assumido em plenitude a face mais positiva de suas personalidades, parece ter sido programado por algum agente misterioso para que os quase dez mil participantes deste Simpósio – e muitos dos que o acompanham pela TV – fiquem marcados para sempre por tudo que aqui tem ocorrido dentro e fora dos auditórios, nos eventos paralelos e com os grupos que se formam nos parques ajardinados e nas praias, ao longo dos coqueirais coloridos pelas barracas de *camping* de gente do mundo inteiro. Diversos acontecimentos de caráter paranormal têm sido relatados, especialmente com os grupos pequenos e grandes que se reúnem ao luar nos locais mais discretos das muitas praias das redondezas, geralmente em torno de mestres espirituais de variada procedência, alguns deles com a participação de cientistas conhecidos e outros nomes de destaque.

Como é do conhecimento dos presentes, estamos iniciando nossa palestra de hoje com quase meia hora de atraso, em face da excitação, das discussões e controvérsias que ainda prosseguem animadas desde ontem à noite, após o insólito fenômeno observado na praia do Negril, não muito longe dos hotéis onde as reuniões oficiais do Simpósio estão sendo realizadas. Durante cerca de quinze minutos, por volta das 23:00 horas, foi vista por centenas de testemunhas uma suave luminosidade pairando no ar, como uma pequena aurora polar, sobre um círculo de aproximadamente duzentas pessoas que participavam de uma reunião na praia, um ritual promovido por nativos norte-americanos e aborígines que chegaram anteontem da Austrália.

Não há ainda acordo sobre o que teria acontecido, principalmente porque inúmeras pessoas viram a fluorescência, enquanto outras ao seu lado nada conseguiam enxergar. Alguns jornalistas fizeram ótimas fotos logo divulgadas, enquanto outros fotógrafos, apesar de verem o fenômeno, tiraram fotos que nada registraram. Circula a notícia de que a rede mexicana de TV fez um vídeo completo da ocorrência, que será transmitido hoje à noite. Fala-se em bioplasma coletivo, reflexos da lua cheia que estava no alto do céu, manifestação de extraterrenos e holografia com laser; mas muitos dos presentes tinham nível de discernimento suficiente para não se deixar enganar por truques de circo ou brincadeiras eletrônicas. Ao que tudo indica, fica excluída a possibilidade de algum truque, mesmo porque o mais singular, no fenômeno, parece ter sido o fato de que somente algumas pessoas e câmaras fotográficas e de vídeo puderam vê-lo e registrá-lo.

Eu estava perto, junto com a cientista Iris Magnólia e o Prof. Axel Swedberg, que se encontravam nas proximidades, e vimos a doce fluorescência em tons irisados de verde e azul, com cambiantes para o rosa, lilás e violeta, como suavíssimas cortinas verticais pendentes no ar entre cem e duzentos metros de altura, em lentos movimentos ondulantes que pareciam acompanhar a brisa noturna. As fotos a que tivemos acesso conferem com o que vimos. Numa primeira avaliação, pareceu-nos que a fluorescência seria devida a uma ionização nos átomos de hidrogênio presentes na atmosfera sob a ação da luz polarizada do luar, mas como os níveis energéticos necessários para essa ionização deveriam ser muito mais elevados do que a ação natural desses agentes, deduzimos que algo estaria potencializando aquele espaço. Possivelmente seria um campo magnético, que não pudemos medir por falta de instrumentos apropriados; procuramos entre os presentes se alguém tinha uma bússola, mas não encontramos. Se fosse um campo magnético, certamente estaria sendo de alguma forma induzido pela energia psíquica do ritual; mas não temos qualquer hipótese que explique porque algumas pessoas e câmaras eram sensíveis ao fenômeno e outras não.

Enquanto a luz brilhava, uma figura humana vestida de branco e extraordinariamente parecida com o Mahatma Gandhi, falava para o grupo num inglês carregado de sotaque; as pessoas, sentadas em círculo, escutavam o que ele dizia e pareciam ignorar a luminosidade que pairava acima deles. Não gravamos as suas palavras, mas o ponto que ele mais acentuava era que "A violência começa na escolha inadequada das palavras com que nos dirigimos aos outros, e cresce no terreno fértil da vaidade ofendida, que só existe em quem cultua o próprio ego". Mais adiante, falou que "A violência maior é filha do egoísmo e da separatividade, que nascem da ignorância – a única doença que afeta a alma –, fonte de todo mal e de todo sofrimento".

O sentimento de profunda paz que emanava daquele momento quase solene era o mesmo em todos os presentes que conseguiam ver o fenômeno, perturbado apenas ligeiramente pela contida inquietação dos que não podiam ver a luz, embora escutassem a pregação de paz do "Gandhi", que desapareceu rapidamente no meio das pessoas tão logo concluiu suas palavras. As fotos que saíram hoje nos jornais de Kingston mostram a semelhança incrível desse personagem com o verdadeiro Gandhi, deixando uma indagação no ar e uma controvérsia por elucidar.

*

Para mim, é muito significativo que isto tenha ocorrido na véspera da minha palestra, porque assinala uma coincidência marcante em face do assunto que me disponho a desenvolver: um breve comentário crítico sobre alguns temas e pontos de vista proibidos pela ciência conservadora, que muitos estudiosos e instituições relutam em abordar, ou o fazem de uma forma severamente comprometida. Grande número de profissionais da ciência consideram esses temas críticos como tabus e sequer admitem sua discussão, porque grande parte da comunidade científica está dominada por facções de natureza para-religiosa, em que ideologias particulares determinam preconceitos com os quais os fatos são julgados. O conjunto desses quadros de preconceitos configura o paradigma científico atual e, na defesa deste, muitos homens de ciência se desviam da estrita busca da verdade dos fatos, passando a ser conduzidos pelo afã de defender os pontos doutrinários da sua "seita". Nessas refregas, a verdade e a honestidade têm saído muitas vezes estropiadas, e o livro de ocorrências da comunidade científica não chega a ser um catálogo de fatos edificantes.

Quando me decidi pelo objeto desta comunicação, eu já imaginava que outros conferencistas também abordassem o assunto no corpo de suas palestras, não só porque neste final de século a ciência foi duramente questionada em tudo aquilo que representa o velho paradigma, como também porque, pelo conteúdo das súmulas fornecidas antecipadamente, ficava clara uma opção generalizada, neste Simpósio, por temas limítrofes entre a ciência, a filosofia, as mitologias e as crenças populares, que têm sido fonte permanente de polêmicas nunca esclarecidas. Mas não cheguei a imaginar que fossem tantas as críticas veementes às atitudes comprometedoras de alguns cientistas, presentes em muitas das comunicações aqui apresentadas por estudiosos de diversificados ramos do saber, vindos de muitos pontos da Terra.

Neste momento de convergência e consolidação das novas linhagens de pensamento que vão constituir aquilo que o novo milênio aceitará como conhecimento científico, tudo o que tenho visto e ouvido neste Simpósio sustenta minha expectativa de que grande parte dos seres humanos consigam, ainda num futuro discernível, limpar a imensa sujeira material e ética que acumularam no meio ambiente e em sua própria alma. Mas, para que esta redenção aconteça em escala planetária, será necessário um grande esforço dos indivíduos e grupos mais conscientes, em todos os países, de modo que um processo irreversível seja deflagrado, assegurando que a humanidade entre no ramo ascendente da parábola em que mergulhou, para que eventos mais edificantes passem finalmente a predominar nos noticiários.

O consenso que parece emergir deste Simpósio é que esse movimento tenha início com as posições assumidas pela nova ciência a partir de uma concepção ampla, compreensiva e racionalmente espiritual[1] do Cosmos e do ser humano, encerrando a fase materialista que durou cerca de trezentos anos e negava a vertente imaginária da totalidade cósmica e o mundo subjetivo, que são o fundamento e a base da consciência e do ser. Assim, o que me parece mais promissor é que esse processo de limpeza e depuração está se iniciando no interior da própria comunidade científica, em via de proceder a uma faxina radical no entulho remanescente de enfoques superados e renitentes preconceitos decididamente anticientíficos, que ainda persistem na maioria das instituições e universidades de todo o mundo.

Pelo que temos constatado, e ninguém em sã consciência negaria, essa fase materialista da história humana foi necessária e útil para o desenvolvimento da técnica e a libertação do pensamento de cadeias e jaulas mais prejudiciais ao espírito do que o próprio materialismo: a superstição ignorante, a exploração brutal do trabalhador, a opressão pela autoridade religiosa e o cerceamento da investigação criadora. Ainda hoje, neste início de milênio, convivemos com remanescentes de "cultos" a Darwin, Freud e Marx, três homens de grande valor como investigadores em seus respectivos campos de atuação, inovadores que ousaram contrariar o pensamento estabelecido na época em que viveram, descobrindo importantes mecanismos que existiam por trás dos processos que estudaram. Entretanto, já é o momento de reconhecer que, com o avanço da história e das pesquisas nessas áreas do conhecimento, os esquemas e soluções por eles apresentados revelaram-se inadequados ou insuficientes para elucidar o que pretendiam, não só porque desconheciam fatores essenciais que agem decisivamente nos sistemas que estudaram, como também porque, apesar de terem sido eles grandes inovadores, os fundamentos filosóficos de suas posturas estavam inevitavelmente vinculados a um *Zeitgeist** que não mais subsiste.

---

* Espírito da época.

Como o Prof. Swedberg mostrou em sua palestra, o mecanismo de variação aleatória seguido de seleção posterior pela pressão ambiental, proposto por Darwin, explica apenas o surgimento de variedades dentro de uma mesma espécie, mas não o surgimento de uma espécie nova, que é algo que os biólogos até hoje não viram acontecer e que ainda não tem explicação satisfatória. Além disso, já se constatou que a competição, enfatizada pelo darwinismo[2], é apenas um aspecto menor dentro de um contexto mais amplo em que a cooperação predomina. Sabe-se hoje que muitos outros fatores precisam ser levados em consideração para esclarecer os caminhos e processos da evolução biológica, e que o tempo decorrido desde que a Terra e o próprio universo existem é insuficiente, por muitas ordens de grandeza, para que os mecanismos darwinianos produzissem o código genético e os seres vivos que conhecemos.

Darwin representou o grande baluarte da ciência racionalista para combater o obscurantismo autoritário da igreja, que impunha o criacionismo bíblico e a imutabilidade das espécies, já inaceitáveis pelo mundo inteligente daquela época. Como, entretanto, esta "libertação" representou um dos maiores saltos intelectuais da modernidade, até hoje convivemos com uma persistente "gratidão ao mestre" pelos neo-darwinistas, que constantemente estão a reelaborar e reformular as teorias do seu *herói libertador* para que o mesmo não seja colocado – com todas as honras que sem dúvida merece – no seu devido lugar: os arquivos da história da ciência. Um medo irracional que se constata entre os adeptos do darwinismo – uma fobia – é o de que, se este for abandonado, a única alternativa será o retorno ao criacionismo, à irracionalidade e ao obscurantismo eclesiástico, o que decididamente não é verdade, apesar dos ocasionais e renitentes movimentos reivindicativos de anacrônicos criacionistas religiosos, particularmente nos Estados Unidos. Se o criacionismo pré-racional foi o conhecimento da vida em estado larval, o evolucionismo darwiniano foi a pupa, e o novo evolucionismo pós-mecanicista é a borboleta colorida que já ensaia seus primeiros vôos.

Algo muito semelhante – porém mais sério, porque envolve muitas pessoas ditas *pacientes* – acontece com Sigmund Freud que, apesar de obsoleto desde o início do século 20, a partir das formulações mais lúcidas e abrangentes do seu ex-discípulo Carl Gustav Jung, continua a ter sua teoria da psicanálise religiosamente seguida por novos profetas e adeptos, eternamente gratos ao seu herói por tê-los libertado dos grilhões da rígida e hipócrita moral vitoriana e da opressiva ética judaico-cristã.

Além dessa imagem de herói libertador, o servilismo a Freud também pode ser explicado pela maior facilidade que os psicanalistas encontram em simplesmente *aplicar uma teoria* aos problemas de seus pacientes, em vez de mergulhar no trabalhoso envolvimento profundo que a abordagem junguiana exige – e que eles não podem compreender, porque ainda estão embriagados pelo materialismo filosófico remanescente na ciência mecanicista. Aplicar uma teoria é muito mais simples e lucrativo do que empenhar-se em compreender a vida espiritual do cliente, que não pode ser entendida apenas pelo seu passado biográfico e genético. Construindo, com a cumplicidade do paciente, uma história convincente – mas falsa – para explicar seus problemas, a psicanálise vai formando uma clientela cativa que prolonga o tratamento por anos a fio sem nada resolver[3], mas que permanece profundamente grata ao analista pela "orientação" recebida, porque este costuma assumir a responsabilidade de decidir até mesmo situações triviais, em consultas por telefone. O analista pouco mais é do que um confidente pago – um amigo de aluguel, numa sociedade de valores falsos em que os verdadeiros amigos são raros ou inexistentes –, uma versão "científica" do sacerdote que eles espertamente substituíram.

A psicanálise, que só não foi a maior fraude do século 20 porque, neste aspecto, foi superada pelo marxismo, é rasa na abordagem e ineficaz na terapêutica dos problemas humanos, mas conseguiu ser convincente durante muitas décadas pela artificiosa produção livresca elaborada pelos seus praticantes e periféricos, que influenciou – tanto quanto o marxismo – quase um século de intelectualismo verborrágico, que ainda hoje persiste, principalmente na França. Esses intelectuais palavrosos, produtores de textos arduamente inteligíveis e culturalmente perecíveis, podem ainda ser encontrados às dúzias em algumas universidades de Paris. Continuam liderando restritos círculos de aficionados embevecidos com seus floreios de linguagem e se acham o *nec plus ultra* da contemporaneidade, até que alguém mais escreva outro livro convidando a esquecê-los. Permanecem à margem da revolução epistemológica que a nova ciência vem instalando no conhecimento humano desde os anos 30, e deles nada restará num futuro não muito distante. O vazio das suas elucubrações e seu distanciamento das fontes interiores do conhecimento têm produzido vidas carentes de um sentido profundo e levado muitos deles a um fim trágico. Não farão falta, para a cultura do século 21.

Partindo de uma correta análise crítica da exploração exacerbada do operariado pelo capitalismo europeu do século 19, Marx e Engels desenvolveram as muitas idéias socialistas de então para um modelo que rotularam de "científico", porque se baseava no mecanicismo materialista em moda na época, que se opunha ao idealismo e pretendia identificar-se com tudo que quisesse ser chamado de *científico*. Mas, da estrita análise sócioeconômica às proposições de uma práxis revolucionária, muitas de suas teses mostraram-se falsas e foram negadas posteriormente pela história, cuja dinâmica evolutiva invariavelmente escorrega para fora das previsões dos profetas ditos "científicos". De Karl Marx a Hermann Kahn todos falharam, levando de roldão para o descrédito toda a pretendida ciência da futurologia.

O socialismo marxista revelou-se uma elaboração intelectual que não dava conta da enorme complexidade do espírito humano, irredutível à sua expressão apenas econômica e à satisfação das necessidades materiais – mesmo que esta degradação fosse admitida como uma fase transitória. A experiência marxista da União Soviética sacrificou milhões de pessoas e somente persistiu por mais de setenta anos, porque serviu de justificativa doutrinária para um regime desumano, totalitário e ineficaz, até mesmo no plano econômico, que era seu aspecto mais fundamental. Como construção racional, o socialismo apenas pode interessar àqueles que supõem ser o intelecto a expressão mais alta do ser humano; e como proposta política, o estado socialista ou comunista são projetos concebidos para seres altruístas, desprendidos de interesses pessoais e generosamente dedicados ao futuro, que simplesmente não existem como coletividade nem podem ser fabricados em algumas décadas de regime autoritário. Mas a fraude intelectual não foi extinta e remanescentes até do materialismo dialético – uma caricatura da ciência – ainda podem ser encontrados, com seu jargão característico e monocórdio proselitismo, embora estejam em processo de extinção desde o fim da União Soviética, com o fracasso do seu sistema econômico.

Reunindo em si os arquétipos do *herói salvador* e do *velho sábio*, tanto a imagem de Darwin como as de Freud e Marx são os estandartes empunhados por hierarquias de discípulos, ou devotos, que relutam em se deixar abater pelos insucessos das teses dos seus ídolos, quando confrontadas com fatos reais que as neguem. Sucessivas adaptações, revisões e racionalizações são diligentemente elaboradas por homens inteligentes e eruditos – alguns excepcionalmente capazes –, que não se dão conta de estarem sendo conduzidos por arquétipos do inconsciente e instados por eles a defender sua tribo a cada livro que escrevem, a cada curso que ministram, a cada conferência que pronunciam, pugnando pela memória e pela honra de seus heróis contra os infiéis.

É impressionante observar como até mesmo inteligências brilhantes ficam subordinadas ao complexo-R, quando algum arquétipo assume a liderança da personalidade[4]. Um dos mais inequívocos sintomas da presença de um arquétipo, ou de que um complexo foi constelado, é a reação emocional de muitos dos discípulos dessas seitas quando confrontados com vozes discordantes e argumentos contrários às suas doutrinas. É sabido que um arquétipo se manifesta mais nitidamente sob a forma de emoções, que afloram sempre que os indivíduos sob sua influência são provocados, chegando até a reações violentas, em situações de maior tensão. É verdade que esses grupos estão cada vez mais reduzidos, em face dos revezes sofridos ultimamente em todo o mundo, mas não se pode subestimar a força que ainda representam nas universidades, porque os jovens raramente dispõem de um aparato crítico capaz de neutralizar a persuasão de mestres a quem admiram. E a idolatria vai-se prolongando de forma perniciosa, até que um novo paradigma passe finalmente a predominar.

Cada uma dessas três teorias tem a pretensão – devida mais aos seus seguidores do que aos próprios autores – de extrapolar seu campo de aplicabilidade e tornar-se uma explicação geral para o mundo, o que, aliás, é a pretensão nunca confessada de toda teoria. É nesse aspecto que elas mais se revelam simulacros de religiões. Quase toda teoria de abrangência ampla sobre um determinado segmento da experiência humana padece de uma *hybris* congênita e pretende transbordar de sua área para se tornar um *vade-mécum* capaz de tudo explicar[5]. Isto é particularmente verdadeiro para os três exemplos que comentamos acima, em que o pensamento parece ter-se coagulado sob a forma de doutrinas apoiadas sobre velados artigos de fé, a despeito das cores cambiantes com que freqüentemente se reveste para camuflar o conservadorismo subjacente, onde a incapacidade de introduzir o novo é compensada por uma produção incessante de novidades sem substância.

A presença desses três fantasmas do século 19 conseguiu assombrar a maior parte da intelectualidade do século 20, inibindo a assimilação do novo e prolongando a sobrevida de idéias moribundas, que já não são capazes de explicar adequadamente os fatos e os experimentos. Todos os segmentos da *inteligentzia* que se mantiveram à margem da revolução epistemológica que fermentava nos recessos dos laboratórios de física e nas novas demonstrações da matemática, ficaram isolados do verdadeiro conhecimento do século 20 e produziram toneladas de tolices eruditas cujo destino será a lata de lixo da ciência. A maior parte desses segmentos conservadores estava ou está vinculada a alguma dessas três seitas, tributárias de um materialismo que nega o mundo subjetivo e o espírito, contra todas as evidências.

*

Mas os tabus e fobias da velha ciência não se alojam apenas nesses setores caducos da intelectualidade. O conservadorismo e a tendência para limitar-se ao território conhecido ainda limitam grande parte da investigação e da pesquisa, no setor privado, apesar da aparência de que algo de novo acontece a cada mês, ou a cada novo exemplar das publicações especializadas. A produção do novo em ciência tem sido, na verdade, cerceada, apesar da enxurrada de novidades, que geralmente jorram da inesgotável cornucópia da tecnologia. Idéias realmente inovadoras freqüentemente se manifestam em quase todos os campos do conhecimento[6], mas seu acesso aos órgãos de divulgação científica é ocasional e, algumas vezes, tumultuado por controvérsias e celeumas. Incontáveis tentativas de incursão pelos campos situados fora do paradigma têm conduzido ao ostracismo e à desgraça homens e mulheres corajosos que assumem um compromisso com a verdade dos fatos, mais do que com seu próprio prestígio na comunidade intelectual. É nesta frente de batalha, onde se conquista arduamente o espaço exigido pela ciência do novo milênio, que surgem os heróis do nosso tempo, arriscando-se a perder cargos, verbas de pesquisas, e até seu próprio sustento material, perdas mais contundentes do que o riso de mofa e as agressões dos pedantes detentores de verdades obsoletas, que sobrevivem apenas à custa de interesses econômicos destituídos de uma base ética.

Um dos setores onde este quadro é mais evidente e comprometedor é o da medicina ocidental, que movimenta centenas de bilhões de dólares anualmente e promove a produção incessante de novidades quimioterápicas destinadas ao vasto mercado mundial das doenças. Doenças quase sempre decorrentes dos desequilíbrios da vida civilizada, dos maus hábitos alimentares e comportamentais disseminados pela mídia – por sua vez resultantes das distorções que a visão materialista do mundo impõe. Nunca será demais salientar que o mercado da indústria farmacêutica é a doença, e não a saúde. A lógica empresarial dos produtores de medicamentos não tem qualquer interesse em criar um mundo de indivíduos saudáveis, porque isto significaria o desaparecimento de seu mercado, que é a doença. O que os laboratórios produzem são drogas químicas e dólares, e não saúde.

Muitos de nós sabemos disto, mas não há como trazer esta informação para o plano da percepção cotidiana, porque a mídia é quem molda a limitada consciência das pessoas (não seria um equívoco chamar isso de consciência?) e se encarrega de instituir uma concepção de mundo massificada, deformada pelos interesses comerciais, em que anormalidades grosseiras são aceitas e mantidas como padrão de normalidade. No desvario incontido da busca de lucros, o sistema capitalista gera absurdos, como o cultivo de estados patológicos inerentes ao homem civilizado, desde a obesidade até as doenças degenerativas[7].

A caça ao lucro sem considerações de ordem ética é ainda remanescente da expansão das corporações burguesas, acelerada a partir do século 19, e que gerou o darwinismo, o marxismo e a sociedade neurótica onde prosperou a psicanálise. Essa expansão amoral atravessou todo o século 20 sem ser realmente contida por legislação e mecanismos eficazes, que se fundamentassem numa concepção mais nobre do que seja o ser humano. Daí decorrem absurdos, como as guerras e a indústria de armamentos que as estimula; a violência, as baixas motivações e os piores conteúdos da psique humana como temas predominantes na ficção televisiva, ou as indústrias bilionárias do tabaco e da bebida alcoólica, que podem sem exagero ser chamadas de indústrias do câncer e da morte. Ou a indústria farmacêutica, que se nutre das doenças que finge curar, mas na verdade estimula e expande, porque cada droga que suprime os sintomas de uma doença sem lhes atingir a causa não só é inócua, a médio prazo, como também provoca outros males, pelos seus chamados efeitos secundários – por vezes piores do que aquilo que pretendia curar.

Em todos os setores de atividade onde quem comanda é a cega ambição, surgem distorções que atingem não apenas os indivíduos envolvidos diretamente no processo como também vastos grupos sociais, tanto no psíquico como no somático, porque estas são as duas faces correlatas e interdependentes do ser humano, embora haja relutância da ciência conservadora em reconhecer plenamente esta verdade elementar.

No caso específico dos medicamentos e das terapêuticas, em que a medicina ocidental é dominada pelos laboratórios de quimioterápicos, a situação é das mais difíceis e comprometedoras. O poder avassalador do capital conseguiu, ao longo de todo o século 20, suprimir todo um acervo de eficientes práticas das terapêuticas tradicionais do Ocidente, ignorar as contribuições de comprovada eficácia oriundas de outras culturas e inibir as descobertas e pesquisas do próprio Ocidente, que não se traduzam em lucros provenientes das vendas de produtos médicos, principalmente drogas. Qualquer terapia que represente redução nos altos custos da medicina tem pouca ou nenhuma chance de ser estimulada; as terapias alternativas, mesmo quando extensivamente aplicadas e comprovadas em alguns países – como a acupuntura e a homeopatia – enfrentam uma densa cortina de silêncio e não lhes é concedido espaço nas publicações de maior penetração. Como observa o médico Gabriel Cousens, dos Estados Unidos, que defende práticas médicas alternativas:

> A questão é que uma revista médica de prestígio não publicaria um artigo de natureza controversa que não contivesse referências a trabalhos publicados em outra revista de prestígio. Visto que nesse campo ninguém consegue penetração nas revistas médicas ortodoxas, não existe obviamente nenhuma fonte respeitável de referências dignas de crédito para citar. Assim, as revistas médicas permanecem seguras em suas torres de marfim de dogmatismo científico[8].

Práticas médicas como a moxibustão e a acupuntura, vêm sendo utilizadas há milhares de anos na China, em milhões de pessoas, com inegáveis resultados terapêuticos; entretanto, somente há cerca de vinte anos essas técnicas começaram a ser empregadas no mundo ocidental, onde a acupuntura é admitida em alguns países apenas como forma de anestesia – apesar de seu alcance ser muitíssimo maior. Estudos sistemáticos sobre essas terapias, por parte das grandes corporações do Ocidente ligadas à medicina, não são realizados porque não há qualquer produto a ser vendido, sejam remédios ou caros equipamentos. Paralelamente, o poderoso *lobby* dessas corporações atua junto aos governos para inibir a dotação de verbas destinadas a tais pesquisas, apesar do enorme interesse social que poderia ter a generalização do seu uso.

A medicina das ervas, que faz parte das tradições populares de todos os continentes, somente é lembrada quando é possível extrair o princípio ativo de alguma planta e acondicioná-lo industrialmente sob alguma forma patenteada e vendável a preço comercialmente interessante. A disseminação do cultivo popular das plantas medicinais e a educação sobre o seu uso sob forma direta, através de chás ou consumo *in natura*, não são estimulados nem mesmo nos países mais pobres, onde se poderiam constituir numa forma barata de disseminar a saúde, bem melhor que as drogas sintéticas carregadas de efeitos colaterais perniciosos. Isto ocorre porque a pressão política da grande indústria está alerta junto aos governos de todo o mundo para impedir qualquer possível limitação ao vasto mercado internacional da doença e do sofrimento humano.

Inúmeras práticas de medicina tradicional das diversas culturas, cuja eficácia poderia ser comprovada e quantificada por pesquisas, são *a priori* desacreditadas pela mentalidade forjada pela alopatia dominante. É uma atitude artificialmente criada e mantida pela manipulação das revistas especializadas publicadas pelas próprias indústrias ou por aquelas aparentemente independentes, pelos inumeráveis congressos patrocinados pelos grandes laboratórios e pela cooptação direta de médicos influentes, que freqüentemente viajam para esses encontros com todas as despesas pagas. A reação às praticas alternativas de terapias não-alopáticas – independentemente da eficiência que possam ter – vai desde o sorriso irônico dos alopatas e a irritação dos inúmeros beneficiários do vasto sistema capitalista/industrial farmacêutico, até a sabotagem e às práticas criminosas, quando interesses maiores são ameaçados.

O caso da homeopatia caracteriza bem o que sucede quando a medicina é dominada pelas forças amorais do mercado e pela ambição descontrolada de corporações e indivíduos.

A homeopatia é uma forma de medicina criada no século 19 pelo médico alemão Samuel Hahnemann, cuja eficácia terapêutica é indiscutível, mas que vem sofrendo todos os tipos de pressão nos países em que é admitida e praticada. Isto porque seus princípios são incompreensíveis sob a ótica da física newtoniana e do materialismo mecanicista. Os defensores do paradigma vigente não se interessam pelas repetidas e incontestáveis comprovações da eficiência da homeopatia, que não teria sobrevivido por tanto tempo e a tão virulentos ataques se não tivesse sua eficácia extensivamente constatada por milhares de médicos, individualmente ou nos hospitais homeopáticos espalhados pelo mundo. Aos devotos da ciência mecanicista e reducionista o que incomoda é que eles não podem compreender como e porque a homeopatia funciona, se ela é incompatível com os princípios doutrinários da alopatia e da quimioterapia. A impossibilidade dos cientistas e médicos alopatas compreenderem seu funcionamento é recebida por estes como um insulto, e o combate à homeopatia ignora seu sucesso como terapêutica. Por isso a combatem com armas que vão da fingida indiferença à violência.

A homeopatia trata o doente como um todo físico-psíquico indivisível e se utiliza de substâncias da natureza – mineral, vegetal ou animal – submetidas a diluições extremas num processo denominado *potencialização*, tanto mais forte quanto maior a diluição da substância original. Aos olhos da química isto é um absurdo, porque, nas maiores diluições empregadas pela homeopatia, já não pode haver qualquer molécula da substância matriz no produto final. O conflito teórico surgiu porque a homeopatia não se ajusta à ciência newtoniana; ela é bem mais compreensível à luz da física quântica, que só veio a ser formulada a partir de 1926-1927, mas cujas conseqüências ainda não foram inteiramente assimiladas. Indiferentes às dificuldades teóricas para a completa elucidação dos seus princípios, os seguidores de Hahnemann valem-se dos seus métodos e comprovam na prática diária a sua eficiência.

Em 1986, Dr. David Reilly e seus colegas do Glasgow Homeopathic Hospital apresentaram à influente revista médica inglesa *Lancet* um impecável estudo sobre a eficácia de um preparado homeopático no tratamento da febre do feno. Tratava-se de um teste duplo-cego[9], onde o medicamento era comparado com um placebo ineficaz. Eles relataram que "os pacientes tratados homeopaticamente mostraram uma significativa redução dos sintomas, tanto na avaliação dos médicos como dos próprios pacientes", acrescentando que "a significância desta resposta ficou valorizada quando seus resultados foram comparados com a contagem de pólen e a resposta foi associada à necessidade do emprego de anti-histamínicos, que ficou reduzida à metade". Evidentemente, o preparado homeopático teve um efeito fisiológico que não poderia ser explicado pelo "efeito placebo", onde a simples sugestão de estar recebendo um medicamento já influencia na melhora do paciente.

A publicação desse trabalho provocou uma avalanche de cartas de protesto, bastante reveladora da forma como pensam os médicos que se consideram orientados "cientificamente". A despeito dos excepcionais cuidados em todas as fases da montagem e avaliação do experimento, as cartas à revista mostraram grande irritação e uma delas chegou a dizer que se tratava do "primeiro teste duplo-cego, aleatoriamente programado, de um placebo comparado com outro", insistindo no fato de que, na diluição empregada, o preparado já não continha qualquer molécula do extrato original. As objeções dos leitores centravam-se em um só ponto: a homeopatia não pode funcionar. Se os resultados de um estudo cientificamente válido estão em desacordo com a teoria, então o estudo está errado. A idéia de se considerar a possibilidade de rever a teoria não foi mencionada, a não ser por uma ou duas cartas.

Dois anos depois, a publicação de um outro estudo pela revista *Nature* levantou uma tempestade ainda maior de controvérsias que, nos seus desdobramentos, mostrou não apenas como pensam, mas também como podem agir homens de algum destaque na comunidade científica, quando são instados a defender seus intocáveis paradigmas.

Dr. Jacques Benveniste, conceituado farmacologista e professor da Universidade de Paris, esteve no epicentro de um escândalo que chegou à imprensa leiga, pela suspeita amplamente divulgada, mas nunca confirmada, de fraude num experimento realizado com rigor científico e verificada por diversos laboratórios que o reproduziram. Dr. Benveniste e uma equipe de treze cientistas de quatro continentes testaram e mediram cuidadosamente, em sucessivas diluições e potencializações, a eficácia de um soro contra a imunoglobulina-E, o anticorpo humano da hipersensibilidade alérgica. A cada ciclo do seu processamento, a eficiência do produto era cuidadosamente testada e medidas rigorosas eram efetuadas, verificando-se que, nas etapas iniciais havia uma queda na eficiência do soro proporcional à sua diluição, como seria de esperar. Entretanto, quando as diluições – sempre acompanhadas do processo de *dinamização*, que consiste na agitação do preparado segundo um procedimento especial – iam além do ponto em que o soro presente na solução ficava consideravelmente reduzido, sucessivos picos de eficácia eram registrados, seguidos de desaparecimentos a diluições maiores, e voltando a reaparecer quando essas diluições já atingiam níveis extremos, em que teoricamente não existiria qualquer molécula do soro original no produto obtido. Dr. Benveniste e sua equipe concluíram que algo do soro ainda estaria presente na solução, mesmo naquelas diluições extraordinárias, ou então que uma característica não identificada da substância matriz permanecia de alguma forma registrada nas moléculas da água. O experimento foi chamado pelos seus autores de "A memória da água".

Um criterioso relato da experiência foi então submetido para publicação na revista britânica *Nature*, tendo seu editor, o Dr. John Maddox, exigido que o Dr. Benveniste obtivesse comprovação dos seus resultados por diversos outros laboratórios que o próprio Maddox indicaria. A reprodução do experimento nesses laboratórios confirmou os resultados e *Nature* publicou o trabalho em junho de 1988 – acompanhado de um comentário editorial que dizia "não haver base científica para aquelas observações" e que "havia boas e particulares razões para que as pessoas prudentes suspendessem seu julgamento, por enquanto". Aparentemente, esta seria uma recomendação razoável em face dos resultados inesperados de um experimento, mas lendo-se o editorial, verifica-se que as "boas e particulares razões" alegadas são as leis físico-químicas tais como são conhecidas, e que o comentário da revista não dá qualquer indicação de que essas leis possam requerer alguma revisão ou ajustamento, diante dos fatos constatados pelo experimento. O conceituado cientista Dr. Robert O. Becker, que relata os casos Reilly e Benveniste em seu livro *Cross Currents**, comenta que a revista firmava-se no pressuposto de que prevaleceria a teoria sobre os fatos, assumindo claramente a defesa de um dogma e jogando o peso do seu prestígio para inibir – como de fato inibiu – as possíveis verificações posteriores da validade do experimento Benveniste. Qual o pesquisador científico que ousaria arriscar sua reputação, desafiando uma das revistas de maior "autoridade" em todo o mundo, se tentasse reabrir a controvérsia?

Conta o Dr. Becker que, simultaneamente à publicação do trabalho, Dr. Benveniste foi notificado pela revista de que seu laboratório seria visitado por uma equipe de investigação. Essa equipe foi constituída pelo próprio Maddox – um físico de formação e cuja posição sobre o assunto já estava declarada em seu editorial –, um mágico profissional sem quaisquer credenciais científicas chamado James Randi (*The Amazing*), especializado em descobrir – ou forjar? – fraudes, e Dr. Walter Stewart, do U.S. Institute of Health, que não tinha qualificação na área de imunologia e recentemente também se convertera à rendosa atividade do "espantoso" Randi: desmascarador de fraudes científicas. Em sua carta de réplica, Dr. Benveniste protestou que essa equipe procedeu de forma totalmente anticientífica quando esteve em seu laboratório. O pessoal qualificado foi impedido de realizar adequadamente seu trabalho, os resultados positivos foram desconsiderados e a atmosfera foi a de uma caça às bruxas, orientada no sentido de concluir que os resultados obtidos não fossem diferentes dos que o acaso forneceria. Esta, efetivamente, foi a "conclusão" da visita.

Essa história foi amplamente divulgada na imprensa mundial, sempre em tom de zombaria. O *Time Magazine,* de 8 de agosto de 1988, publicou a matéria sob o título *The water that lost its memory***, que endossava a investigação e as conclusões de Maddox, procurando colocar Dr. Benveniste e sua equipe no ridículo. Desde o início, Maddox presumiu que o experimento era uma fraude, investindo-se na posição de defensor das leis da física, mas o que efetivamente ele fez foi a defesa do *establishment* biomédico contra um conceito

* Correntes Cruzadas.

** A água que perdeu a memória.

"herético". O sistema usual de verificações científicas, que se segue à publicação de um trabalho controvertido, consiste na tentativa de outros cientistas procurarem comprovar ou negar os resultados relatados. Mas neste caso, comenta Dr. Becker, isto não pode ser mais feito, porque Maddox já imprimiu uma nódoa no tema que ameaça contaminar qualquer outro que venha a se aventurar a contestá-lo. Lamentavelmente, ao longo deste caso, o verdadeiro espírito da investigação científica perdeu-se inteiramente, conclui desolado o Dr. Becker.

No caso específico da homeopatia, assim como nas demais terapias alternativas de comprovada eficácia em outras culturas, compreende-se que a oposição que lhes é feita tem uma razão de ser: os enormes interesses econômicos que estão por trás da grande indústria trabalham incansavelmente para a preservação do seu mercado e dos seus privilégios, chegando a forjar e manter todo um peculiar segmento cultural, uma forma de pensar e agir que se reveste da aparência de praticar "a verdadeira ciência", onde médicos e leigos são envolvidos, sem perceber que estão sendo manipulados. Ou então permanecem com uma vaga e nebulosa percepção disto, que não mostra qualquer interesse em procurar a verdade dos fatos. Com efeito, muitos deles consideram-se beneficiários dessa situação, e simplesmente procurar a verdade não é algo que motive a maioria dos indivíduos, especialmente se essa verdade puder abalar suas fontes de renda, seus empregos e suas arraigadas convicções.

*

Existem, no entanto, campos do conhecimento onde fatos comprovados que contrariam o dogma vigente são rejeitados pelo *establishment* científico, sem qualquer razão econômica ou política que explique essa atitude. Em casos assim, parece que se trata apenas da resistência inercial do paradigma, que repele todas as inovações que lhe exijam uma revisão de suas bases teóricas. Vejamos, por exemplo, o caso da fusão nuclear à temperatura ambiente, que também foi objeto de controvérsias alguns anos atrás.

Em março de 1989, duas equipes independentes de cientistas divulgaram ter obtido reações nucleares de fusão em seus laboratórios, com o emprego de recursos técnicos extremamente simples, o que repercutiu como um absurdo na comunidade científica. Afinal de contas, pelo que se sabe oficialmente, reações de fusão nuclear somente são possíveis com equipamentos monstruosos e extraordinário consumo de dólares, constituindo-se num dos mais avançados campos de pesquisa da atualidade, com vista à produção de energia em grande escala. Como seria possível, portanto, conseguir num pequeno laboratório aquilo que somente é obtido por esses meios sofisticados e caros?

A primeira comunicação foi feita conjuntamente por dois eletroquímicos, Martin Fleischmann e B. Stanley Pons, respectivamente das universidades de

Southampton, na Inglaterra, e Utah, nos Estados Unidos. Eles reportaram ter obtido a fusão a frio após cinco anos de pesquisas, quando submeteram água pesada a um processo de eletrólise com um cátodo feito do metal paládio, capaz de absorver grandes quantidades de deutério. Segundo os pesquisadores, os átomos de deutério resultantes da decomposição da água pesada fixaram-se na trama cristalina do paládio, onde se fundiram para formar núcleos de trítio, resultando numa produção de energia térmica superior à que resultaria de uma simples reação química. Logo em seguida, um segundo comunicado veio do físico Steven E. Jones, da Brigham Young University, conhecido pelo seu trabalho na fusão catalisada por muons* em equipamentos de alta energia; desta vez, entretanto, Jones relatava "considerável evidência de uma nova forma de fusão nuclear a frio, sem o auxílio dos muons".

A força do paradigma manifestou-se rapidamente no ceticismo dos demais especialistas, bem ilustrado pela declaração de William Happer, Jr., da Universidade de Princeton, que, antes mesmo de conhecer os detalhes dos experimentos, disse: "Eu apostaria minha própria casa que eles estão errados".

Nos meses que se seguiram, vários laboratórios industriais, acadêmicos e governamentais de todo o mundo tentaram reproduzir o experimento de Fleischmann e Pons, relatando diferentes resultados: ora confirmavam a produção de calor, ou de nêutrons – um subproduto da alegada reação de fusão –, ora registravam a presença de trítio, um claro indicador da reação nuclear. John A. Wethington e Glen J. Schoessow, da Universidade da Flórida, relataram ter encontrado trítio; Charles R. Martin e seus colegas da Texas A&M University reportaram ter encontrado um considerável excesso de energia, inexplicável se a reação fosse apenas química. Pesquisadores da Universidade Lajos Kosuth, da Hungria, e da Universidade Estatal M.V. Lomonosov, de Moscou, comunicaram ter detectado nêutrons, mas não calor. Michel W. Barsoum e Roger D. Droherty, da Universidade Drexel, encontraram uma inesperada produção de calor quando reproduziram o experimento tanto com água pesada como com água comum. Pons registrou ter recebido cerca de sessenta comunicados de diferentes instituições, relatando confirmações parciais do experimento.

É muito interessante examinar a recusa ideológica da comunidade científica em admitir a existência de reações de transmutação nuclear à temperatura ambiente, como aconteceu a partir dos resultados obtidos nas tentativas de reproduzir o experimento de Fleischmann e Pons. Principalmente porque a existência de transmutações de elementos a baixas temperaturas, embora oficialmente

* Partícula subatômica descoberta em 1937 que se comporta como um elétron pesado e se decompõe em um elétron comum e neutrinos.

ignorada pela comunidade científica, é algo conhecido há muito tempo[10], ocorrendo no interior de organismos vivos vegetais e animais, tendo sido estudada sistematicamente por Louis Kervran a partir dos anos 50 e 60[11]. Pela sua ousadia em contrariar o *establishment*, o Dr. Kervran foi condenado ao ostracismo, porque a comunidade científica jamais deu atenção às evidências que ele mostrou abundantemente em suas experiências. Tal como o Prof. Jean-Émile Charon[12], que nos anos 70 ousou desafiar a comunidade científica com sua teoria da relatividade complexa e hoje nem sequer é citado nas bibliografias, apesar de ser um dos mais importantes físicos da França, Louis Kervran é também vítima do silêncio opressivo em que são lançados aqueles que os guardiões do dogma oficial rotulam de hereges.

As variações encontradas nos resultados relatados pelos pesquisadores de todo o mundo foram consideradas motivo suficiente para que descesse sobre o experimento Fleischmann-Pons a tradicional cortina de silêncio com que a comunidade científica costuma encobrir os fatos que ameaçam a estabilidade das suas queridas teorias. Além do silêncio, a zombaria, que é uma arma das mais contundentes, porque inibe de forma definitiva qualquer divulgação de novos resultados favoráveis obtidos por quem quer que seja, que certamente não se arriscaria a ser vítima de cartuns depreciativos na imprensa especializada, como aconteceu com Fleischmann e Pons.

A ninguém ocorreu estudar por que razão alguns laboratórios obtinham resultados positivos, outros relatavam resultados apenas parcialmente positivos e alguns deles nenhum resultado. A meu ver, este é o aspecto mais importante do experimento e que deveria ser criteriosamente investigado, examinando-se com rigor as circunstâncias em que cada uma das reproduções da experiência foi feita, mesmo nos aspectos não relacionados diretamente com o experimento objetivo – se é que algum experimento ainda pode ser considerado inteiramente objetivo. Afinal, a física quântica já evidenciou claramente que existe uma participação, algumas vezes decisiva, da subjetividade do experimentador no experimento realizado por ele.

Por que fatores *não objetivos* não poderiam estar interferindo nos resultados obtidos pelos diversos pesquisadores? Não seria este o caminho para se entender o que ocorreu com os diferentes resultados do experimento Fleischmann-Pons? Não seria este o caminho para se compreender melhor a preparação de um medicamento homeopático? Os fenômenos mais sensíveis da física, especialmente os recentes experimentos com a dualidade onda/partícula da luz, nos laboratórios de interferometria ótica que se utilizam de equipamentos ultrasensíveis, têm mostrado que há realmente uma interação do fenômeno objetivo com a consciência – e com as intenções – do pesquisador que opera os aparelhos[13]. Já se constatou, em experimentos extremamente delicados e rigorosos, que a luz parece *saber* antecipadamente o que pretende o experimentador para se apresentar como onda ou como partícula[14].

Ainda ontem à noite, estivemos presenciando um acontecimento em que a percepção dos presentes variou desde uma participação plena em tudo o que ocorria, por parte de alguns, inclusive testemunhando a belíssima aurora polar miniaturizada na praia do Negril, até aqueles que nada viram e tiveram sérias razões para duvidar do que as pessoas ao seu lado relatavam. No fenômeno de ontem à noite, não apenas a percepção do que ocorria variava de pessoa para pessoa, como também de aparelho para aparelho que se dispunha a registrá-lo: algumas câmaras puderam fotografá-lo, ou gravá-lo em vídeo, e outras não.

Pelo que conheço de situações precedentes, já seria o caso de esperar pelas negativas e os desmentidos de alguns que antes declararam ter visto tudo, possivelmente com as costumeiras explicações tortuosas, que nada explicam, mas preservam o paradigma e as teorias vigentes, além da respeitabilidade científica do declarante. Tudo isso virá acompanhado de reportagens falseadas e céticas, logo adornadas de charges, onde se procurará colocar no ridículo aqueles que disserem ter visto o que eu vi. Mas, neste caso, não sei como poderão ser explicadas as fotos e os filmes do que aconteceu, principalmente para aqueles que fizeram fotos onde nada apareceu.

Talvez desta vez seja diferente, e haja sérias dificuldades para negar o que ocorreu, principalmente a seletividade da percepção e dos registros fotográficos e eletrônicos do fenômeno. É bem provável que desta vez seja diferente. Neste momento, sinto uma forte intuição e uma confiança de que este Simpósio e os fatos aqui ocorridos se constituirão no ponto de inflexão que assinalará inequivocamente o início da agonia do paradigma vigente. Quem sabe, estaremos testemunhando o começo da derrota final dos tabus e fobias que ainda dificultam o livre fluir do verdadeiro conhecimento e o alvorecer da nova ciência. Quem sabe, seja este – aqui e agora – o momento inaugural do terceiro milênio.

Notas

1. O termo *racionalmente espiritual* significa uma concepção e vivência da espiritualidade que não entra em conflito com a razão – embora possa contrariar a lógica do velho paradigma. Uma nova racionalidade deve aceitar o caráter relativo das lógicas. Não se deve entender a expressão acima como significando uma espiritualidade formulada ou alcançada a partir da razão, porque este é um veículo inadequado para se chegar às altitudes mais rarefeitas da espiritualidade.

2. Uma interpretação cínica do sucesso rápido do darwinismo na segunda metade do século 19 destaca o quadro sócioeconômico daquela época, dominado pelo espírito de competição da burguesia industrial em fase de expansão, que recebeu o darwinismo como a ideologia perfeita para justificar as suas práticas competitivas com "respaldo científico". Segundo essa interpretação, o darwinismo é um constructo oriundo da ideologia burguesa, quando as empresas competiam vigorosamente e as nações buscavam expandir seu *Lebensraum* (espaço vital) econômico. Assim, um efeito velado do darwinismo é seu papel de tranqüilizador da consciência burguesa, ao lhe oferecer um simulacro de ética, apoiada numa justificativa científica, para as práticas de competição predatória do capitalismo.

3. Ou resolvendo apenas alguns tipos de neuroses mais superficiais, convenhamos.

4. Consultar a conferência da Drª Anne-Sophie von Himmelsbach.

5. Essa antiga pretensão das teorias em geral emitiu seu canto de cisne na física dos anos 90, com o modismo de se discutir a possibilidade de uma "teoria de tudo". O mais curioso é que, nos círculos em que isto foi debatido, *tudo* é um conceito limitado ao universo físico, porque, entre os cientistas vinculados ao velho paradigma, aquilo que não for físico não é científico, nem tem direito a ser reconhecido como existente. Muitos desses homens, que negam a evidência do seu próprio espírito e consideram a psique uma secreção da bioquímica cerebral, são egressos ou devotos de uma das três seitas comentadas acima, ou então são produtos diretos do materialismo mecanicista.

6. Convém lembrar que muito do que surge hoje como idéias novas é resultante da retomada e reelaboração de conhecimentos antigos, alguns deles muito antigos, que tinham sido alijados do elenco dos conhecimentos que se pretendiam respeitáveis, banidos porque não se continham nas estreitas margens do paradigma vigente. Encarados sob a luz de novas formatações, esses conhecimentos devoram e digerem a ciência mecanicista, metabolizando tudo que esta contém de bom, e recebendo e instalando a subjetividade e o espírito no proscênio da nova ciência.

7. Doenças "novas" como a aids são sempre bem recebidas, como fontes de grandes lucros e generosas dotações orçamentárias para intermináveis pesquisas, como sucedeu antes com o câncer. Já houve quem confessasse cinicamente que há mais gente vivendo da aids do que morrendo dela.

8. Gabriel Cousens, M.D., na Introdução ao livro *Vibrational Medicine* [Medicina Vibracional], de Richard Gerber, M.D., USA, 1988.

9. Na pesquisa da eficácia de um novo medicamento, chama-se *teste cego* quando um grupo de pacientes recebe o medicamento a ser testado e outro grupo, misturado ao primeiro e chamado de grupo de controle, recebe um placebo, um falso medicamento comprovadamente ineficaz. Como os pacientes não sabem se estão recebendo o medicamento ou o placebo, pode-se comparar os resultados e verificar a ação efetiva do medicamento independentemente do efeito de sugestão no paciente. Os testes chamados *duplo-cego*, ainda mais rigorosos, são aqueles montados de tal forma que nem os pacientes nem os médicos que entram em contato com eles sabem quem está recebendo o placebo ou o medicamento, o que somente é feito por identificação posterior.

10. A primeira constatação de trasmutações nucleares em organismos vivos deve-se a Nicolas Louis Vauquelin, o célebre químico descobridor do cromo e do berilo, quando, em 1799, demonstrou que alimentando galinhas exclusivamente com aveia, a quantidade de cálcio que elas produziam era cinco vezes maior do que a ingerida. Durante o século 19, Choubard e Vogel realizaram medições em sementes de trigo germinadas em substrato quimicamente controlado, verificando o aparecimento nas plantas de alumínio, cálcio, potássio, ferro e manganês, que não existiam no substrato, nem nos grãos semeados, nem na água destilada com que foram regadas. Em seu Tratado de Química, de 1849, Berzelius relata essa experiência. Em 1925, Georges Lakhovsky repete o experimento fazendo crescer plantas sobre sílica pura e constata o aparecimento de ferro, cobre e magnésio, inexistentes nas sementes, no substrato e na água de rega, publicando esses resultados nas suas obras *L'Origine de la Vie* [A Origem da Vida] e *La Matière* [A Matéria].

11. O engenheiro e biólogo Louis Kervran iniciou seus estudos sobre as transmutações nucleares em organismos vivos em 1955, investigando a intoxicação por monóxido de carbono em operários que trabalhavam com solda elétrica, embora não existisse essa substância no seu ambiente de trabalho; suas cuidadosas medições sugeriam uma transmutação do nitrogênio do ar em carbono no interior das hemácias dos operários. Já havia onze anos que Kervran observava a formação de salitre sobre um muro caiado isolado por uma capa de betume; raspando-se o salitre, este voltava a surgir em poucas semanas, sem que na cal do muro houvesse potássio suficiente para sua formação (o salitre é nitrato de potássio). A única explicação encontrada foi a ação de bactérias que, de alguma forma, retirariam um próton do núcleo de cálcio para transmutá-lo em

potássio. Kervran estudou também a forma como galinhas alimentadas com mica (um mineral de potássio) produziam regularmente ovos com casca de calcário, sem que ingerissem cálcio na sua dieta rigorosamente controlada. Quando Kervran submeteu o problema a seus colegas biólogos, estes sugeriram que o cálcio viria dos esqueletos das galinhas; ora, calculando-se a quantidade de cálcio necessária para a produção dos ovos, podia-se verificar que em pouco tempo as galinhas não teriam mais ossos. Além do mais, não pareceria razoável que a natureza se valesse de um recurso tão pouco inteligente para produzir ovos. Segundo Kervran, o processo aqui seria o inverso do que ocorria no muro: no interior do organismo das aves, algum mecanismo desconhecido permitia ao núcleo de potássio absorver um próton extra para formar o cálcio utilizado nas cascas dos ovos. Em 1962, Kervran publicou seu livro *Transmutations Biologiques* [Transmutações Biológicas], o primeiro de uma série em que lançaria uma luz inteiramente nova sobre os organismos vivos. Inútil: sua obra continua tão ignorada e marginalizada quanto a do professor Jean-Émile Charon, que revolveu as entranhas da teoria da relatividade, ao publicar sua *Teorie de la Relativité Complexe* [Teoria da Relatividade Complexa], em 1977, estendendo-a até os domínios do espírito. Entretanto, é muito curioso constatar que o silêncio generalizado que procura ocultar os trabalhos desses hereges algumas vezes é rompido onde menos seria de se esperar. Exemplificando: o exército dos Estados Unidos, através do *U.S. Army Mobility Equipment Research and Development Command* (Comando de Pesquisa e Desenvolvimento de Equipamentos do Exército dos Estados Unidos), sediado em Fort Belvoir, Virginia, no seu relatório nº 2247, intitulado *Energy Development from Elemental Transmutations in Biological Systems* [Obtenção de Energia a Partir de Transmutações de Elementos em Sistemas Biológicos], de maio de 1978, assinado por Solomon Goldfein, emitiu seu parecer positivo sobre os fenômenos descritos por Kervran. Tendo reproduzido em seus laboratórios os experimentos sobre as transmutações nucleares no interior de organismos vivos, o relatório conclui com as seguintes palavras: "Os trabalhos de Kervran, Komaki e outros foram estudados e concluiu-se que, dada a existência de tais transmutações (Na para K, K para Na, e Mn para Fe), produz-se também um nítido excesso de energia. Foi descrito um mecanismo proposto no qual o magnésio-trifosfato de adenosina (MnATP) localizado nas mitocôndrias das células tem um duplo papel como produtor de energia. Em adição ao papel biológico amplamente aceito do MgATP, no qual este produz energia quando se desintegra em partes, o MgATP pode também ser considerado um ciclotron em escala molecular. O MgATP quando colocado em camadas sobrepostas adquire todos os atributos de um ciclotron, de acordo com o estabelecido por E.O. Lawrence, inventor do ciclotron. Conclui-se que as transmutações elementais ocorrem nos organismos vivos e são provavelmente acompanhadas por nítido ganho de energia". Este relatório não foi classificado como secreto, o que só faz aumentar o mistério: por que, apesar de comprovações como esta, a comunidade científica insiste em ignorar os estudos e experimentos que constatam a existência de transmutações nucleares no interior dos organismos vivos, em vez de aprofundar esses estudos para lhes decifrar os mecanismos?

12. V. nota 10 da conferência de Sir Philip Quarks.

13. A ilustre cientista junguiana Dra Marie-Louise von Franz, em seu livro *Alchemical Active Imagination* [Imaginação Ativa Alquímica], conta um incidente que bem ilustra como ocorre essa influência da predisposição dos operadores sobre seus equipamentos e, principalmente, como eles reagem diante das evidências que contrariam seus pressupostos: "Certa vez, eu estava fazendo uma palestra no CERN, o Centro Europeu de Pesquisas Nucleares, em Genebra. Quando me referi à sincronicidade houve risos e aqueles famosos físicos disseram: 'Oh, nós conhecemos isso muito bem: nosso computador responde sempre rigorosamente como esperamos que ele responda. Se acreditamos numa teoria errada e estamos envolvidos emocionalmente, o computador faz exatamente como esperamos que ele faça; e então algum colega, que não acredita nessa teoria, usa o computador por algumas horas e obtém um resultado completamente diferente'. Eles explodiram em gargalhadas. Mas quando tentei aquietá-los dizendo 'Bem, cavalheiros, por favor, considerem essa experiência com seriedade', um deles disse: 'Oh, isto é tudo bobagem... sincronicidade, é tudo besteira'. Mas falou com uma afetação de pessoa perturbada". E ela, então conclui: "Eles admitem a experiência, mas não a levam cientificamente a sério, pois isso desmoronaria toda sua *Weltanschauung*. A despeito de suas experiências, eles não admitirão a verdade. Foi grotesco, pois inicialmente eles riram e disseram que sabiam que o computador fazia aquilo, e a seguir disseram que era tudo bobagem".

14. O *Scientific American* é uma revista tão ou mais conservadora do que a *Nature* ou a *Lancet*, extremamente seletiva naquilo que publica, para não ferir a sensibilidade do seu público leitor, que ela supõe estar restrito aos limites do paradigma ainda vigente. O *SciAm* nada publica que contenha referências à subjetividade e ao espírito, do mesmo modo que, até os anos 50 ou 60, o *Reader's Digest* não publicava absolutamente nada que se referisse à sexualidade humana. Contudo, a inquestionabilidade dos experimentos quânticos vem forçando uma abertura para a nova revolução epistemológica e a publicação, em julho de 1992, do artigo "Quantum Philosophy", de John Horgan, membro senior do seu corpo editorial, nos fez supor que em breve estaríamos lendo coisas mais surpreendentes no *SciAm*. Mas foi uma breve ilusão: pouco tempo depois, o "espantoso" mágico James Randi chegava a assinar artigos em suas veneráveis páginas, obviamente defendendo o prolongamento da sobrevida do velho paradigma. Naquele artigo, Horgan relata os incríveis resultados de experimentos recentes com a luz, realizados em laboratórios americanos de interferometria ó tica com o auxílio de equipamentos de precisão inacreditável, como o SQUID (*Superconducting QUantum Interference Device)*, as células de Pokel e interruptores capazes de ligar e desligar a passagem de um raio de luz trezentos *milhões* de vezes por segundo. Esses laboratórios repetiram os experimentos EPR (Einstein, Podolsky, Rosen – v. as conferências de Sir Philip Quarks e Adam Newman), os experimentos de "escolha retardada", propostos por John Wheeler,

e vários outros que evidenciam fantasmagorias constrangedoras no comportamento da luz. A descrição desses experimentos é demasiado complexa para que as possamos apresentar aqui, mas recomendamos aos interessados a leitura do artigo, porque neles fica evidenciado que a luz não apenas "muda de idéia" quanto à sua apresentação como onda ou partícula conforme a expectativa do experimentador, como também *retroage ao passado*, alterando uma sua "decisão" anterior já registrada, se for preciso "escapar de uma armadilha" preparada pelo cientista que opera os aparelhos. Não é de se estranhar, portanto, que o conceituado físico Edwin T. Jaynes, da Universidade de Washington, tenha chamado esses experimentos – que ele ajudou a conceber – de "necromancia medieval".

Referências bibliográficas

Appleman, P., ed. *Darwin – A Norton Critical Edition,* W.W. Norton, New York, 1970.

Baudrillard, Jean. *Oublier Foucault,* Éditions Galillée, 1977.

Becker, Robert. O. *Cross Currents,* Jeremy P. Tarcher, Inc., Los Angeles, 1990.

Davenas, E., Benveniste, Jacques et al. Artigo sobre os efeitos biológicos de diluições excepcionalmente elevadas, *Nature* 333:816, 1988.

Deleuze, Gilles e Guattari, Félix. *L'Anti-Oedipe,* Les Éditions de Minuit, Paris, 1972.

Derrida, Jacques. *L'Écriture et la Différence,* Éditions du Seuil, Paris, 1967.

__________ . *La Dissemination,* Éditions du Seuil, Paris, 1972.

de Salvo, Salvatore. *Transmutações Biológicas a Baixa Energia,* © Salvatore de Salvo, s/ data.

Freud, Sigmund. *Essais de Psychanalyse Apliquée,* Éditions Gallimard, Paris, 1933.

Fromm, Erich. *May Man Prevail?* Doubleday & Co., Inc., Nova York, 1961.

Garaudy, Roger. *Marxisme du 20ᵉ Siècle,* Éditions La Palatine, S.A.R.L., Paris, 1966.

Gerber, Richard. *Vibrational Medicine – New Choices for Healing Ourselves,* © Richard Gerber, 1988.

Goldfein, Solomon. *Energy Development from Elemental Transmutations in Biological Systems (Report 2247),* Fort Belvoir, U.S. Army Mobility Equipment Research and Development Command, Virginia, 1978.

Gorz, André. *Le Socialisme Difficile,* Éditions du Seuil, Paris, 1967.

Guattari, Felix. *Chaosmose – Un Nouvel Paradigme Esthétique,* Collége International d'Études Philosophiques Transdisciplinaires, Paris, 1991.

Hahnemann, Samuel. *Organon,* 6ª ed. Schaub, Dusseldorf, 1842.

__________ . *The Chronic Diseases, Their Specific Nature and Homeopathic Treatment,* W. Radde, Nova York, 1845.

Kahn, Hermann. *On Escalation – Metaphors and Scenarios,* Frederick A. Praeger, Nova York, 1969.

__________ . *The Year 2000,* The Hudson Institute, Inc., Nova York, 1967.

Kervran, C. Louis. *Transmutations Biologiques: métabolismes aberrants de l'azote, le potassium et le magnésium,* Maloine, Paris, 1962.

__________ . *A la découverte des transmutations biologiques: une explication des phénomènes biologiques aberrants,* Le Courrier du Livre, Paris, 1966.

__________ . *Preuves relatives à l'éxistence de transmutations biologiques: échecs en biologie à la loi de Lavoisier d'invariance de la matière,* Maloine, Paris, 1968.

__________ . *Les transmutations biologiques en agronomie,* Maloine, Paris, 1970.

Lakhovsky, Georges. *L'Origine de la Vie,* Editions Nilsson, Paris, 1925.

__________ . *La Matière,* G. Doin, Paris, 1934.

Leclaire, Serge. *Psychanaliser – Un Essai sur l'Ordre de l'Inconscient et la Pratique de la Lettre,* Éditions du Seuil, Paris, 1968.

Maddox, J. et al. Editorial sobre as investigações no laboratório da equipe Benveniste, *Nature* 334:287, 1988.

Osborn, Reuben. *Marxism and Psycho-analysis,* Barrie & Rockliff, Londres, 1965.

Reilly, D.T. et al. Is Homeopathy a Placebo Response?, *Lancet,* outubro, 1986.

Sibony, Daniel. *Le Nom et le Corps,* Éditions du Seuil, Paris, 1974.

Stebbins, G. Ledyard e Ayala, Francisco J. The Evolution of Darwinism, *Scientific American,* julho, 1985.

Torrey, E. Fuller. *Freudian Fraud,* Harper Collins, Nova York, 1992.

Vithoulkas, Georges e Guineberg, Colette. *L'Homéopathie,* Payot, Paris, 1981.

Se você não puder sorrir com ele, não é o verdadeiro Tao

Tien Cheng Tzu

China

A sabedoria

Não é fácil o entendimento entre orientais e ocidentais bem educados quando se trata de temas de natureza filosófica, ou de interesse mais amplo do que o singelo pragmatismo das ações cotidianas. A percepção do mundo para um chinês ciente de suas tradições e da sua cultura difere muito da forma ocidental de ver e entender as coisas, mas isto é uma situação transitória e dentro de algum tempo será sintetizada uma nova forma de compreender as coisas e estar no mundo.

As considerações dos filósofos ocidentais têm sido construídas em cima de conceitos verbais e abstrações, portanto são frágeis e não se aplicam para orientar as ações verdadeiras da vida nem para interpretar o fluxo inexorável das coisas.

O secreto fluir da história e da vida de cada um somente poderá ser percebido e vivido, sem atritos nem obstáculos, quando se tiver a ciência do que seja o Tao. Mas isto não pode ser conceituado ou explicado. Neste momento, em que se esboça a consciência de Gaia, a participação da forma chinesa de compreender aquilo que se denomina realidade deve ser destacada, para que essa consciência seja realmente uma manifestação de sabedoria.

O objetivo de uma armadilha de peixes é pegar peixes;
quando eles caem na armadilha, ela é esquecida.
O objetivo de uma armadilha para coelhos é pegar coelhos;
quando estes são agarrados, esquece-se a armadilha.
O objetivo das palavras é transmitir as idéias.
Quando estas são apreendidas, as palavras são esquecidas.
Onde poderei encontrar alguém que se esqueceu das palavras?
É com ele que gostaria de conversar.

Chuang Tzu

Uma pessoa pode descrer na existência do oceano;
mesmo assim o encontrará, se navegar por um
rio até sua foz. Não importa qual o idioma usado
para denominá-lo, não importa se o chamam
Pacífico, Índico, Atlântico ou Mediterrâneo;
ele é um só e sua água é salgada. Mergulhemos
nele e nenhuma discussão mais fará sentido.

Maria Alice Figueiredo

Um chinês, quando vai discorrer sobre um determinado tema, começa pela conclusão do que pretende dizer, pelo centro do assunto, ou pelo conhecimento mais profundo que pensa obter a partir do que vai dizer. Depois, discorre sobre tópicos correlatos ao que antecipadamente concluiu, sem que haja necessariamente uma relação lógica ou de causalidade entre esses tópicos e a conclusão.

Um outro ponto a ressaltar é que quando um chinês educado vai iniciar um diálogo, uma troca de idéias, começa sempre chamando atenção para o significado das palavras, que deve ser o mesmo para ambos os interlocutores. É preciso, portanto, estabelecer desde logo que o significado atribuído às palavras nas línguas ocidentais somente se aproxima do significado de um ideograma chinês, ou da sutileza das idéias ali superpostas, quando o ideograma é composto. Mesmo nas coisas concretas pode haver dificuldades: o ideograma que representa *mesa* em chinês realmente quer dizer mesa, em inglês, mas uma mesa, para um chinês, não é exatamente o mesmo que para um americano. Aquilo que o ideograma e a palavra evocam não são coisas idênticas. E quanto mais abstrata uma idéia, menos provável será que seu significado chinês possa corresponder com precisão às traduções ocidentais.

O motivo imediato deste esclarecimento é o uso que fiz da palavra *conclusão*, no início da nossa palestra. O significado da palavra conclusão, na compreensão ocidental, é diferente do que um chinês entenderia como uma conclusão. Explico melhor: para um ocidental educado, uma conclusão implica o final de um encadeamento lógico que a ela conduziu, o que dá à palavra conclusão um sentido de inferência, ou resultado de um processo de pensamento. Para um chinês educado, o que se poderia chamar de conclusão, numa aula, exposição ou discurso filosófico, não tem essa conotação de inferência, de estágio final de um encadeamento lógico-dedutivo. Para o entendimento chinês tradicional, uma conclusão é simplesmente a idéia central, o ápice, a meta que se queria atingir na compreensão do ouvinte, ou do público-destinatário.

Essa conclusão, ou idéia central, não precisa ser o resultado de uma cadeia de pensamentos ou sucessivas inferências para ser legitimada. Aliás, eu tenho visto que também no Ocidente é assim, entretanto o processo é camuflado por uma curiosa inversão: parte-se de uma idéia central intuída *a priori* e procura-se legitimá-la por processos dedutivos concebidos *a posteriori*. Na hora de escrever, inverte-se tudo, dando a impressão de que a idéia central surgiu depois, como conseqüência do processo lógico. Os ocidentais são engraçados; parece-lhes que uma genealogia lógica é indispensável para que uma idéia tenha valor*. O homem superior sabe que nem sempre é assim; reconhece que as exceções são o mais importante e que ver as coisas por aquele ângulo é distorcê-las.

A partir destas considerações, quero desde logo dizer o que pretendo, deixando para o desenvolvimento do tema as outras idéias que lhe sejam correlacionadas, sem que estas sejam comprometidas como partes de algum processo lógico que teria conduzido à idéia central. Talvez seja melhor valermo-nos do conceito de relações sincronísticas, para uma aproximação ao tipo de relações que os fatos e as coisas mantém entre si, que certamente não são relações sempre atreladas a processos causais, como supõe o ocidental educado. A ciência ocidental pensava que a gravitação era o que mantinha unido o universo; hoje ela já admite que o universo é muito mais um ser eletromagnético

* O encadeamento lógico é indispensável para o uso dos computadores. Isto mostra as potencialidades e os limites da lógica, uma vez que computadores são máquinas concebidas para responder perguntas, o que é bom, mas não para fazê-las, o que também é bom.

do que gravitacional. Mas eu sei que o que mantém o universo unido é o significado. E não só o universo, como também os mundos, as culturas, as almas e as dez mil coisas.

A existência é uma manifestação permanente do espírito na matéria. É a resposta da matéria (*mater*) receptiva à ação fecundante do espírito criativo. Ambos emanam do grande Tao, que está além da matéria e do espírito, além do existir ou não existir e além dos mistérios filosóficos. O Tao é o invisível rio de nada que corre por trás das coisas, dos fenômenos e dos acontecimentos. Ensina Chuang Tzu que o Tao está além das palavras e das coisas; não se exprime pelas palavras nem pelo silêncio. Onde não existem mais nem as palavras nem o silêncio, o Tao é percebido.

Viver não é perseguir os frutos visíveis ou imateriais do mundo, sejam eles imediatos, conquistados à força, ou esperados num futuro qualquer, como recompensa. Viver não é estar sujeito às rodas de uma engrenagem – física ou mental – onde a alma errante se prende por algum tempo. Viver é encontrar o Tao inexistente e deixar-se fluir com ele, serenamente, em meio a tempestades, se preciso for.

O objetivo da vida não é o prazer, nem o poder, nem a riqueza, nem a erudição, nem a conquista da virtude, nem a evolução espiritual. O objetivo da vida é encontrar o Tao de cada momento, sorrir, e não mais se deixar apartar dele. O objetivo da vida é o encontro de si mesmo, ao navegar seguro com o Tao. O objetivo da vida é aprender a navegar no grande rio do Tao.

Enquanto ainda se está em trânsito pelo pequeno Tao, procura-se o conhecimento e a sabedoria pelo desenvolvimento das quatro virtudes fundamentais: *Jen*, o amor-compaixão que nasce da sinceridade e permite sentir as dificuldades e as alegrias dos outros como se fossem suas; *Yi*, que é o nobre sentimento do dever para com os outros, que nasce do altruísmo e permite agir sem qualquer interesse pessoal; *Li*, que nasce da veneração pelo Céu e pela Terra, manifestando-se no procedimento harmonioso em que o viver se torna um permanente ritual. E, finalmente, *Chih*, que é a sabedoria que tudo compreende e nasce da longa experiência e do conhecimento da via celestial, onde já não existe qualquer desobediência. Assim ensinou Kung Fu Tzu, conhecido no Ocidente como Confúcio.

Mas no grande Tao não há busca nem virtude, nem objetivos, nem obediência, nem qualquer regra para se seguir. É no grande Tao que reside a verdade e a perfeição do agir, que somente podemos realizar de forma imperfeita, obscurecida pela nossa ignorância e pelas ilusões forjadas pela mente. O sutil segredo do agir é o mesmo segredo da essência, da existência e da vida. O objetivo, portanto, é encontrar a verdade da nossa existência e vivê-la, simplesmente, evitando os desvios e seduções.

Até que isto seja conseguido, nossa vida será uma imperfeição, uma dificuldade, uma luta e um problema. É somente pelo sentimento do Tao que poderemos sorrir da nossa imperfeição, das dificuldades, da luta e do sofrimento que se instalam em nossas vidas. É somente pela vivência no Tao que o problema será resolvido, a dificuldade e a luta serão ultrapassados e nossas ações poderão se encaminhar para a perfeição.

Entretanto, o caminho do aprendizado é longo e cheio de armadilhas, e para se chegar às maravilhas é preciso passar pelas armadilhas. As armadilhas do caminho são as seduções de prazer daquilo que é transitório, efêmero e perecível. Somente a fixação da mente naquilo que é invisível, silencioso e sem forma poderá assegurar uma navegação segura.

O sentimento do Tao vem pela união dos opostos complementares, num nível de consciência mais elevado do que a mente e o pensar. No nível além da mente e do pensar flutua aquilo que se manifesta como símbolos. Os símbolos são as jangadas que trazem para baixo, para o nível da mente, os lampejos e *insights* de uma consciência maior, além do pensamento e da palavra. Nos símbolos escondem-se segredos e mistérios de diferentes graus, um para cada compreensão. O homem superior – ou a mulher, em igualdade de condições – que os conhece, não fala sobre eles: reconhece o que é segredo e sabe preservar o mistério.

A marcha de mil léguas começa com um passo. É certo que estão além do primeiro passo os que já fixam sua atenção e sua mente naquilo que é imperecível, ainda que só por alguns minutos, diariamente. Outros, entretanto, vacilam na soleira do antigo portal, porque ainda precisam estudar. Esta é a longa fase da dúvida; tumultuada, mas necessária. Para estes, o caminho ainda não se apresentou como tal, pairando por sobre os campos e lagos da imaginação. No entanto, é preciso sorrir e entrar no caminho, mesmo sem vê-lo. É preciso cumprir a decisão e não esperar resultado; ele virá por si mesmo: tal como o sono, quando se adormece, o resultado chega quando não se pensa mais nele. Mas quem está disposto a dar o primeiro e vacilante passo?

É nos lagos da imaginação que flutuam as jangadas de símbolos, formando entre si estranhas configurações. Tranqüilizar a agitação na superfície do lago é uma tarefa preliminar que se realiza pelo não-agir, pelo não-fazer, pelo não-saber, pelo silenciar, pelo retirar: nunca pelo acrescentar. Quando a superfície está tranqüila, os símbolos que nele flutuam organizam-se numa rica mandala de cores cambiantes que só pode ser vista pelo olho central da alma, a janela do espírito que só tem uma polegada quadrada: o olho de Hórus.

Feliz é aquele que conhece o mistério e abre a janela do espírito. Daí em diante nada mais precisará ser dito. E logo ele será recebido no palácio de Yu-huang, o Imperador de Jade.

As senhoras e os senhores devem ter verificado que não venho a este Simpósio como membro de alguma universidade ou instituição de qualquer espécie. Realmente, esta é uma decisão pessoal que tomei muitos anos atrás, quando abandonei as instituições de ensino e, na qualidade de *dropout*, passei a autodidata. Isto me tem assegurado uma singular liberdade, que poucas pessoas qualificadas podem desfrutar. Entretanto, por não pertencer a instituições, não quero que interpretem que sou contrário a elas, porque isto não é certo. Instituições são seres coletivos que podem ter uma grande força; portanto podem ser instrumentais para muitas formas de ação. A decisão pessoal de não participar desses seres coletivos vem da necessidade de prolongados períodos de meditação, ficando o restante do tempo para escrever meus livros. Tais hábitos de vida não são comuns e uma atitude de rejeição às instituições não deve ser vista como uma recomendação minha. As instituições, especialmente as não-governamentais, são poderosos instrumentos que devem ser corretamente utilizados. Um excelente exemplo do seu poder é este Simpósio, realizado por um grande *pool* de organizações não-governamentais, num esforço conjunto do qual não havia precedentes.

Nasci entre altas montanhas, no vale do rio Wushui, em Guangdong, num lugar de onde se avista o monte Shikongling, o mais alto das montanhas de Nanling e Luoxiaoshan. Ainda adolescente, fui morar em Hong Kong, onde estudei e tomei contato com a face ocidental do mundo, vi a velha cidade virar um prostíbulo e assisti ao *boom* capitalista desde o seu início. Depois, mudei-me para Chilung, em Formosa, onde presenciei a onda avassaladora de ocidentalização e a instalação do culto ao dinheiro, ao consumo e ao prazer industrializado.

Hoje, resido com minha filha, meu genro e meus quatro netos num belo vale do Colorado, onde o turismo ainda não chegou. Da minha casa posso contemplar o monte Wilson ao longe; é muito diferente do Shikongling, mas igualmente belo e comovente. Não costumo receber visitas; apenas raros convidados, porque o tipo de vida que adotei exige isolamento e concentração. Algumas vezes medito por mais de uma semana, e quando não estou meditando estou lendo ou escrevendo. Entretanto, gosto de me comunicar e meu endereço na Internet está à disposição de todos, nos *papers* distribuídos pela coordenação. Gosto muito de correspondentes amáveis, aos quais tenho respondido com atenção, mas receio que após o Simpósio o volume de mensagens recebidas cresça muito, porque isso não me permitirá dialogar com todos.

O convite para comparecer a este Simpósio foi encaminhado através dos meus editores, e a lembrança do meu nome deve ter sido motivada pelos livros que tenho escrito, inegavelmente bem recebidos pelo público. Também não faço palestras, não concedo entrevistas, nem participo de debates; se estou hoje aqui com vocês é uma exceção que faço, pelo grande significado que reconheço neste evento, certamente um importante marco deste início de século.

Ou, mais do que um simples marco, um divisor de águas que possibilitará identificar facilmente em qual das vertentes cada um de nós está vivendo. Pelo posicionamento que uma pessoa venha a assumir com relação a este Simpósio é possível saber em que vertente essa pessoa está situada. Porque são apenas duas as vertentes: ou se está numa ou na outra; as águas só podem correr para um lado ou para o outro. Contudo, por uma ação consciente é possível passar de uma vertente para a outra, se esta decisão for tomada enquanto se é jovem, flexível e ainda não comprometido com os laços econômicos e sociais que nos prendem e condicionam imperceptivelmente nossas atitudes, nossas opiniões e nosso posicionamento filosófico.

Atualmente, são dois os paradigmas gerais do pensamento e da ciência: um que se fecha e um que se abre. Mas, por uma decisão lúcida, por um choque na consciência, ainda é possível passar de um paradigma para o outro.

O paradigma que se fecha é, antes mais nada, um produtor de tecnologia sem maiores preocupações éticas quanto às suas finalidades, desde que possa gerar dinheiro para alguém. Sua ciência não tem respeito pelo que investiga, nem escrúpulos quanto aos meios que emprega para estudar a natureza. É o paradigma que se fecha quem decreta o seu próprio fechamento, confinando-se no interior das áreas que estabeleceu para si, submetido às regras que encolhem o campo do que se pode considerar científico. O paradigma que se fecha é comprometido com o dinheiro, a vaidade pessoal e a camuflagem. Nesse paradigma, o avanço do conhecimento científico é um subproduto da luta pela riqueza, pelo sucesso e pelo poder; é portanto baseado na exaltação do ego, que o patrocina. O cientista vinculado ao paradigma que se fecha não vê sentido em ser reverente com seu objeto de estudo; não percebe a essência invisível das coisas nem dos seus próprios atos.

O paradigma que se abre é respeitoso e sincero, reconhece valores éticos no que faz e contém em si uma proposta clara para o benefício de todos. Seu conhecimento é visto como um estágio preliminar da sabedoria, um patrimônio que também pertence aos poetas e artistas, a todos que cultivam uma utopia no coração sem se deixar abater pelos fracassos de utopias anteriores. Aqui, o conhecimento científico é substituído por conhecimento, simplesmente *conhecimento*, sem qualquer restritivo ou qualificação, a não ser a condição de ser conversível em *sabedoria*, que não é uma categoria científica. Somente através do paradigma que se abre é possível chegar ao reconhecimento de que nossas ações têm, além do seu resultado pragmático, também um valor simbólico que age sobre o que não é visível, obscurecendo ou clareando nosso caminho, maldizendo ou abençoando aquilo que fazemos.

Na Hong Kong do pós-guerra, as universidades ainda não estavam voltadas para as técnicas administrativas, para as práticas comerciais e o pragmatismo empresarial como hoje em dia. Ainda tinham departamentos de filosofia onde a perplexidade diante da vida era estudada à luz da tradição oriental milenar e da especulação ocidental, conduzida pela razão e pelos conceitos transitórios por ela elaborados. No período da minha juventude em que desenvolvi meus estudos de filosofia, numa universidade de Hong Kong que não mais existe, lidei com as certezas provisórias do Ocidente e os belos paradoxos da minha cultura. Sempre foi um motivo de curiosidade, para mim, o modo como os ocidentais rejeitavam os paradoxos, deles fugindo como de demônios perturbadores de toda ordem universal. No meu modo de ver, que corresponde à concepção de mundo de um oriental educado, a vida, as coisas e o mundo somente podem ser compreendidos, sentidos em sua essência, através de paradoxos. Para mim – muito antes que eu fosse informado das perplexidades da física quântica e da matemática moderna – o mundo está assentado sobre paradoxos.

Sempre achei curiosa a forma como respeitáveis conferencistas ocidentais faziam suas exposições, geralmente apoiadas em grande quantidade de palavras ou citações de outros autores, procurando explicar o mundo de uma forma racional. Ou então procurando entender, também racionalmente, porque o mundo não podia ser inteligível. Para os filósofos ocidentais, o mundo é aquilo que pode caber nas suas considerações, mesmo que sua consideração final seja que o mundo não pode caber nas considerações dos filósofos.

Eu me divertia fazendo perguntas paradoxais ao final de cada uma dessas conferências, que perturbavam os palestrantes fazendo-os embaraçar-se em complicadas teias de palavras que – estou certo – nem mesmo eles próprios compreendiam, porque permaneciam aderentes ao mundo artificial dos conceitos. Mas ficavam sempre na ilusão de ter compreendido e explicado o que queriam.

Até hoje é motivo de riso, para mim, ver como os cientistas ocidentais lidam com os paradoxos emergentes das interações físicas no mundo quântico ou do comportamento da relatividade nos limites do universo físico. O pensador ocidental, seja ele cientista ou filósofo, sente-se desconfortável todas as vezes que encontra um paradoxo no decurso de suas investigações. Alguns sentem-se ultrajados por não poderem acomodar em suas mentes fatos e fenômenos que se apresentam sob mais de um aspecto racionalmente incompatíveis entre si.

Já o pensador oriental sente-se deliciado e sorri de prazer a cada vez que descobre um novo paradoxo que ainda não tinha sido identificado. Eu mesmo considero o mais engraçado dos paradoxos o fato de a teoria quântica ser tão rigorosa, precisa e confiável como base de todo o desenvolvimento da moderna tecnologia eletrônica e fotônica, apesar de apresentar-se como uma saborosa rede de paradoxos quando examinada em sua intimidade mais profunda.

Esta crise nos fundamentos do pensamento ocidental, que se instalou de forma cada vez mais ostensiva nas últimas décadas do século 20, contribuiu para o processo de alienação de grande número de cientistas do Ocidente, que passaram a comportar-se apenas como produtores de tecnologia e a reconhecer como ciência tão-somente aquilo que pudesse gerar alguma fenomenotécnica, desistindo de investigar o significado maior de suas atividades. É curioso observar como muitos deles vão às suas igrejas aos domingos e assim ficam em paz com suas consciências, mesmo tendo durante a semana ajudado a criar novas técnicas para poluir, destruir ou matar.

Esse processo de alienação assumida encontrou respaldo nas influentes idéias de Karl Popper, que declarou que uma teoria nunca pode ser definitivamente provada; mas deve ter a possibilidade de ser eventualmente negada ou "desprovada", sendo esta a condição que precisa satisfazer para ser considerada científica. Egresso do positivismo, ele talvez não se tenha dado conta de que essa restrição apenas contribuía para confinar o campo do que se consideraria como ciência aos limites pragmáticos em que se poderia expandir a tecnosfera ou, mais modestamente, criar produtos.

Contudo, certamente não foi essa a primeira vez que a ciência auto-limitou drasticamente seu campo de validade. O processo de progressivo enjaulamento do pensamento ocidental começou muito antes, especialmente a partir de Aristóteles que, com sua lógica, traçou o roteiro da filosofia que dois mil anos depois conduziu à ciência racional, mecanicista e reducionista, mãe de quase toda a tecnologia atual, mas impotente para atingir a essência do viver e resolver as perplexidades maiores do ser humano.

Na passagem do século, essa crise disseminou-se pelos cientistas e filósofos da ciência, que assumiram variados posicionamentos diante do que se anunciava como o fim da era científica ou o fechamento daquilo que se poderia considerar como ciência. Na verdade tratava-se, como se trata ainda, de uma crise do paradigma vigente, conforme a lúcida colocação de Thomas Kuhn em seu livro-marco *A Estrutura das Revoluções Científicas* – um livro tão extraordinário que assustou até mesmo ao seu próprio autor. Nos últimos anos do século, já era possível distinguir as duas vertentes onde se posicionam os trabalhadores em ciência do Ocidente, e que se poderia rotular de a*pocalípticos* e *integrados*, na expressão cunhada anos antes pelo italiano Umberto Eco para classificar as atitudes diante da crescente influência dos meios de comunicação de massa.

Os cientistas da vertente apocalíptica assumem atitudes que vão da depressão ao desespero, pelo que vêem como o fim de uma época gloriosa, ao constatarem que todos os campos da ciência – tal como eles a entendem – se fecham para novas e sensacionais revoluções, como as que ocorreram no passado com Copérnico, Newton, Darwin, Einstein, Bohr ou Hubble.

Por outro lado, os que poderíamos chamar de integrados vêem apenas que um ciclo está se fechando, ao mesmo tempo que outro bem mais amplo e menos restritivo se abre, para que continue a se expandir o conhecimento humano, embora sob um fundamento epistemológico distinto. A vertente vinculada ao novo paradigma hoje avança em todos os campos do conhecimento, conquistando espaços e financiamentos para pesquisas, mostrando resultados e reconhecendo as evidências de uma essência espiritual que subjaz a toda a vida e a todo o universo físico.

Os apocalípticos, por sua vez, sitiados em seus redutos lógicos, procuram resistir ao crescente assédio dos integrados, que progressivamente se expandem em novas áreas de influência. Mas já mostram sinais de desfalecimento, por não terem o que oferecer como visão de mundo capaz de abarcar todo o espectro da experiência humana. Há poucos anos, o escritor John Horgan, editor senior da *Scientific American*, publicou o livro *The End of Science**, que pode ser considerado o epitáfio editorial da ciência materialista. Nele, assistimos ao desalento e à inquietação dos nomes mais expressivos do velho paradigma diante do vazio epistemológico em que estão inseridos, diante da inexistência de novas descobertas sensacionais a partir das teorias disponíveis e diante da progressiva limitação das verbas para pagar seus caríssimos equipamentos, que nada mais de significativo estavam produzindo ou prometendo.

Entretanto, por mais desesperançado que pareça ser esse clima de fim de festa que hoje se dissemina nos meios científicos mais conservadores, essa transição, na verdade, não deverá resultar em algo tão dramático como querem fazer crer os comentaristas do jornalismo científico. Talvez tudo isto resulte apenas num redirecionamento das verbas oficiais destinadas à pesquisa e no fechamento de um ou outro periódico especializado que não se ajuste aos novos tempos. Provavelmente, estamos presenciando uma manifestação irônica do princípio darwinista da sobrevivência do mais apto, tão valorizado pelos evolucionistas do passado.

Na verdade, olhando-se a transformação do mundo e das coisas de uma perspectiva mais ampla, tudo isto é muito simples. Se esses homens que hoje se lamentam tivessem assimilado a noção chinesa de *qualidade do momento*, e se

---

* O Fim da Ciência.

conhecessem melhor a cosmovisão contida no *I Ching* – que a meu ver é ciência do mais alto nível – veriam que os tempos mudaram, que a qualidade do momento agora é outra e que o breve intervalo materialista na história da humanidade está se fechando pela exaustão de suas potencialidades, pelo esgotamento de sua reserva de Tao. Sua função de período gerador de novas técnicas foi cumprida brilhantemente, e como tal ainda prosseguirá por algum tempo. Mas sua pretensão de explicar o mundo e responder às questões maiores que assediam a curiosidade humana frustrou-se, porque o conhecimento racional-experimentalista é uma escada muito curta para alcançar o Céu.

Hoje, as universidades de Hong Kong estão dominadas pela sedução argentária do capitalismo e nem mesmo a reintegração da cidade ao governo da China alterou esse quadro. Pelo contrário, o governo chinês herdou tudo que ali se instalou e continua alimentando-se dos homens-máquina que essas universidades produzem. Enquanto o Ocidente assiste ao florescimento de um mundo em que a tecnologia aos poucos deixa de ser um fim em si mesma e um pretexto para se viver num oceano de ilusões e superfluidades, a China, com seu território abarrotado de humanidade e sérios problemas de escala bem maior, segue por outro caminho buscando ainda exorcizar o antigo espectro da escassez e da fome, embora para isto tenha invocado os demônios do autoritarismo, do arbítrio e da opressão. É uma fase, apenas uma curta e necessária fase na trajetória milenar da minha cultura, que só pode ser devidamente apreciada panoramicamente, em seu conjunto.

Tudo isto são fases passageiras, por mais difícil que seja vivenciá-las enquanto persistem. Os indivíduos, assim como os povos, as culturas e toda a humanidade flutuam no grande rio invisível do Tao, que tem seus remansos e suas corredeiras, precipitando-se às vezes em surpreendentes cataratas. Tudo passa, tudo flui, tudo flutua, enquanto a transformação persiste em seu interminável labor. Também a fase racional e materialista do desenvolvimento humano teve um sentido e uma finalidade, se examinarmos a história numa escala de milênios. Sem que a humanidade passasse por esses séculos de racionalidade predominante não se teria chegado a desenvolver a diversificada tecnologia atual que, apesar de ainda estar sendo mal utilizada, terá sem dúvida outras destinações mais nobres a partir da nova fase que hoje se vislumbra, neste alvorecer do novo paradigma.

Um grande mestre ocidental escreveu que "tudo seria muito simples, se a simplicidade não fosse a mais difícil das coisas". Isto é verdadeiro tanto para o ocidental como para o oriental, mas as dificuldades que enfrentam são diferentes. Como água e azeite, as duas linhagens culturais seguem caminhos distintos desde o surgimento da civilização, há cinco milênios. O processo de ocidentalização do Oriente – iniciado no Japão e hoje espalhando-se pela China,

Coréia, Vietnã, Indonésia, etc. – criou indivíduos híbridos, cujas almas são como emulsões onde gotículas de azeite oriental permanecem em suspensão num meio aquoso, sem que de fato se faça uma solução homogênea. Assim, vivendo conflitos profundos, os japoneses, coreanos e vietnamitas enriquecem, mas sua frustração interior é mais intensa que a dos ocidentais, porque os contravalores do consumismo e do culto ao supérfluo lhes são estranhos, uma invasão da alma oriental.

Grande parte do planeta Terra é a China. A China é como um planeta em si mesma e seu peso e sua influência serão cada vez maiores, daqui para a frente. Quando superar, em breve, a fase de transição em que se estruturam seus sistemas produtivos, quando os espectros e demônios que ainda ameaçam essa grande cultura forem afastados, a alma chinesa passará a influenciar decisivamente todo o futuro da humanidade. Eu vejo isto com clareza, do mesmo modo que quando vejo uma criança, vejo também o adulto e o ancião que nela estão contidos. Neste momento, em que se discute a integração consciente do planeta, será prudente reservar um amplo espaço para a China e sua participação na alma coletiva da Terra. Para o ocidental típico, para o indivíduo alienado que hoje pensa representar a versão mais "moderna" ou "avançada" do ser humano, é de todo conveniente começar a absorver o jeito de um oriental educado entender as coisas. Sem esta assimilação, a consciência de Gaia que hoje se esboça poderá vir a ser algo distorcido e neurótico, algo inconsistente e tolo, voltado para a superfície dos fatos e dos fenômenos, algo embriagado pelo excesso de palavras e conceitos.

A minha visão de mundo, no entanto, não é a do historiador, nem do sociólogo, nem mesmo a do filósofo especulador que busca explicações segundo linhas de causalidade. Isto são formas provisórias e perecíveis de entender o mundo, típicas do Ocidente. Eu vejo as coisas em sua transformação, sem me deixar impressionar pelas formas transitórias que surgem e desaparecem como os círculos desenhados na água pelas pedrinhas que nela lançamos. Os apreciadores de polêmicas continuam suas disputas, afirmando ou negando pontos de vista; o sábio, entretanto, vê todas as coisas à luz de uma intuição direta que não se prende às limitações de um ego que argumenta. Por isto, além das limitações do transitório, além das disputas lógicas, ele pode ver que o certo e o errado coexistem em ambos os lados dos argumentos. Fixando-se no pivô em torno do qual gira o Tao, ele pode ver todos os movimentos e oposições em sua dança e sua interdependência.

Dificilmente a esperada consciência de Gaia saberá desde o início em que consiste navegar tranqüilamente no grande rio do Tao; isto será algo a ser desenvolvido lentamente, como uma árvore frondosa que cresce devagar. Mas esta árvore já está plantada, e cada indivíduo consciente do paradigma emergente assume a responsabilidade de um jardineiro, que zela pelo seu desenvolvimento enquanto ela for jovem e frágil. A mim, interessa-me conversar com esses jardineiros e passar minha contribuição para os aprendizes de jardinagem que me procuram. É para isto que ainda uso as palavras: para escrever meus livros e dialogar pela Internet.

Entretanto, seria equivocado considerar-me um eremita, alguém que deliberadamente se omite de um contato mais direto com as pessoas e o mundo para egoisticamente vivenciar suas ricas experiências interiores. Se me afasto dos contatos cotidianos com o mundo pragmático, se fiz uma opção pela obscuridade e pela solidão, é para preservar minha capacidade de funcionar como disseminador de uma visão de mundo que precisa ser melhor conhecida por aqueles que já avançaram em sua caminhada e já amplificaram sua sensibilidade para perceber a delicada sutileza da vida e ver aquilo que não é visível com os olhos do corpo. Em meu isolamento aparente, estou em permanente contato com esses indivíduos especiais que, espalhados pelo mundo, cumprem também sua função, cada um tocando seu instrumento na imensa orquestra planetária que bem poucos podem escutar, porque sua música e suas harmonias também não são audíveis para os ouvidos do corpo.

Assim, eu ajo sem agir, eu faço sem fazer, eu canto sem cantar. Mas os livros que escrevo são acessíveis a todos e seus conteúdos podem ser compreendidos em diferentes níveis de percepção. Embora no grande Tao nada mais seja necessário aprender, e a própria idéia do que seja saber já se tenha transformado num inefável "não-saber", uma aprendizagem é ainda indispensável nas fases preliminares do pequeno Tao. Por isso, para todos aqueles que iniciam seus primeiros passos no caminho, sugere-se que os ensinamentos de Kung Fu Tzu sejam bem assimilados e as quatro nobres virtudes praticadas.

Para o indivíduo ocidental, racional e lógico, assim como para os orientais que há várias gerações sofrem um processo de ocidentalização forçada, o conhecimento da via celestial será uma rampa de acesso para se atingir o patamar da sabedoria onde nada disso será mais necessário. Nesse nível superior, o próprio conhecimento deixa de existir como tal, porque ali já não há distinção entre conhecedor e conhecido, entre sujeito e objeto, entre os mundos subjetivo e objetivo, que se unem, transcendendo a todas as dualidades na sublime beatitude onde os conceitos desaparecem e viver é como um permanente cantar sem palavras.

Mas, para subir a rampa do conhecimento, é preciso que cada um tenha a humildade de reconhecer o ponto em que ainda se encontra e assimilar a lição de cada dia, de cada passo da caminhada: nesses níveis preliminares, quem pretender saltar etapas estará sujeito a escorregar até lá embaixo, quando pensar que já está bem avançado. A primeira aprendizagem, pois, é a disciplina que vem pela humildade de ver-se como se é, sem autocondescendência nem autocondenação: com amor por si mesmo, apesar de tudo que ainda será preciso limpar, no corpo e na alma. Reconhecer-se como aprendiz, como alguém que tem um caminho a percorrer com paciência e perseverança, escorregando, caindo, levantando-se outra vez sem nunca desistir. Limpar o corpo através de uma alimentação sadia, e limpar a mente, evitando fixar a atenção no que é grosseiro e rude. Alimentos leves e naturais e pensamentos nobres e altruístas refinam a sensibilidade para o que é belo na vida e no mundo, facilitando tudo, quando se tornam hábitos cotidianos.

Nessa fase, que pode se prolongar como um árduo teste de paciência, dois grandes obstáculos devem ser superados com zelo e perseverança: a dúvida proveniente dos questionamentos da mente concreta e a sedução dos prazeres transitórios sugeridos pelos sentidos. Durante essa fase preliminar, ainda não é fácil fixar a mente naquilo que é invisível e inaudível, por isso a meditação é uma prática da maior importância para pacificar os pensamentos inquietos e vadios. Pela meditação, pelo esvaziamento periódico da mente, também os desejos que entram pelos sentidos podem ser afastados e o reconhecimento da sua transitoriedade é progressivamente reforçado pela consciência dos valores eternos do espírito imortal.

Estas práticas são conhecidas e detalhadas no yoga da Índia, especialmente no Vidya Yoga – o yoga filosófico, que hoje se dissemina pelo Ocidente – e nos preceitos de Patânjali, conhecidos também como o *caminho óctuplo* do Raja Yoga. Na China, podem ser estudadas pelo tratado do Gin Dan Giau, ou yoga chinês, conhecido como *Tai I Gin Hua Dsung Dschi* [O Segredo da Flor de Ouro], que surgiu na dinastia Tang. Entretanto, como esse livro resulta de uma compilação de ensinamentos do budismo esotérico, sua linguagem é quase cifrada, portanto, de acesso difícil para quem pretender abordá-lo sem o auxílio de um mestre. No Ocidente, existem as versões em diversas línguas derivadas da tradução do sinólogo alemão Richard Wilhelm, a quem também se deve as excelentes traduções do *I Ching* [O Livro das Transformações], e do grande clássico de Lao Tzu, o *Tao Te-king.*

Além dessas edições, vejo com alegria que alguns outros livros de elevado padrão no trato com estes temas delicados têm aparecido no Ocidente, agora de mestres da nova geração, muitos deles ocidentais. São obras de qualidade, que devem ser descobertos em meio a uma grande quantidade de falsificações e tolices que enchem as prateleiras das livrarias. Isto é uma indicação de que um novo tempo de sabedoria está chegando para o planeta Terra, com uma qualidade diferente daquele conhecimento intelectual que prevaleceu durante a maior parte do século 20, recheado de conceitos e palavras vazias e pretensiosas oriundas da mente racional e de ideologias formuladas no século anterior.

Uma nova linguagem clara e direta vem sendo empregada por homens e mulheres das Américas, que discorrem com fluência sobre temas que até recentemente não se podia encontrar senão em obscuros tratados orientais, em péssimas traduções para as línguas do Ocidente. Nesse sentido, rendo homenagem ao trabalho pioneiro de Richard Wilhelm e Joseph Needham, que abriram para o Ocidente as portas da cultura chinesa, cuja sabedoria foi assimilada e amplificada por Carl Gustav Jung – o mago-cientista de Zurique – e Joseph Campbell, que derrubou as barreiras preconceituosas que bloqueavam o reconhecimento do mito como um dado essencial da realidade humana. Esses pioneiros e a nova geração de autores e mestres ocidentais são o fundamento da nova cultura e da nova ciência do terceiro milênio.

Paralelamente ao avanço da ciência clássica, materialista e mecanicista, que se expandiu e pontificou no Ocidente até o final do século 20, desenvolveu-se, marginal e secretamente, uma outra forma de conhecer, menos racional e mais abrangente, que não se baseava em princípios exclusivamente causalistas. Renegado e rejeitado com indignação pela classe intelectual, esse conhecimento marginal transitava com mais fluência pelos domínios da psique, dos mitos ancestrais e dos territórios proibidos da magia, dos sonhos e do encantamento. Opondo-se a todas as formas oficiais de conhecimento – inicialmente o dogma religioso e posteriormente o dogma científico – essa tradição nasceu em regiões ignotas da pré-história e vem acompanhando secretamente toda a caminhada do ser humano sobre a Terra até o século 21.

Transcendendo às polaridades convencionais de civilizado ou primitivo, oriental ou ocidental, antigo ou moderno, consistente ou fragmentário, unívoco ou polissêmico, o conhecimento vinculado ao que se tem chamado de *antiga tradição* tem sido sistematicamente desprezado e combatido pelos zelosos guardiões dos dogmas vigentes, ao longo de toda a história do Ocidente. Na China somente foi atacado a partir da ascensão do marxismo, que na sua exaltação da ignorância tem também uma transitória finalidade a cumprir, conforme já dissemos. No Ocidente chamou-se gnosticismo, depois cabala, alquimia, hermetismo, teosofia, etc. Na Índia foi tolerado pelos ingleses com alguma relutância, mas confinado a setores esotéricos do hinduísmo e do tantra. Nas culturas dos povos ditos primitivos eram as práticas do xamanismo – na Sibéria, entre os esquimós, ameríndios, aborígines australianos ou iorubás da África Ocidental.

A partir do iluminismo e da consolidação do racionalismo, todas essas manifestações foram consideradas superstições e, junto com tolices e crendices, foram também repudiadas formas altamente fecundas de conhecimento. Foi o que Jung chamou de "jogar fora a criança junto com a água do banho". No

Ocidente essas formas marginalizadas de conhecimento só vieram a ser resgatadas no século passado, por cientistas corajosos que arriscaram sua reputação e muito sofreram pela sua ousadia de abordar temas proibidos. Lucien Lévy-Bruhl, Claude Lévi-Strauss, Joseph Campbell e principalmente o já mencionado C.G. Jung, foram os pioneiros do que agora vem se consolidando como a forma básica de fazer ciência neste novo século, ao deslocar o fulcro de interesse do mundo objetivo para o subjetivo, deixando claro que a fronteira final é a mente, e não o espaço cósmico.

Com o reconhecido esgotamento do racionalismo, que se restringe cada vez mais aos estudos necessários para o desenvolvimento de técnicas específicas, a nova ciência volta-se para o mundo psíquico, para os princípios da não-causalidade. Ocupa-se dos fenômenos irreprodutíveis mecanicamente, do refinamento dos instrumentos mentais e perceptivos do ser humano, direcionando-se para os estudos do *karma* e dos fatores subjetivos interferindo no reino dos fenômenos objetivos.

A subversão conceitual que esses campos de estudos está exigindo tem levado à elaboração de novas linguagens experimentais e ao surgimento de um rico simbolismo que ainda não foi adequadamente sistematizado. Neste contexto altamente promissor, as distinções clássicas entre o que é ou não científico perdem algo de sua rigidez, embora ganhem muito em nitidez, amplitude e eficácia, ao permitir avaliações mais lucidamente qualitativas do que meramente quantitativas, com resultados particularmente notáveis no campo da terapêutica. A psique humana assume agora seu lugar de direito no centro dos estudos científicos, desta vez como sujeito e objeto simultaneamente, pelo progressivo abandono dessa distinção acadêmica.

E, finalmente, muitos cientistas reconhecem como foi contraproducente criar instrumentos físicos de precisão inacreditável para serem manipulados por mentes inquietas e instáveis – sem qualquer refinamento, pelos padrões de um *swami*, de um lama ou de um monge Zen. O uso de um instrumental técnico cada vez mais sofisticado apoiado pela análise matemática, tem sido produtivo no campo das ciências físicas, mas tais métodos trouxeram escassa compreensão da natureza da mente. Não é exagero dizer que a ciência do paradigma que se fecha não compreende a mente. A física assume o pressuposto metafísico que a mente não pertence ao âmbito da natureza e nela não tem qualquer papel ativo, conseqüentemente não desenvolveu um aparato teórico ou empírico capaz de assimilar e compreender o mundo subjetivo, que é o centro ativo de toda investigação e o foco de todo conhecimento. Os instrumentos mecânicos e as medições quantitativas da ciência ocidental podem fornecer muitas informações sobre os processos inanimados, mas nunca puderam penetrar no mundo do eventos cognitivos, a não ser em seus efeitos exteriores, que bem pouco informam sobre sua natureza interna. O cientista ocidental sabe que a eficácia da sua investigação depende do bom funcionamento dos seus instrumentos de pesquisa, e que para isso é indispensável que ele conheça bem o seu funcionamento e lhe dispense uma adequada manutenção. O que sempre me pareceu espantoso é que ele despreze o mais fundamental de todos os instrumentos de que dispõe: a sua própria mente.

Nesse ponto é que surge no cenário do conhecimento uma das maiores contribuições das culturas orientais: as técnicas de refinamento da mente pelas práticas do yoga hindu e chinês, ou pela meditação Zen, capazes de amplificar os recursos psíquicos à disposição do ser humano. Uma mente que tenha sido treinada para a concentração e a clareza é tão diferente de uma mente comum quanto um sofisticado instrumento de raios laser é diferente de uma tosca lanterna de mão. A mente assim refinada é um maravilhoso instrumento para a investigação da realidade, do si mesmo, da consciência, do mundo físico e assim por diante. É com esse instrumento sofisticado que se pode atingir as fontes do sofrimento e da beatitude, da dor moral e da felicidade, da significação profunda e das conseqüências remotas do nossos atos, campos inacessíveis ao que os ocidentais consideram como ciência, embora qualquer cientista esteja sujeito a essas benesses e vicissitudes.

Ao dissociar o seu campo de investigação da sua vida pessoal, da sua atitude moral diante da existência, o cientista pode trazer importantes contribuições para a compreensão da realidade material da vida, até mesmo para amenizar o sofrimento de outros, mas se ele não tiver uma ética ao lidar com os delicados mecanismos que investiga, sofrerá pessoalmente os dissabores decorrentes dessa falta. Alguns cientistas não têm escrúpulos em utilizar seus conhecimentos mais avançados para criar métodos altamente eficazes de assassínio em massa, destruição dos equilíbrios da natureza ou redução de populações inteiras à miséria, submetidas à ganância dos poderosos. Pelo cultivo das suas faculdades perceptivas no nível recomendado pela forma oriental de fazer ciência, ele verá os efeitos dolorosos e até trágicos que estará trazendo para si próprio, mais adiante, em conseqüência de sua miopia, que se recusa a admitir que ele é parte inseparável de um todo, e que toda agressão que pratica é, literalmente, uma agressão a si próprio.

A ciência ocidental até hoje investigou o mundo exterior, dito objetivo, expandindo a tecnosfera e obtendo importantes *insights* sobre o funcionamento de inúmeros mecanismos da natureza. A ciência oriental investigou o mundo subjetivo e desenvolveu consideravelmente o conhecimento da alma, criando os meios para conduzir o espírito de cada um às alturas inefáveis de uma beatitude e sutileza inexprimíveis para as mentes não refinadas.

A nova síntese, que agora se consolida pela integração filosófica do planeta Terra num nível de consciência sem precedentes na história, será a realização do caminho do meio, proposto há mais de dois mil anos por Gautama Sidarta. Daqui para a frente, o que era um privilégio de poucos poderá se disseminar mais amplamente e a vida poderá assumir um significado mais claro e mais belo, onde as palavras serão cada vez menos necessárias e os sorrisos mais sinceros, ao navegarmos juntos em silenciosas jangadas de símbolos pelo grande rio do Tao. Mas... quem estará disposto a dar o primeiro e vacilante passo?

Referências bibliográficas

Bancroft, Anne. *Zen – Direct Pointing to Reality,* Thames and Hudson, Londres, 1979.

Campbell, Joseph. *The Masks of God* Vol. II – *Oriental Mythology,* The Viking Press, Nova York, 1962.

Dethlefsen, Thorwald e Dahlke, Rudiser. *Krankheit als Weg; Deutung und Be-deutung der Krankheitsbilder,* C. Bertelsmann Verlag GmbH, Munique, 1983.

Eliade, Mircea. *Le Yoga; Immortalité et Liberté,* Éditions Payot, Paris, 1972.

Figueiredo, Maria Alice. *Yoga Vidya; The Wisdom of Yoga,* © Maria Alice Figueiredo, 1997.

Hartmann, Franz. *Theosophie im China; Betrachtungen uber das Tao-Teh-King. Aus dem Chinesischen des Lao-Tse ubersetzt,* Leipzig.

Horgan, John. *The End of Science,* Addison-Wesley Publishing Company, Inc., Nova York, 1996.

Huai-Chin Nan. *Tao & Longevity – Mind-Body Transformation,* English version by Wen Kuan Chu, Ph.D. York Beach, Samuel Weiser, Inc., Maine, 1983.

Kuhn, Thomas. *The Structure of Scientific Revolutions,* The University of Chicago Press, Chicago, 1962.

Lama Gangchen. *Self Healing II.* Lama Gangchen World Peace Foundation, 1993.

Lindley, David. *The End of Physics,* Bantam Books, Nova York, 1993.

Li Tai Fen. *Tschung Kuo Schi Kang,* Pekin: O.J.

Liu Hua Huang. *Hui Ming Ging,* Walter Verlag AG, Zurique, 1971.

McGinn, Colin. *The Problem of Consciousness,* Blackwell, Cambridge, Mass., 1991

Merton, Thomas. *The Way of Chuang Tzu,* The Abbey of Gethsemani, 1965.

Nei Ching – The Yellow Emperor's Book of Medicine. Old Chinese edition.

Popper, Karl. *Popper Selections,* Edit. por David Miller, Princeton, N.J.: Princeton University Press, 1985.

Progroff, Ira. *Jung, Synchonicity, and Human Destiny,* The Julian Press, Inc. – Crown Publishing Group.

Rama, Sri Swami. *Choosing a Path.* Honesdale, Himalayan International Institute of Yoga Science & Philosophy of the USA, Pensilvania.

Rescher, Nicholas. *The Limits of Science,* University of California Press, Berkeley, 1984.

Suzuki, Daisetz Teitaro. *An Introduction to Zen Buddhism,* Hutchinson & Co., Londres, 1969.

Tai I Gin Hua Dsung Dschi, Walter Verlag AG, Zurique, 1971.

Watts, Alan W. *The Spirit of Zen,* John Murray Publishers, 1936.

__________. *The Wisdom of Insecurity,* Pantheon Books Inc., 1951.

Wilhelm, Richard. *Laotse, Taoteking, das Buch des Alten von Sinn und Leben,* Eugen Jena, Diederichs, 1911.

__________. *I Ging – Das Buch der Wanlungen,* Eugen Diederich Verlag, Dusseldorf, Köln, 1956.

Comunicação 12

Tempo de sonho, tempo de vida

Daisy Bell Woomere

Universidade da Austrália Ocidental, Perth, Austrália

Esperança

O processo a que se denomina civilização tem sido cultuado por todos como a forma natural de existir do ser humano moderno, como o estágio mais avançado da evolução social, como algo de bom e precioso que deve ser defendido e reverenciado pelas suas conquistas, pelo seu nível de desenvolvimento no domínio das forças da natureza.

Mas será isto mesmo? Será que o ser humano moderno, que acaba de inaugurar um novo milênio, pode se orgulhar dos resultados que a civilização lhe tem proporcionado? E se tudo o que se chama de civilização não passar de um enorme engodo?

Aqui se mostra como o processo civilizatório pode ser olhado como uma troca de valores essenciais do espírito por miçangas, espelhinhos e tolices, tal como os civilizados pensavam estar fazendo com os povos mais integrados à natureza que conquistavam e destruíam.

Aqui se mostra a civilização como uma frágil balsa tecnológica que desce celeremente as corredeiras de um rio de sangue, conduzida por homens insensatos.

A esperança de um futuro para o ser humano passa pela redescoberta dos mitos essenciais, deliberadamente descartados nos últimos cinco milênios.

Permitam-me apresentar-me. Meu nome de registro entre os brancos é Daisy Bell Woomere. O nome de família vem do meu clã, de um dos raros agrupamentos aborígines que conseguiu manter-se relativamente isolado, preservando sua cultura e sua integridade durante a perseguição. Woomere é o nome de uma arma bem mais eficiente que o bumerangue, embora menos conhecida pelos brancos. Daisy Bell é uma homenagem a duas mulheres de grande saber com quem me eduquei até a minha iniciação, na adolescência. As raízes da minha visão de mundo foram recebidas de meu povo, principalmente através de Daisy e Bell, duas verdadeiras representantes do conhecimento e da sabedoria aborígines, em sua intimidade com a natureza e o porque das coisas.

Escapando, por sorte, do casamento prematuro usual entre os aborígines, consegui passar a viver em Perth como membro da família Speare, de origem britânica, o que me permitiu examinar como são os brancos e estudar bem a civilização dominante. Quando deixei o meu povo e passei a residir com os Speare, tive dificuldades para ajustar minha forma de compreender as coisas ao pensamento linear e dualista dos brancos. Não foi fácil adaptar-me à estrutura lingüística e mental dos civilizados. O que mais me marcou, nessa transição, foi o temor de uma perda, o medo de empobrecer o meu relacionamento com o mundo, como se eu estivesse prestes a me desligar de uma relação direta com a vida e optar por uma imitação falsificada. Mas a atenção e o cuidado com minhas raízes culturais, que sempre recebi da minha família adotiva, permitiram-me chegar a um feliz ajustamento entre esses dois mundos. Assim, pude entender o jeito dos brancos se relacionarem com suas coisas e suas realidades, sem abandonar a compreensão de que tudo em volta de mim é um sonho ancestral que se faz presente. Pude aprender a língua e as categorias lógicas dos brancos sem deixar que meu sonho interior se apagasse.

Depois, veio a universidade, os estudos de antropologia e lingüística na Europa e minha temporada na Índia, onde estudei a cultura dravidiana e o tantra, além do *sankhya* e do yoga, no contexto de uma sociedade extremamente complexa como é a indiana. Minha tese de doutorado, sobre a origem comum dos povos dravidiano e aborígine – agora disponível pela Internet –, alcançou alguma repercussão internacional, que se espalhou a partir de prolongados debates pela Usenet. Hoje, ensino Mitologia e Magia na Universidade do Oeste da Austrália, em Perth. O convite para participar deste Simpósio foi um passo natural de minha jornada.

*

Nesta tarde de sol claro, aqui desta tribuna que se debruça sobre o mundo, desfruto com prazer a alegria de poder manifestar claramente um conhecimento que tem sido velado pelos seus detentores e desdenhado tanto pelo decadente paradigma científico como pelos céticos irrecuperáveis.

Posso começar declarando que a minha biografia atual ficará melhor compreendida se eu informar que na minha vida passada fui uma branca, de uma família de fazendeiros do *outback*, em Queensland. Isto foi entre 1875 e 1940, quando travei íntimo conhecimento com vários grupos aborígines, que nas terras de meu pai não eram perseguidos. Tenho nítidas recordações dessa vida passada, assim como de algumas outras, anteriores. Essa memória pode ser acessada por práticas respiratórias apropriadas e uma trajetória de vida compatível com um afrouxamento das couraças do ego. A cultura branca, dita ocidental (mas cujo nome completo é *cultura judaico-cristã greco-romana fono-logo-etnocêntrica*), tem grandes dificuldades para permitir esse desligamento das máscaras do ego. O racionalismo, o egocentrismo e o impulso aquisitivo são obstáculos muito sérios bloqueando o acesso ao reino misterioso da mitologia vivenciada e do relacionamento mágico com a realidade. Entretanto, é inegável que estamos presenciando um crescente êxodo dos brancos mais sensíveis e atualizados para fora dos limites cartesianos, patriarcais e individualistas de sua cultura. Isto vem acontecendo principalmente com os jovens.

Entre os meus alunos, a grande maioria é de brancos e não há muita diferença entre o seu aproveitamento no curso de mitologia vivenciada e o dos aborígines, seus colegas. Este sucesso deve-se aos processos de limpeza do corpo e da alma, onde procuro, junto a um grupo de professores da minha Universidade e outros colaboradores, criar as condições para uma verdadeira iniciação dos jovens e sua integração numa vivência plena do mundo. Os exercícios e práticas que estamos desenvolvendo têm-se revelado eficazes, sem as mutilações físicas dos rituais aborígines tradicionais. Uma parte da sociedade branca da Austrália Ocidental ainda rejeita, horrorizada, o rito de iniciação aborígine exigido por suas moças. Mas já não há força nem disposição na geração conservadora para conter a pressão das jovens no sentido de serem iniciadas pelo ritual de maioridade praticado pelas aborígines. Os rapazes, por sua vez, apoiam esses rituais e aguardam com interesse a data da sua própria iniciação, nos campos da nossa reserva. Eles vêem, com algum alívio, que o seccionamento da uretra na face inferior do pênis, prática central no ritual aborígine, pode ser apenas teatralizada, sem as lesões corporais praticadas no rito original. Se a disposição mental do iniciando estiver corretamente preparada e o fluxo da energia sutil for o adequado, pode-se suprimir o corte e o traumatismo tradicionalmente praticados nos rapazes aborígines, sem prejudicar em nada os efeitos do rito de passagem.

O trabalho que meus colegas e eu estamos desenvolvendo na Universidade do Oeste, e que já se dissemina pelas universidades de Sydney, Adelaide, Melbourne e outras, é parte de um amplo programa de resgate cultural dos aborígines. Visa, entre outros objetivos, a levar aos grupos tribais a noção de que lesões corporais reais podem ser substituídas por sucedâneos rituais mimetizados e não traumatizantes. Os ritos de iniciação ficam com sua eficácia inalterada, desde que o acionamento dos centros de bioplasma e o trabalho mental com os iniciandos sejam bem conduzidos. Os resultados obtidos até aqui têm sido muito estimulantes e os iniciados pelos novos métodos não se mostram diferentes dos que o foram pelo processo tradicional.

A decoração corporal por meio de cicatrizes de cortes auto-infligidos, entretanto, é uma prática mais difícil de erradicar. As moças aborígines – e até algumas brancas, que com elas convivem nos novos Campos de Interação Cultural –, consideram as cicatrizes e quelóides artisticamente distribuídos pelos seus corpos como um irresistível apelo sexual. Mas é possível que este seja somente um modismo passageiro entre os brancos, como foi o das tatuagens que, de caracterização ritual do xamã, na Nova Zelândia, espalhou-se pelo mundo sem qualquer conotação religiosa.

O outro aspecto do nosso trabalho, cujo alcance é indiscutivelmente maior, consiste na disseminação entre os brancos do relacionamento aborígine com a natureza e os mistérios do viver, em tudo que nossa cultura tem de mágico, arquetípico e esclarecedor. Trata-se de inocular na nova geração uma atitude diante da vida capaz de resolver drasticamente as frustrações inerentes à sociedade material-individualista espiritualmente decadente. Trata-se de plantar as sementes de uma sociedade que enfatize o indivíduo, não o individualismo; a criação artística, não o ego do artista; a ligação mágica com a Mãe Terra e o Cosmos através do devir cotidiano, em lugar do comportamento predador da cultura branca, em seu relacionamento prepotente com a natureza e a vida.

Nossa tarefa é cercada de muita incompreensão por parte da geração menos jovem, porque exige uma transmutação cultural que suas mentes já não têm flexibilidade para realizar. Estes terão de esperar por outra encarnação, mas ainda poderão sofrer desajustes em sua próxima vida terrena, quando a transmutação da humanidade estiver mais avançada, em escala global.

Também não há receptividade para este salto cultural por parte do sistema sócioeconômico, que argumenta – com alguma razão – que a sociedade deixaria de funcionar se todos aderissem a uma filosofia de vida não competitiva e não aquisitiva. A busca de uma harmonia interior como principal fator de realização pessoal contraria toda a dinâmica mercantil do sistema, que se baseia no estímulo artificial aos desejos e à ambição pessoal. Por isso, a mídia está dividida quanto às nossas proposições, caracterizando bem o choque de paradigmas desta transição de milênio. Uma parte, que conta com ampla receptividade entre os jovens, apoia entusiasticamente a restauração da cultura aborígine e a absorção de sua visão de mundo pelos brancos. A outra, maior e mais poderosa, é financiada pelos conservadores, comprometidos com o *status quo* e as corporações empresariais e financeiras, que manobram segmentos majoritários do governo e nos combatem com diferentes graus de agressividade.

Sabemos que o nosso trabalho é sacrificial e não pode visar a resultados expressivos a curto prazo. Temos *lobbys* muito poderosos a enfrentar e nossos adversários têm a seu favor a força do dinheiro e a máquina da mídia mais influente. Mas é confortador e estimulante verificar que a receptividade a estas proposições ousadas vem se expandindo com rapidez, como um desdobramento espontâneo da consciência ecológica e da abertura espiritual que conquistaram as mentes frescas dos jovens nos anos 80 e 90. Do nosso lado, temos a consciência de que o nosso trabalho está em harmonia com o fluxo da vida e a transformação das coisas, corresponde a um produto natural dos dias que vivemos e segue com segurança de acordo com o Tao.

Sabemos também que estamos apenas no começo de um processo que poderá se estender por todo este século, ou que poderá explodir e instalar-se em poucos anos. As estruturas políticas e econômicas certamente ainda permanecerão equivalentes às atuais, funcionando normalmente como peças da sociedade humana, mas estarão cada vez mais pilotadas por mulheres e homens de conhecimento, que saberão introduzir as modificações necessárias no seu devido momento. São estes homens e mulheres que, através do exemplo pessoal e valendo-se dos meios de comunicação ao seu alcance, definirão as bases de um novo contrato social. Mas, para que isto ocorra, é necessário primeiro fazer esses homens e mulheres. Um por um. Uma por uma.

*

O mundo em que temos vivido vem sendo controlado pela civilização dita ocidental, tecnológica, machista e argentária. Além de militarista e violenta, características da polaridade masculina dominante, que ainda está longe de ceder espaço suficiente ao feminino para que se restaure o equilíbrio. Mas as civilizações sino-japonesa, indiana e árabe são também terrivelmente falocêntricas, característica comum à quase totalidade das culturas contemporâneas. Conseqüentemente, as grandes civilizações atuais padecem em diferentes graus de uma violência intrínseca, de uma brutalidade de propósitos que nada mais é do que uma caricatura trágica do macho essencial. O arquétipo do guerreiro – uma degeneração do arquétipo do herói – tornou-se emblemático do homem civilizado. Na sua ânsia de conquistar e dominar, ele oprime os concorrentes mais fracos, como outrora já escravizou os povos vencidos; submete as outras classes sociais, nações e etnias e destrói culturas e preciosidades, como já liquidou civilizações inteiras em nome da cobiça e da ignorância espiritual. O homem civilizado exaure a natureza, busca massificar os jovens e oprime a mulher de formas espantosas, para quem não está acostumado a ver coisas assim.

No século 20, a expressão arquetípica mais representativa do homem era o soldado, assim como a expressão emblemática da mulher era a prostituta. Isto, entre os civilizados. Os aborígines australianos, os esquimós e os remanescentes dos incas estão fora desses modelos degenerados e ficam constrangidos e atemorizados quando compreendem a forma civilizada de ser.

A civilização contemporânea, seja na sua versão paradigmática ou em suas variantes – chinesa, árabe, indiana, etc. – sofre de inúmeros problemas, deficiências e distorções de natureza endógena, isto é, decorrentes do fato mesmo de serem civilizações. Para os indivíduo civilizado, talvez o mais sério desses problemas, raramente trazido à tona da consciência, é a frustração de não poder realizar-se em plenitude como ser humano. De não se poder comunicar verdadeiramente com os demais, nem mesmo com filhos e amantes. De não saber o que é a sinceridade, a espontaneidade e a felicidade duradoura. Poucos são os indivíduos que superam eficazmente essa frustração essencial. E os que o conseguem são considerados santos, mestres ou iluminados, seres incomuns ou excepcionais. Num grupo de aborígines australianos que não se tenha corrompido pelo contato com o branco truculento e predador, poucos são os indivíduos, mulheres ou homens, que não manifestem essas capacidades e estes talentos que atribuímos aos santos, mestres e iluminados, artistas e poetas. Mas não é fácil para um civilizado compreender isto. E sempre foi muito mais fácil para o homem branco chegar e destruir o que não compreende.

A civilização conquistou a tecnologia e tudo que dela provém. É a magia do homem branco. Magia poderosa, perigosa e espantosa para o não-civilizado: aquele que vive em união com o universo, a natureza e seus semelhantes, dotados apenas de um ego mínimo e facilmente descartável. Um aborígine da tribo tiwi quando primeiro viu um automóvel, no começo do século passado, caiu morto, fulminado por estar face a face com um demônio terrível. Ora, diria um civilizado, todos sabemos que um automóvel não é um demônio terrível. Ora, pergunto eu, porque você está tão certo de que um automóvel não é um demônio terrível? Colocados em confronto, nossos pontos de vista são inconciliáveis. Eu vejo o automóvel *também* como um demônio terrível, mas não me interessa argumentar por quê. Estou certa de que qualquer civilizado com sensibilidade e discernimento pode também ver o automóvel como um demônio terrível, enxergar esta sua face oculta.

O civilizado padece de uma frustração essencial por não poder integrar-se à Divindade expressa na natureza, na vida, no fluir das coisas. E o mais triste, para quem vê de fora, é que ele nem mesmo está ciente de que é um frustrado, um deficiente, um ser que não se realizou. Um ser que se ilude com tolices como a riqueza material ou o prazer sexual, encarados quase sempre como manifestações de poder, de domínio e de destruição.

Considero o orgasmo como o êxtase dos tolos. Então, todos os que ardem de desejo, lutam, mentem, matam e são capazes de morrer por seus frustrantes e efêmeros orgasmos são tolos e sofrem terrivelmente em conseqüência disso. O civilizado é um ser que engorda, porque sua frustração essencial busca compensação através do comer e do beber. O civilizado é um ser que se droga, porque não podendo participar da límpida transcendência do espírito, ele busca sucedâneos falsificados e neles se afoga. O civilizado é um ser que mente, que engana aos outros e a si próprio, que tem um ridículo medo da morte e vive sem saber o que é viver. O civilizado é um ser essencialmente triste; que corre atrás de alegrias fugidias em orgias e bacanais, em garrafas de uísque e aguardente, ou na aquisição de propriedades e riquezas que, ao contrário do que pretende, o possuirão. O civilizado mata e rouba, corrompe e estupra, porque fala de amor, mas não sabe o que é isso. O civilizado é um órfão da Mãe Divina, que ele rejeitou por ignorância e insensibilidade. O civilizado se suicida, porque não conhece o mistério essencial.

Então a felicidade, a realização e a plenitude é ser aborígine? Deve o mundo renunciar à civilização, à cultura, à tecnologia e retornar à forma mais primitiva de ser, como um aborígine australiano? Certamente, não. Não é isto que proponho, não é este o objetivo do trabalho que nosso grupo vem desenvolvendo na Austrália e hoje repercute em todo o globo graças às facilidades da Internet. Não se trata de retornar nem à forma aborígine de ser, nem às práticas hinduístas e tântricas tradicionais, embora muitas dessas práticas sejam maravilhosamente esclarecedoras. Também não se pretende sugerir a adoção exclusiva da visão de mundo de Lao Tzu, embora seja profundamente enriquecedor conhecê-la e senti-la.

Trata-se de reconhecer que a frustração pós-orgásmica, assim como a solidão essencial, a fuga à verdade, a hostilidade como modo de vida, as psicopatias, a obesidade endêmica, o câncer, as cardiopatias e a aids, são doenças da civilização. É a civilização quem está doente: os indivíduos são suas vítimas manifestas. E essas coisas não podem ser curadas pela supressão dos sintomas, como faz a medicina civilizada, que quando diz ter curado um órgão é porque já prejudicou outro, talvez mais gravemente ainda. As doenças da civilização são muitas e suas causas não são nem orgânicas, nem microbianas, nem acidentais. Para se chegar à sua origem é preciso entender o que é a civilização, e para se entender o que é a civilização é preciso saber o que é ser civilizado. Entender em que isto difere de outras formas de ser, não civilizadas, ditas *primitivas*, em que o ser humano pode organizar-se e conviver, ser feliz e alcançar a transcendência, em contato direto com as forças arquetípicas do mito, da magia e dos deuses. É necessário entender que ser civilizado não significa tanto ter conquistado ou adquirido algo novo; pelo contrário, do meu ponto de vista, ser civilizado é ter renunciado a algumas coisas muito importantes. É ter perdido algo fundamental em troca de miçangas, tolices e ilusões.

As portas de saída para os impasses da civilização encontram-se todas no reino dos mitos essenciais. Não me refiro particularmente aos mitos da cultura aborígine, do hinduísmo, ou dos índios americanos. Os mitos essenciais são mistérios que se desdobram em milhares de faces, em inúmeras culturas, manifestando-se em deuses e demônios como diferentes formas de um conhecimento ancestral que reside no inconsciente comum a todos, o oceano insondável do nosso mundo subjetivo. O resgate do inconsciente, o resgate do mito, a redescoberta da magia essencial da vida é o portal de acesso à transcendência que o homem racional insiste em ignorar.

*

Ontem à noite estive conversando longamente com um grupo de novos amigos, após a belíssima apresentação dos sete artistas negros. Entre eles estavam Jimmy Cliff que, na qualidade de anfitrião, cantou *Humanity*, de sua autoria, e a sul-americana Margareth Menezes, com uma interpretação inesquecível de *Gracias a la Vida*. No final, apresentou-se uma cantora de *spirituals* dos Estados Unidos, uma senhora parecida na voz e no aspecto físico com Mahalia Jackson, que tocou profundamente a sensibilidade mais íntima dos presentes cantando *An Evening Prayer.* Essa interpretação foi precedida de um comovente recitativo – poesia e oração – que a própria Mahalia declamou num concerto em Nova York, há quase quarenta anos. De todos os espetáculos apresentados no Simpósio, este parece ter sido o que mais tocou a alma do público, atingindo níveis profundos do sentimento que a todos nós une, no mundo espiritual. A arte do melhor nível, através das emoções refinadas e dos estados superiores de percepção que pode despertar, permite-nos vislumbrar a Divina Presença em nós mesmos e em tudo que nos cerca. Se faço o registro desse evento nesta minha palestra, é porque quero manifestar a importância da arte espiritualizada como fator de conscientização das dimensões superiores do nosso ser.

Depois do espetáculo, ficamos à beira da piscina conversando, ainda sob o efeito intenso que o show nos proporcionou. Entre os presentes estavam Sunyl Mahavajra, Anne-Sophie von Himmelsbach e Giordano Rosso. Comentamos o fenômeno de quinta-feira à noite na praia do Negril, que o prof. Rosso comparou ao episódio de Pentecostes, e tive de admitir minha participação no ocorrido, porque eu estava lá, muito interessada nas palavras de Gandhi. Depois, o tema dominante de nossa conversa foi o desprezo da civilização mercantil-consumidora pelo nosso mundo subjetivo e as dolorosas conseqüências que todos sofrem por causa disto. Observamos que se o inconsciente não for acessado de uma forma reverente e cuidadosa, o que necessariamente deve envolver pensamento, sentimento e emoção, ele assumirá o comando da psique com seus próprios critérios, o que pode ser desastroso. Anne-Sophie revelou que o Dr. Jung, em seus últimos anos de vida, tornou-se muito pessimista quanto ao futuro da humanidade, porque ele via a indiferença da sociedade pelos aspectos inconscientes da mente, em sua ostensiva decisão de conduzir o mundo valendo-se apenas de modelos racionais, portanto parciais. Estes constructos são incapazes de apreender a vastidão do espírito humano, são incompetentes para aprender da vida como se fazia no passado e inadequados para compreender a dinâmica do presente. Portanto, são totalmente incapazes de traçar diretrizes conseqüentes para o futuro, tanto do indivíduo como da coletividade.

O mundo inconsciente, que é a parcela maior e mais significativa da psique humana, é um oceano insondável habitado por arquétipos autônomos, que transcendem o indivíduo e podem manifestar-se em qualquer pessoa, desde que as condições propícias sejam criadas. Essa vastidão subjetiva, comum a todos, pode apresentar-se como algo divino, numinoso, ou como uma força demoníaca e destruidora. Para acessá-lo é preciso saber como, e este não é uma aprendizado fácil para o homem civilizado, racional e cético. É necessário saber que a sua linguagem é a dos símbolos e dos rituais, e que é uma ingênua pretensão querer controlá-lo e submetê-lo às ambições e critérios egoísticos. É preciso compreender que o inconsciente é o mais forte, e para dialogar com ele é preciso que o nível dito consciente vença uma batalha interior com sua própria mediocridade e estreiteza de ideais e objetivos. No inconsciente habitam deuses, e sua face pode ser terrível ou beatífica. Sem a orientação de um mestre competente (são poucos, e encontrá-los depende do merecimento de cada um) e sem uma absoluta sinceridade íntima não se poderá sequer colocar o pé na soleira da porta. Depois, vem a iniciação, que dará acesso ao caminho para um mundo mágico em que as relações do indivíduo com a realidade externa ficam subvertidas e o viver assume uma significação nova.

Vista de fora, pelos outros, a pessoa é aparentemente a mesma, mas seu mundo interior e exterior estarão transfigurados. Entretanto, ela continuará parecendo a mesma, porque um dos primeiros preceitos é não manifestar ostensivamente essa sutil diferença dos demais. Isto tudo é muito complicado para o homem ou a mulher civilizados. Mas é este o mundo cotidiano onde eu vivo, e, comigo, inúmeros jovens e velhos iniciados, aqueles que já puseram os pés no caminho. São homens e mulheres, australianos, indianos, japoneses, sul e norte-americanos. Também alguns europeus e centro-asiáticos.

O que é isto? Em que consiste essa transmutação de si próprio, que traz consigo uma transfiguração do próprio mundo objetivo? É possível conseguir isto e prosseguir vivendo no mundo civilizado? É possível ter uma vida normal e produtiva no meio das outras pessoas que não fazem idéia do que se passa conosco?

É assim que eu vivo, mesmo sendo, como sou, o que se consideraria no passado uma *bruxa* por não saberem me classificar na pobreza de suas categorias. Comigo convivem outros bruxos e bruxas, com quem mantenho contato pessoal ou distante, pela Internet ou sem precisar dela, porque para uma bruxa ou um bruxo da minha estirpe a noção de distância no tempo ou no espaço é muito relativa. Sei perfeitamente que dizer isto pode me criar situações desagradáveis, porque a reação natural do homem civilizado é questionar o que digo e querer testar os meus poderes. Aviso desde logo que será inútil tentar essas coisas. Primeiro, porque não entro em polêmicas e nem sequer costumo argumentar com céticos de qualquer espécie; apenas me afasto deles. Em segundo lugar, não faço qualquer exibição ou demonstração pública de meus poderes, não trabalho em circos, nem dou espetáculos. Quem quiser conhecer-me terá de me seguir com inteira honestidade de propósitos, e devo advertir que isto eu sei detectar com eficiência. Não adianta fingir. Mas reconheço em qualquer um o direito de permanecer fechado em sua dúvida. Eu vivo o mundo.

Em que consiste a visão mítica do mundo e da vida? O que é ser aborígine, esquimó, *primitivo*? É extremamente difícil para uma mente racional e lógica entender isto com o limitado aparato mental de que dispõe. Por essa razão, não demonstro nada, não quero convencer ninguém pela força de argumentos ou de qualquer outra forma. Quem entrar em sintonia comigo irá percebendo aos poucos o que quero comunicar e, se houver perseverança e sinceridade, certamente sua mente se abrirá mais cedo ou mais tarde.

Agora, quero falar da minha maneira de ser, que compartilho com outras pessoas do mundo inteiro, possuidoras de conhecimentos equivalentes aos meus. Apenas direi o que é, o que sou, sem a pretensão de convencer ninguém, mesmo porque isto não seria possível no nível de comunicação que a linguagem linear pode proporcionar. Para mim, a palavra, o som vocal, é um importante instrumento da magia, mas não no contexto de uma conversa ou de uma conferência como esta. A palavra mágica, que atinge diretamente as profundezas da alma, é uma força poderosa que pode redimir ou matar, transformar a realidade exterior de modo positivo ou negativo e que deve ser usada ritualmente com extrema prudência. Mas a palavra que é entendida pela mente concreta, a palavra cotidiana ou erudita, a palavra que se investe de frágeis significados racionais não pode ir muito longe, transforma-se num obstáculo, num substituto falsificado da realidade e da vida, e pode iludir toda uma comunidade como sucede na França intelectual, que vive conceitos, esquecendo a vida real, como mostrou ontem o Dr. Valjean Arouet.

*

Eu vivo no mundo ancestral que transcende o tempo, prescinde da idéia de evolução e transpõe facilmente os limites entre a vida e a morte. Além de mim mesma – este ego utilitário encapsulado no meu nome e no meu corpo –, eu sou um ser coletivo que se vale da minha boca, das minhas mãos, das minhas narinas e do meu coração para trazer algo muito antigo, portanto muito novo, para a civilização de vocês. Eu sou o meu povo. Eu sou a raiz de onde brotou a humanidade. Eu venho de uma cultura que renunciou à civilização. Eu vivo no Tempo do Sonho, que não existiu apenas no mundo arcaico, nem somente na vida tribal, em contato direto com deuses que não mais existiriam. *Altjeringa*, o Tempo do Sonho, é aqui e agora, neste exato momento, embora vocês não o vejam, e até sorriam quando falo assim.

Quando digo que o povo aborígine renunciou à civilização, a atitude do civilizado que me ouve é sorrir condescendente e "compreensivo", numa atitude piedosa para com os *primitivos* que não evoluíram, que ainda não conquistaram as benesses do mundo civilizado. Esta é uma barreira muito séria para que se compreenda o que pretendo dizer. Mas não me interessa falar aos céticos, nem convencer ninguém pela argumentação; isto seria uma atitude "civilizada" que a nada conduziria. Estou certa de que se eu desencandeasse agora uma violenta tempestade tropical ou apontasse para aquela árvore fazendo-a secar imediatamente essas pessoas ficariam com suas convicções abaladas. Mas o resultado prático seria nenhum, além do pasmo causado e das acusações de bruxaria que me causariam aborrecimentos. Jesus fez coisas assim e acabou crucificado pela multidão que antes o aplaudia. Não sou Jesus nem pretendo a ele me comparar, mas muitos mestres do Himalaia têm poderes equivalentes. Sai Baba materializa o que quer, em Bangalore, e outras pessoas são capazes de fazer coisas parecidas. Entretanto, bem poucas podem fazê-lo sem cair na sedução de exaltar o próprio ego ou buscar vantagens pessoais, o que lhes traria conseqüências muito graves. Além do mais, exibições assim não são o meio adequado para fazer as pessoas enxergarem o que não podem ou não querem ver, embora Sai Baba esteja consciente do que faz, quando faz e para quem faz.

É neste ponto que a magia se divide em branca e negra – que prefiro chamar de clara e escura. A primeira permanece distante do ego e de suas vaidades, é discreta e não visa a qualquer benefício pessoal para o seu praticante. Ele não busca vantagens nem de natureza material nem mesmo de natureza espiritual, como um resultado esperado, em conseqüência de suas práticas altruístas. A magia escura, por sua vez, está centrada no ego de quem a pratica, seja de forma ostensiva e assumida, ou velada e aparentemente "inconsciente" – se bem que uma coisa destas nunca é verdadeiramente inconsciente –, podendo facilmente resvalar para a blasfêmia, o satanismo e o horror. A primeira forma de magia é correta e está de acordo com fluir do divino rio da vida; a segunda pode trazer grandes vantagens imediatas, riquezas, poder político e sucesso para uma alma que será depois lançada aos demônios para tormentos espantosos. Isto nos remete ao mítico pacto de Fausto que, excepcionalmente, para ele acabou bem.

As coisas que digo não são para a maioria. Mas se apenas um dentre os que me ouvem ficar assustado e despertar para uma nova forma de ver e ser, estarei satisfeita. Aliás, estarei tranqüila e permanecerei imperturbável, mesmo que bem poucos compreendam com clareza estas coisas que estou dizendo.

*

Os aborígines australianos são a cultura mais antiga ainda viva no planeta Terra. Chegamos à Austrália há 60 mil anos, provenientes do sul da Índia, onde a cultura dravidiana, de negros como eu, também teve suas raízes e depois espalhou-se pelo subcontinente, onde ainda vive esmagada, na condição de párias intocáveis, sob a opressão brutal dos arianos que vieram do norte há mais de três mil anos. Somos como a semente, que sobrevive às prolongadas secas e à hostilidade do ambiente, mas que germinará um dia com uma grande contribuição para a humanidade. Por pouco nosso povo não foi inteiramente extinto, como o foram nossos irmãos da Tasmânia e os arauaques, habitantes originais desta ilha que nos hospeda, assassinados pelos espanhóis. A civilização dominante foi, durante séculos, uma máquina de extermínio de povos, culturas e outras civilizações. Só muito recentemente essa prática tem-se atenuado, embora na América do Sul prossiga quase sem alterações nos recessos sombrios da floresta amazônica. Mas somos a semente, e do mesmo modo que tudo no mundo veio de sementes visíveis e invisíveis espalhadas por toda a natureza, também germinaremos, e daqui a décadas ou séculos cumpriremos nosso papel nos destinos da humanidade. Isto será indispensável para a espécie humana, que perdeu suas raízes cósmicas, desorganizou sua vida espiritual, vive uma desmesurada ilusão e não tem saídas, no caminho que escolheu.

Um aspecto do que digo que deve ficar bem claro, é que o povo aborígine *renunciou* à agressão a si próprio e à natureza, isto que o mundo chama de civilização. Renunciou não porque já tivesse experimentado na prática as coisas que se chamam de civilizadas, mas porque, em nosso conhecimento espiritual que transcende ao tempo e ao espaço, em nossa vivência simultânea no mundo objetivo de cada dia e no Tempo do Sonho, sempre soubemos em que consistem essas coisas e aonde elas conduziriam; sempre estivemos cientes do que teríamos de renunciar, se optássemos pela civilização.

Não temos chefes nem líderes, mas nossos mitos falam de chefes e líderes e mostram o que isto poderia trazer de ruim para todos. Não lutamos nem fazemos guerra, mas há histórias do Tempo do Sonho que falam de guerras e batalhas e das desgraças que representam. Não temos adjetivos possessivos em qualquer das nossas línguas, porque nada possuímos de pessoal: tudo que é coletado, como a caça e os vegetais, pertence naturalmente a todos do clã, sem que isto represente qualquer sacrifício ou renúncia para ninguém, mas nossos mitos falam de personagens que sucumbiram ao egoísmo. Nenhum aborígine procura a fama ou destacar-se diante dos demais, mas nossas histórias e canções trazem ensinamentos sobre pessoas que buscaram a fama e com isto atraíram a desgraça para si e para seu grupo. Para o civilizado isto é incompreensível, porque tudo que alguém quer na civilização pode-se resumir em fama e fortuna pessoal*. Os nossos mitos provam que conhecemos intuitivamente essas coisas, mas conscientemente optamos por outro caminho. Vejo sorrisos condescendentes no auditório e também rostos muito atentos e preocupados. Não me importo e prossigo.

Se digo que renunciamos a algo que intuíamos e prevíamos é porque estas coisas civilizadas sempre foram conhecidas pela nossa vivência em altjeringa. Em dezenas de milhares de anos de existência fora do tempo a nossa cultura é riquíssima em histórias. São inumeráveis mitos e canções constantemente disseminados por todo o continente australiano, unindo nossa gente acima da diversidade das línguas e das enormes distâncias do nosso vasto território que, em vez de nos separar, paradoxalmente nos unem.

---

* Johanna Lambert observa que "Os aborígines acreditam que o exagero da auto-importância, que chamamos de fama, distorce o fluxo das inter-relações e destrói o sentimento de 'pertencer ao grupo', que forma a teia social." E acrescenta: "Na sociedade ocidental, a multidão dos que disputam a coroa da fama somente é suplantada pela grande massa de pessoas interessadas no culto àqueles que conquistaram o sucesso", concluindo "que dessa forma, a fama comanda a dinâmica não apenas do entretenimento, mas também da religião, da política e dos negócios".

A que renunciaram os aborígines? Renunciamos a tudo que nos afastasse da ligação permanente à Divindade, à Deusa, à Grande Mãe criadora de tudo que existe na Terra e no Céu, na natureza, no mundo, em nós mesmos. Renunciamos à agricultura, porque ela ofenderia às sagradas configurações naturais da Terra e nos escravizaria a um trabalho que nos afastaria da dança, do canto, da arte, da pintura e dos rituais em que preferimos nos ocupar. Além disso, a agricultura nos traria uma relativa abundância que permitiria um indesejável aumento das populações, desequilibrando nossa relação com o ambiente natural. Renunciamos à arquitetura: não temos palácios porque não temos chefes nem qualquer hierarquia. Não temos templos, porque nosso templo é a Terra e o mundo natural: as curvas dos rios, as colinas, o céu azul, o vento e as pedras do deserto, o frio da noite e as grandes rochas, como a sagrada *Uluru*, que os brancos, em sua ignorância, chamaram de Rocha de Ayer – como se aquela rocha pudesse ser de alguém. Não temos fortificações, porque não temos inimigos. Não temos casas nem roupas, porque não queremos que nada nos separe do contato direto com a Natureza Viva. Não temos medo da ventania, da chuva ou do sol, e nem mesmo nossas crianças se assustam com raios e trovões, que para nós são belíssimas manifestações divinas. Não subjugamos os animais para submetê-los aos nossos serviços, porque não temos *serviço* nenhum para fazer. Não vemos necessidade de uniformizar nossa línguas: temos centenas delas, bem diferentes entre si, porque assim podemos exercitar nossa memória para aprender e falar muitas línguas e desenvolver a comunicação direta pelo pensamento e pela expressão corporal. Não temos escrita, porque nada temos a registrar e nossa memória é perfeita para gravar as inumeráveis histórias e canções que ensinam e transmitem as leis do Tempo do Sonho, que são as leis da Deusa e dos Ancestrais que conosco convivem.

Não temos leis escritas, mas, se houvesse alguma, a nossa Carta Magna seria talvez a célebre carta que o chefe Seattle fez ao Presidente dos Estados Unidos, no século 19, quando este propôs a compra das terras dos índios.

Nas línguas aborígines não temos qualquer palavra para designar o conceito de tempo, logo vivemos fora do tempo até que a invasão dos brancos contagiou essa doença nos que tiveram a desgraça de aproximar-se deles. Altjeringa não é um tempo arcaico em que tudo teria sido criado pelos Ancestrais Criativos, que não mais existiriam, segundo a errônea interpretação dos brancos. O Tempo do Sonho coexiste com o nosso tempo e com todos os tempos. Os Ancestrais Criativos estão conosco permanentemente, além das distinções entre a vida e a morte.

As sementes da natureza – *guruwari* – estão sempre germinando no mundo psíquico que tudo permeia, nas nuvens, nas árvores, nas pedras e nos animais, em estados peculiares de consciência inapreensíveis para a mente civilizada.

Sempre soubemos de tudo que é importante saber, porque para nós não há distinção essencial entre a vida e a morte, e as pessoas de conhecimento – os homens, e especialmente as mulheres, do nosso povo – convivem diariamente com a morte; para ela estão sempre preparados e dela são amigos.

O mundo que os brancos chamam de objetivo, porque vivem na ilusão dessa separação, resulta do sonho das coisas, mas eles não compreendem isto de uma forma completa. Um branco civilizado não negaria que tudo que existe de artificial, todos os produtos da cultura e da civilização, como as ferramentas, as armas, os edifícios e os aviões, antes de se materializarem foram sonhos no mundo imaginário de alguém. Mas, se um branco pode entender facilmente que um edifício foi antes um sonho do arquiteto e do engenheiro que o conceberam, dificilmente admitiria que ele foi também um sonho das pedras, do ferro e do vidro que o constituem, assim como o vidro foi um sonho da areia e as barras de ferro um sonho do minério no ventre sagrado da Terra. O aborígine vê tudo que existe como a concretização dos sonhos da Deusa, dos Ancestrais e das próprias coisas. Enquanto o civilizado vê o tempo como um fluxo do futuro para o passado, nós temos ciência do fluxo de um modo imaginário de ser para o mundo objetivo das coisas e dos acontecimentos. Eu e vocês existimos porque fomos ou estamos sendo sonhados por algo, ou por Alguém. Por que é tão difícil compreender isto?

*

Nas duas últimas décadas do século 20, a antropologia sofreu profundas alterações em suas avaliações dos períodos Paleolítico e Neolítico, especialmente da fase de transição entre a pré-história e a história registrada pela escrita recém-criada. O que ficou constatado, em linhas gerais, é que o paradigma dominante na ciência, de caráter masculino, distorcia a imagem que se tinha da vida neolítica, projetando sobre aquela época padrões e valores que surgiram posteriormente, com o advento do patriarcado guerreiro, que passou a ser identificado com a própria civilização. Uma nova interpretação dos dados arqueológicos emerge claramente quando se afasta o preconceito machista que impregna toda a civilização e a maioria das culturas contemporâneas. Com surpresa e relutância por parte do *establishment* acadêmico, revela-se cada vez mais nitidamente uma organização social da antiguidade pré-letrada centrada em valores muito distintos de tudo aquilo que caracteriza o que entendemos como civilização.

Cada sociedade e cada época estrutura-se em torno dos seus mitos fundamentais que, em síntese, estabelecem as relações sociais, o posicionamento dos indivíduos diante da realidade vivenciada e as conexões cósmicas da vida individual e social. Eu vivo a realidade aborígine, que não se desligou das origens, da vida espiritual que tudo impregna e dos poderes criativos e geradores, que enfatizam a harmonia, a paz e a cooperação. Estes são valores decididamente femininos, em contraste com a competição, a violência, a guerra e todas as formas de desarmonia que caracterizam o mundo patriarcal das civilizações nos últimos quatro ou cinco milênios. Na pré-história, hoje reavaliada pela antropologia, os valores eram outros: o princípio feminino regia os relacionamentos sociais em virtualmente todos os povos estudados, desde a Ibéria até a Sibéria. O mito predominante cultuava o Universal Feminino, a Deusa, reconhecida como entidade suprema, e não apenas como simples consorte dos deuses machos do patriarcado. Este culto estendeu-se até as primeiras civilizações, ainda pacíficas e femininas, em Çatal Huyuk e no vale do Indo, onde as ruínas da cidade dravidiana de Mohenjo-Daro não têm qualquer fortificação, nem apresentam sinais de violência guerreira. E teve sua manifestação mais recente em Creta, no terceiro e segundo milênio antes de nossa era, com a civilização minoana, de características extremamente singulares e femininas.

Nessa ilha do Mediterrâneo, a civilização minoana foi um exemplo de harmonia e paz, num mundo de crescente agressividade em sua volta. Os estudos arqueológicos mais recentes, a partir do trabalho de Sir Arthur Evans e Nicolas Platon, mostram uma próspera sociedade sem reis homens – não há uma só estátua ou pintura que louve o poder e a vaidade de um soberano, nessa época –, com alto grau de desenvolvimento e uma distribuição de renda sem desníveis apreciáveis. Na civilização minoana predominava o "espírito feminino", que cultivava a música, o canto e as danças rituais em louvor à Deusa. A arquitetura não era de feição monumental e até os grandes palácios dispensavam qualquer retórica, enfatizando a escala humana, a decoração vivamente colorida e os pátios e jardins internos concebidos para o bem viver. Destruída por terremotos, erupções vulcânicas e maremotos, hoje se sabe que a pacífica civilização minoana deu origem à lenda da Atlântida – que realmente existiu, mas foi colocada por Platão no lugar errado, quando supôs que essa ilha ficasse além de Gibraltar.

As sociedades de características femininas, entretanto, não eram matriarcais, como supunha a ciência do velho paradigma. Entende-se como patriarcal uma sociedade em que o macho domina, oprime e submete, não apenas as mulheres como também seus semelhantes e os grupos vizinhos, que logo passa a combater como competidores e rivais. Contudo, numa sociedade onde predominam os valores femininos, a idéia de domínio e submissão não aparece, porque a mulher manifesta o poder de criar e a força geradora que trazem a vida, enquanto a noção masculina de poder implica competição, domínio, submissão e morte.

As sociedades pré-históricas – e algumas das primeiras civilizações – eram matrilineares e matrilocais, mas não matriarcais, mesmo porque sociedades matriarcais provavelmente nunca existiram. Isto quer dizer que as relações de parentesco seguiam a linhagem materna, e que quando um novo casal se formava o noivo passava a residir no local de origem da sua noiva. Esta sociedade só seria matriarcal se houvesse uma autoridade política exclusivamente feminina dirigindo o grupo social, o que nunca se constatou existir. A suposição da existência de sociedades matriarcais, onde a mulher dominaria, deriva de uma falácia lógica, numa inferência baseada em que "se não é isto, só pode ser aquilo", ou seja, se não houver domínio masculino, só pode ter havido domínio feminino. Numa sociedade em que os valores femininos não são oprimidos pela arrogância do macho, predomina o equilíbrio entre os sexos, onde o homem e a mulher efetivamente se complementam numa saudável parceria, jamais ocorrendo que a mulher se torne o pólo dominador.

Hoje sabe-se que as estruturas de poder hierarquizadas em forma de pirâmide são típicas do patriarcado, um padrão de organização caracteristicamente masculino, adotado desde os impérios da Antiguidade até as corporações do século 20. Numa sociedade regida pelo princípio feminino, enfatiza-se a vida e não a morte; a cooperação e não a competição; a harmonia com a natureza e não sua exploração predatória, como vem sendo feito desde que o princípio masculino inventou a prática de dominar e subjugar. Todas as civilizações existentes hoje em dia são estruturadas a partir da dominação masculina. Fortemente influenciadas e lideradas pela civilização judaico-cristã ocidental, são patriarcais, belicistas e predadoras da natureza. Vejamos como isto surgiu examinando o processo à luz clara do mito – um fundamento mais consistente e revelador do que as mutáveis inferências da ciência positivista.

A transformação radical em que as sociedades de parceria, femininamente orientadas, foram substituídas pelas sociedades de dominação, foi a maior reviravolta de todos os tempos na evolução cultural da humanidade. As sociedades coletoras e caçadoras, hoje sabemos, cultuavam ao Deus Supremo em sua forma feminina, como a Grande Mãe de tudo o que existe. Eram pacíficas, harmoniosas e não-competitivas, cultuavam a natureza, a fertilidade e a vida familiar. Com o crescimento das populações e o aparecimento da escassez, os homens, desvinculados dos cuidados com a prole e com a gestação, além de beneficiados com uma compleição física mais robusta, passaram a canalizar parte do seu trabalho tribal de caçadores para a tarefa de defesa dos seus territórios e, mais adiante, dos rebanhos e das plantações, agora ameaçados pela competição dos demais. Surgiram então a necessidade do comando, das hierarquias de poder, das organizações militares. A rainha-sacerdotiza, que representava o poder mágico de criar a vida e presidia os rituais de culto à Deusa, foi substituída pelo rei-comandante militar que representava o poder da força e da dominação.

A mudança nos valores culturais foi de tal forma radical que implicou uma profunda alteração nas relações com a natureza, com os outros grupamentos humanos e com Divindade, que de feminina e voltada para a vida e a paz, passou a ser masculina, violenta e guerreira. Essa transição ocorreu no final do Neolítico e coincidiu com o desenvolvimento das armas de guerra, da escrita, da propriedade territorial e da exploração das populações por parte das elites que inventaram o poder político-militar. É quando surgem as classes sociais, as castas, a nobreza e se consolida o domínio da mulher pelo homem, desequilibrando a simetria complementar nas relações entre os sexos e instaurando um regime de submissão que se disseminou por todas as civilizações e hoje assume formas extremamente cruéis em vastas regiões do mundo. Foi o advento do Deus macho que fundamentou e sancionou a concepção predatória e mórbida subjacente a tudo que até hoje se reconhece como civilizado, levando a humanidade a tramar sua própria destruição. Os arsenais nucleares são apenas o estágio final dessa postura, que não tem saída se não recuperarmos algo que foi perdido desde o começo deste processo doloroso e sanguinário que se chama de civilização.

A civilização foi construída sobre o fundamento da palavra escrita, que permitiu o surgimento da historiografia, o registro e acúmulo de informações e o aparecimento da ciência, tal como ela existe atualmente. Inicialmente, a palavra escrita foi usada para duas funções totalmente opostas: primeiro, para os contratos das transações mercantis, os registros de estoques da produção e a formalização dos documentos de propriedade – algo extremamente utilitário e material. O segundo uso, totalmente desvinculado do primeiro, foi a transcrição dos mitos de origem, das normas e códigos de conduta ditadas pelos deuses – ou por aqueles que se diziam seus representantes –, e dos relatos sagrados oriundos da cultura oral, antecessora da palavra escrita.

De toda a herança ancestral transposta para os textos escritos, quero destacar o mito de Lilith, que seguramente é o mais revelador do processo brutal de patriarcalização da humanidade, podendo ser examinado em seus registros escritos e também inferido, intuído ou... sonhado, nas suas formas mais antigas anteriores à escrita, e cuja origem não é acessível por via exclusivamente racional.

O mito de Lilith, a mulher arquetípica, a fêmea essencial do homem, que teria sido a primeira mulher do Adão bíblico, aparece sob forma escrita em inúmeros textos de muitas culturas da Antiguidade. Em versões violentamente distorcidas, sobrevive na literatura judaica e na cabala, ao longo da Idade Media européia, estando atualmente em fase de resgate e revivescência, porque é o mito-chave para a compreensão do processo psicológico subjacente à história. As versões escritas do mito de Lilith, entretanto, têm em comum a característica de serem alterações deliberadas do mito arcaico, que inverteram totalmente sua significação original nas formas orais do período Neolítico. No contexto desta conferência é impossível dar uma idéia de tudo o que já se escreveu sobre Lilith, desde os escritos sumérios, assírios, babilônios, persas, cananeus, hebraicos e, mais recentemente árabes, teutônicos, alquímicos e outros. Por isto, me fixarei na sua versão mais sintética, que provavelmente constou originalmente do Gênesis, tendo sido depois cortada pela censura dos zelosos sacerdotes de Iavé, em sua diligente tarefa de extirpar da *Bíblia* tudo que se referisse ao culto ancestral da Deusa, considerado incompatível com o patriarcalismo emergente.

Não há exagero em afirmar que o documento fundamental da civilização é a *Bíblia*. Assim como a civilização judaico-cristã é hoje indiscutivelmente hegemônica, também a *Bíblia* pode ser considerada como o documento básico que rege o *ethos* dessa civilização. Documento heterogêneo e contraditório, hoje é ponto pacífico que o Velho Testamento foi censurado, refeito e reescrito inúmeras vezes, ainda na alta Antiguidade, para se ajustar às intenções da emergente religião de Iavé, o novo Deus da sociedade patriarcal de dominação masculina. No Gênesis, constam duas versões da criação do primeiro casal. Na primeira versão (cap. 1, v. 27), tanto o homem como a mulher foram criados do pó da Terra, na mesma ocasião; na segunda (cap. 2, v. 21-22), a mulher foi criada depois do homem, a partir de uma costela deste. Esta duplicidade contraditória, registrada nos dois primeiros capítulos do Gênesis, revela a presença da censura, alterando uma provável versão original, que se perdeu: o texto mal costurado indica claramente que algo foi modificado ou cortado.

Lilith é a mulher arquetípica, a fêmea do homem em seu estado original, manifestação encarnada da face erótica da Deusa, numa era primordial em que a atividade sexual era um lúdico prazer mágico, sem tabus nem proibições, sem normas restritivas nem associações com o pecado, a culpa, o sofrimento e o mal, que foram introduzidos depois. Nessa Idade do Ouro, Lilith podia ser associada a Sophia, a sabedoria ancestral anterior a todos os deuses, anterior à própria criação, quando o tempo apenas sonhava vir a existir. Ambas eram versões da Deusa que, complementadas pela Grande Mãe – seu aspecto maternal e gerador da vida –, compunham a Deusa Tríplice original, tronco de onde se ramificaram as incontáveis versões tríplices do divino princípio feminino, nas mitologias do Oriente e do Ocidente.

No mito bíblico original, Lilith foi a primeira mulher de Adão, criada do pó junto com ele, em condições de equivalência para uma convivência de parceria harmoniosa e não de submissão. Mas Adão não queria uma mulher assim; como representante emergente do patriarcalismo dominador, Adão foi queixar-se ao Senhor de que Lilith também queria ficar por cima no ato sexual, recusando-se a estar sempre por baixo, numa posição invariavelmente submissa. Iavé acatou as reivindicações de Adão e atendeu à sua reclamação, transformando Lilith num demônio e banindo-a para as costas desérticas do Mar Vermelho, onde ela passou a conviver com demônios. Numa segunda tentativa, criou então Eva, a partir da própria carne de Adão, para a função declarada (Gen. cap. 2, v. 18) de lhe servir de mera ajudante. É significativo que quando Eva foi criada a partir da costela do Adão divorciado, este teria dito que "agora sim, esta é a ajudante idônea de que preciso e em quem posso confiar, porque é feita dos meus ossos e da minha carne".

Na qualidade de documento escrito para legitimar o patriarcalismo e a dominação, o Velho Testamento não podia tolerar referências a Lilith, nem ao culto da Deusa que, entre o povo, insistia em sobreviver às pressões dos doutores da lei. Todas as referências a um culto original da Deusa foram expurgadas da *Bíblia*, com uma única e reveladora exceção, talvez por um lapso dos censores, no Livro de Jeremias (cap. 44, v. 17 a 19) onde se conta de uma época anterior ao culto de Iavé, quando a vida era mais farta, próspera e harmoniosa*. As referências a Lilith igualmente desapareceram, mas também ficou uma única ligeira referência no Livro de Isaias (cap.34, v. 14).

Daí em diante, tudo que se tinha escrito sobre Lilith na *Bíblia*, assim como todas as referências aos cultos ancestrais à Deusa foram expurgados e novos anátemas e abominações foram criados e divulgados – não na *Bíblia*, mas nos muitos textos que compõem a literatura judaica –, onde ela invariavelmente aparece como um ser monstruoso e cruel, metade humana, metade animal, assassina de crianças, esposa do Demônio e responsável por tentações irresistíveis de caráter sexual. No *Zohar*, ou *Livro do Esplendor*, obra cabalística do século 13, diversas versões sobre a origem de Lilith são contadas, assim como terríveis descrições das suas maldades, como demônio de grande periculosidade. Evidentemente, nenhuma dessas versões menciona a Lilith arcaica, versão encarnada da Deusa Criadora. Pelo contrário, tanto o *Zohar* como os demais textos dessa época e também posteriores, judaicos ou não, esmeram-se em acentuar o

---

* Jeremias queixa-se de que ao chegar a Patros, no Egito, uma grande multidão de refugiados israelitas o repreendeu pela sua dedicação a Iavé, com as seguintes palavras: 16 *Quanto à palavra que nos anunciaste em nome do Senhor, não te obedeceremos;* 17 *mas certamente cumpriremos toda palavra que saiu de nossa boca, de queimarmos incenso à Rainha do Céu e de lhe oferecermos libações, como nós e nossos pais, nossos reis e nossos príncipes temos feito nas cidades de Judá e nas ruas de Jerusalém; então tínhamos fartura de pão e prosperávamos, e não víamos mal algum.* 18 *Mas, desde que cessamos de queimar incenso à Rainha do Céu e de lhe oferecer libações, temos falta de tudo, e temos sido consumidos pela espada e pela fome.* 19 *E nós, as mulheres, quando queimávamos incenso à Rainha do Céu, e lhe oferecíamos libações, acaso lhe fizemos bolos para a adorar e lhe oferecemos libações sem nossos maridos?*

caráter demoníaco de Lilith, que além de ser a primeira vítima da censura sobre a palavra escrita, é também a própria imagem da mulher rejeitada, difamada e oprimida que persiste até a atualidade.

Junto com Lilith e a Deusa, destronadas pela violência machista, também quase tudo que se referisse à prática sexual ficou associado à transgressão e ao pecado, passando a ser objeto de normas restritivas de toda ordem. Concomitantemente, a própria mulher foi socialmente rebaixada à condição de serva ou propriedade do homem, declarada responsável pela sua queda no pecado e agente de todo o mal. Se o princípio masculino, em sua significação mítica ancestral era associado ao Sol e à luz, o feminino era originalmente associado à Lua e à sombra repousante. Na nova versão, entretanto, o princípio feminino passou a ser associado não à sombra restauradora, mas à treva, à ignorância e ao mal. A reação da psique feminina à visceral rejeição de que tem sido vítima desde a emergência da civilização manifestou-se patologicamente nas práticas satânicas do Sabá, na escura bruxaria que ainda existe disseminada por quase todo o mundo, ou simplesmente na histeria, que abastece de clientes os consultórios dos analistas.

Há milênios que a psique e o corpo femininos vêm sendo violentados de forma brutal, num imensurável tributo de opressão e horror às pretensões do macho à ambição, ao poder de dominar e sujeitar e às terríveis distorções subjacentes ao que chamamos de civilização. Hoje, são milhões de mulheres brutalmente violentadas em todo o mundo: o estupro em massa é ainda considerado arma de guerra e a extirpação do clitóris acompanhado de sutura da abertura vaginal é uma prática infligida a milhões de jovens africanas, anualmente. No Tibete, o lento e cruel genocídio praticado pelo exército chinês vem sendo feito pela esterilização em massa das mulheres tibetanas, com o objetivo de extinguir aquela etnia ao bloquear-lhes a reprodução.

*

Nesta breve e dolorosa excursão pelas origens do mundo civilizado, estivemos em contato com a verdadeira origem dos problemas mais graves que hoje assolam a humanidade. Vimos como temos sido enganados durante milênios pela insidiosa e persistente propaganda do machismo falocrático que nos fez e faz pensar que a agressividade, a violência, e o crime são inerentes ao ser humano, que a sujeira, o pecado e a culpa são intrínsecos às práticas sexuais e que os prazeres dos sentidos, a fama e a riqueza material são os ideais a serem perseguidos.

No limiar deste novo século, podemos estar certos de que tudo isto são falácias, mentiras milenares repetidas interminavelmente, à moda de Goebbels, referendadas pelas estruturas do poder político-econômico e tão enraizadas no subconsciente de todos que fica muito difícil parar de repente e – num susto! – reconhecer a imensidade do engodo em que fomos envolvidos.

O ser humano tem, em si, um potencial de agressividade herdado dos animais e que não pode ser ignorado. Assim como é dotado de poderosos instintos de autopreservação e preservação da espécie, que se traduzem na busca do alimento e na realização do sexo. Do mesmo modo, a competição pela hegemonia entre seus semelhantes também está entre os aparatos naturais de sobrevivência que existem potencialmente em cada um de nós. Entretanto, tudo isto é perfeitamente administrável em condições de harmonia, sob o domínio de uma consciência especificamente humana, que os animais não têm. Essa coexistência predominantemente pacífica e amorosa já foi a forma generalizada de ser nas sociedades pré-letradas e em algumas das primeiras civilizações, como os dados arqueológicos evidenciam. O que tem acontecido, entretanto, ao longo dos cinco últimos milênios, é o estímulo deliberado dessas heranças animais pela exacerbação do instinto de poder, degenerado num impulso de submeter, subjugar e matar que estava sob controle, em fases ancestrais da caminhada humana.

O ponto central que quero enfatizar, é que se essa herança animal já esteve sob controle, isto poderá ocorrer outra vez, desde que um vasto programa de ação seja desencadeado em todo o mundo, com base no conhecimento das verdadeiras origens desta regressão, surgida junto com a civilização e o patriarcalismo. Antes de mais nada, é necessário desmascarar a atitude, explícita ou não, de que esses problemas são inerentes à condição humana e que não há o que fazer para erradicá-los. Esta é a grande mentira, promovida e patrocinada por aqueles que há milênios estão se locupletando de todo esse horror, pensando e divulgando que é tudo assim mesmo e que não existem soluções definitivas para "a maldade inerente ao ser humano".

É indispensável que a camuflagem da opressão seja removida e seus promotores denunciados. Não de frente, numa guerra declarada que desencadearia as brutais retaliações que tantas vezes já testemunhamos, mas em táticas de guerrilha pacífica, como faria Gandhi, valendo-nos, dentre outros, dos recursos extraordinários hoje proporcionados pela Internet ou com os meios psíquicos de que todos dispomos, mas poucos sabem como desenvolver e utilizar.

Como já disse, eu vivo simultaneamente no mundo real, objetivo, em que se processam as interações sociais, e também em altjeringa, o mundo mágico do tempo de sonho, no qual passado, presente e futuro formam uma mescla impossível de explicar para quem não participa desse mesmo estado de consciência. Sei que minha existência é como a de um anfíbio, que se sente à vontade em terra, na água e até no ar. Isto não me cria conflitos e, ao longo de quarenta anos, aprendi a administrar esta aparente duplicidade de uma forma integrada. Assim, posso ter acesso a vivências inacessíveis à maioria de vocês e participar de uma realidade estranha, que se abre para mim com a revelação elementar de que toda vida é mágica e que existem relações entre coisas e fatos inapreensíveis à investigação puramente racional.

Eu posso sintonizar voluntariamente a minha percepção do mundo e das coisas em diferentes faixas espectrais de consciência e, assim, ter acesso à multiplicidade de aspectos que a realidade pode assumir. Algumas dessa formas de perceber o mundo são de tal forma terríveis que enlouqueceriam aqueles que as vissem sem estar preparados para isso. São as faces aterrorizantes da divindade, bem conhecidas no hinduísmo e no budismo tibetano. Se eu as descrevesse, enfatizando seus aspectos mais espantosos, disseminaria um terrível mal-estar em todos os que me vêem e ouvem. Entretanto, esses aspectos da realidade são tão verdadeiros quanto a face benigna e beatífica da jornada do ser humano e do espírito nos planos superiores da existência terrena, que estão também aqui, conosco, embora inacessíveis a quem não estiver credenciado a percebê-los.

O paradigma vigente acredita que a realidade objetiva é uma só. Isto não está errado; o mundo pode e deve ser compreendido assim, num nível racional de percepção, que é o único aceitável pela ciência acadêmica. Mas aqueles que já transcenderam os limites da razão e aprenderam a navegar nas águas oceânicas, no alto mar da vida espiritual, sabem que a realidade de cada um é apreendida de uma forma tão pessoal que parece mais verdadeiro dizer que cada um sintetiza em torno de si o universo que pode e merece. Eu, entretanto, posso vivenciar a realidade e a interpretação do mundo na faixa espectral que decidir sintonizar; mas esta é uma prerrogativa do xamã, da bruxa, daquele ou daquela não mais sujeito às limitações da vida e da morte, do bem e do mal, da roda do karma.

Eu sou o que se pode chamar legitimamente de um *mestre*. Mas todos poderão chegar no lugar onde estou, porque o mestre é apenas aquele que chegou antes. Eu sou capaz de ver a civilização como uma frágil balsa tecnológica descendo as corredeiras de um rio de sangue, conduzida por homens insensatos. Mas não se trata de apenas dizer isto e ficar no nível abstrato das palavras; eu posso ver e viver esta imagem com uma intensidade que enlouqueceria a outros. Mas eu posso também vivenciar – com uma plenitude inacessível à maioria de vocês – a face grandiosa de uma humanidade que extraiu do mármore a dor da *Pietá* e compôs em tintas a beatitude da *Mona Lisa* e a angústia de Van Gogh; que concebeu a narrativa cosmológica da *Divina Comédia* e o mergulho nos abismos de sonho do *Finnegans Wake;* a apoteose exultante da *Nona Sinfonia* de Beethoven e a espantosa experiência sonora da *Lenda de Eer*, de Xenakis; que materializou o delicado sonho de amor do *Taj Mahal* e a aspiração pelas estrelas tornada visível na catedral de Brasília. Eu posso reviver as nuances do processo criador desses gênios, tornando-me parceira e também criadora de suas obras. E posso ensinar a quem se dispuser – e tiver merecimento para isto – o caminho que os levará a desenvolver essas mesmas potencialidades.

Eu sei que existem na história uma direção e um sentido muito diferentes do que se lê nos tratados e nas especulações dos filósofos. Eu sei que a Idade do Ouro voltará, embora com características muito distintas da sua versão ancestral. A nova humanidade, que já se agita no útero da Mãe, será também a herdeira da tecnologia, da arte e de todo o caótico esforço humano, ao longo destes milênios de angústia e sofrimento. A nova interação entre o homem e a mulher, que já se delineia, lançando tímidos brotos em todos os quadrantes do planeta Terra, será o alicerce de uma sociedade pós-civilizada, pós-científica e pós-histórica, onde as flores do espírito redivivo mais uma vez perfumarão o mundo. Até lá!

Referências bibliográficas

Abraham, Ralph; McKenna, Terence e Sheldrake, Rupert. *Trialogues at the Edge of the West,* Bear & Company, Santa Fé, 1992.

Brunton, Paul. *The Orient,* Paul Brunton Philosophic Foundation – Larson Publications, Nova York, 1987.

Campbell, Joseph. *The Hero with a Thousand Faces,* Princeton University Press, 1973.

______________. *The Masks of God* Vol. I – *Primitive Mythology,* Viking Press, Nova York, 1959.

______________. *Transformations of Myth through Time,* Mythology Limited – Harper & Row Publishers, Inc., 1990.

______________. *The Power of Myth,* © Apostrophe S. Productions, Inc. e Alfred van der Marck Editions. Pub. por Doubleday/Bantam Doubleday Dell Publishing Group, Inc., 1988.

Castañeda, Carlos. *A Separate Reality,* © Carlos Castañeda, 1971.

Dumas, François Ribadeau. *La Lumière et l'Illumination,* Éditions Dangles, 1982.

Eisler, Riane. *The Chalice and the Blade,* Harper Collins, São Francisco, 1988.

Estés, Clarissa Pinkola. *Women who Run with the Wolves,* © Clarissa Pinkola Estés, 1992.

Franz, Marie-Louise von. *Traum und Tod,* Kösel-Verlag GmbH & Co., Munique, 1984.

Frazer, Sir James. *The Golden Bough,* Macmillan, Nova York, 1922.

Gimbutas, Marija. *The Early Civilization in Europe,* University of California at Los Angeles, 1980.

________. *The Godesses and Gods of Old Europe,* Thames and Hudson Ltd., Los Angeles, 1981.

________. *The Language of the Godess: Images and Symbols of Old Europe,* Van der Marck, Nova York, 1987.

Hanh, Thich Nhat. *Living Buddha, Living Christ,* Riverhead Books, 1996.

Huxley, Francis. *The Way of the Sacred,* Aldus Books Limited, Londres, 1974.

Jung, C.J. *Zivilisation im Ubergang.* Walter-Verlag, AG Olten, 1974.

Koltuv, Barbara Black. *The Book of Lilith,* Nicolas-Hays, Inc., York Beach, USA, 1986.

Lambert, Johanna. *Wise Women of the Dreamtime – Aboriginal Tales of the Ancestral Powers,* Rochester, Inner Traditions International, 1993.

Lawlor, Robert. *Voices of the First Day: Awakening in the Aboriginal Dreamtime,* Rochester, Inner Traditions International, 1991.

Lysebeth, André van. *Tantra, le Culte de la Féminité,* © André Van Lysebeth, 1991.

Maddock, Kenneth. *The Australian Aborigines,* Penguin Books, Londres, 1974.

Melaart, James. *Çatal Huyuk,* McGraw-Hill, Nova York, 1967.

________. *The Neolithic of the Near East*, Scribner, Nova York, 1975.

McLean, Adam. *The Triple Godess: An Exploration of the Archetypal Feminine,* © Adam McLean, 1989.

Michell, John. *The Earth Spirit: its Ways, Shrines, and Mysteries,* Thames and Hudson Ltd., Londres, 1975

Platón, Nicolas. *Crete,* Nagel Publishers, Genebra, 1966.

Sheldrake, Rupert. *The Rebirth of the Nature:The Greening of Science and God,* © Rupert Sheldrake, 1991.

Sicuteri, Roberto. *Lilith – La Luna Nera,* Casa Editrice Astrolabio – Ubaldini Editore, Roma, 1980.

Stone, Merlin. *When God Was a Woman,* Harcourt Brace Jovanovich, Nova York, 1976.

The Findhorn Community. *The Findhorn Garden,* Turnstone Books e Wildwood House, Londres, 1979.

Walker, Barbara. *The Woman's Encyclopedia of Myths and Secrets,* Harper & Row, São Francisco, 1983.

Obras desta editora

A grinalda preciosa	*Nagarjuna*
A aceitação de si mesmo e As idades da vida	*Romano Guardini*
A conquista psicológica do mal	*Heinrich Zimmer*
A roca e o calmo pensar	*Mahatma Gandhi*
As máscaras de Deus: vol. 1 - Mitologia primitiva vol. 2 - Mitologia oriental	*Joseph Campbell*
Butoh, dança veredas d'alma	*Maura Baiocchi*
Carta a um amigo	*Nagarjuna*
Filosofias da Índia	*Heinrich Zimmer*
Forjadores espirituais da história	*Ignacio da Silva Telles*
Mente zen, mente de principiante	*Shunryu Suzuki*
Minha terra e meu povo	*Tenzin Gyatso, XIV Dalai Lama*
Mitos e símbolos na arte e civilização da Índia	*Heinrich Zimmer*
O coração da filosofia	*Jacob Needleman*
O poder do mito	*Joseph Campbell* e *Bill Moyers*
San Juan de la Cruz, o poeta de Deus	*Patrício Sciadini, OCD*
Transdisciplinaridade	*Ubiratan D'Ambrosio*
Vestígios - Escritos de filosofia e crítica social	*Olgária Matos*
Yoga - Imortalidade e liberdade	*Mircea Eliade*
Revista THOT	

Co-edição – Palas Athena/EDUSP:	
Diálogo dos mortos, Luciano	*Henrique Murachco*
Co-edição – Palas Athena/EDUC:	
Do Divino: Imagens e conceitos	Hypnós nº 1
Reflexões sobre a natureza	Hypnós nº 2
Ethos, ética	Hypnós nº 3

Prezado leitor,

Para que possamos mantê-lo informado sobre as novidades editoriais e as atividades culturais da Associação Palas Athena, solicitamos o preenchimento dos campos abaixo, remetendo o cupom para a Editora Palas Athena, Rua Serra de Paracaina nº 240 - São Paulo, SP - CEP 01522-020 ou através do FAX (011) 277-8137.

Nome:..

Profissão:...

Endereço:...

Cidade: .... Estado: .... CEP: ....

Fone: (   ).................................. Fax: (   ) ....

E-Mail: ....

Áreas de interesse:

❑ Mitologia ❑ Filosofia ❑ Religiões

❑ Antropologia ❑ Educação ❑ Psicologia

❑ Outras áreas: ....

Esta obra foi composta em tipo *agaramond*,
com impressão em papel offset, 75 gramas,
nas oficinas da Gráfica Palas Athena,
em agosto de 1998.